逆向工程技术综合实践

成思源　主　编
洪树彬　杨雪荣　副主编

电子工业出版社
Publishing House of Electronics Industry
北京·BEIJING

内 容 简 介

本书综合和归纳了逆向工程中的关键技术及常用和新兴的软件、硬件系统，分为数据采集技术、数据处理与 CAD 建模技术、成型制造技术三篇共 13 章，对各软件、硬件系统的基本原理、系统构成和操作流程进行了介绍，并通过典型实例为读者提供了一个良好的逆向工程技术综合实践平台。

本书可供高等院校本科和专科机械、汽车、模具及工业设计等相关专业的学生作为实践教材、培训教程或参考书，对相关领域的专业工程技术人员和研究人员也具有很高的参考价值。

未经许可，不得以任何方式复制或抄袭本书之部分或全部内容。
版权所有，侵权必究。

图书在版编目（CIP）数据

逆向工程技术综合实践 / 成思源主编. —北京：电子工业出版社，2010.10
ISBN 978-7-121-11850-0

Ⅰ. ①逆… Ⅱ. ①成… Ⅲ. ①工业产品－计算机辅助设计 Ⅳ. ①TB472-39

中国版本图书馆 CIP 数据核字（2010）第 182595 号

责任编辑：万子芬
印　　刷：北京虎彩文化传播有限公司
装　　订：北京虎彩文化传播有限公司
出版发行：电子工业出版社
　　　　　北京市海淀区万寿路 173 信箱　邮编 100036
开　　本：787×980　1/16　印张：15.75　字数：353 千字
版　　次：2010 年 10 月第 1 版
印　　次：2021 年 12 月第 12 次印刷
定　　价：36.00 元

凡所购买电子工业出版社图书有缺损问题，请向购买书店调换。若书店售缺，请与本社发行部联系，联系及邮购电话：（010）88254888，88258888。
质量投诉请发邮件至 zlts@phei.com.cn，盗版侵权举报请发邮件至 dbqq@phei.com.cn。
本书咨询联系方式：（010）88254502，guosj@phei.com.cn。

前　言

目前，逆向工程技术已广泛应用于产品的复制、仿制、改进及创新设计，是消化吸收先进技术和缩短产品设计开发周期的重要支撑手段。现代逆向工程技术除广泛应用于汽车、摩托车、模具、机械、玩具、家电等传统领域之外，在多媒体、动画、医学、文物与艺术品的仿制和破损零件的修复等方面也体现出其应用价值。

根据社会推广逆向工程技术和培训逆向工程专业人才的需求，我们编写了本书。本书综合和归纳了逆向工程中的关键技术及常用和新兴的软件、硬件系统，全书共 13 章，分为逆向工程中的数据采集技术，数据处理与 CAD 建模技术和快速成型制造技术三大部分，对各软件、硬件系统的基本原理、系统构成和操作流程进行了介绍，并通过典型实例为读者提供了一个良好的逆向工程技术综合实践平台。

本书将专业理论知识与实践技术紧密结合，强调基础性和实践性，以解决相关系统应用的具体问题。书中对每一个系统都有对应的综合实践实例，以实例的方式提高读者的职业技能应用能力，使之通过综合实践掌握逆向工程的常用手段和方法，正确使用反求设备和相应软件，培养动手能力及实践创新能力，从而为社会培养出掌握先进设计技术，适应社会需求的综合应用型人材，以拓宽就业面，增强就业竞争力。

本书突出逆向工程应用型人才工程素质培养的要求，系统性、实用性强，可供高等院校本科和专科机械、汽车、模具及工业设计等相关专业的学生作为教材、培训教程或参考书，对相关领域的专业工程技术人员和研究人员也有很高的参考价值。

本书提供配套的实训范例数据文件和视频文件，可在华信教育资源网（www.hxedu.com.cn）免费下载，供读者使用和参考。

本书由广东工业大学成思源任主编，澄海职业技术学校洪树彬和广东工业大学杨雪荣任副主编，哈尔滨工程大学谢韶旺参编，其中第 1，3，4，6，9，10，12 章由成思源编写，第 8，11，14 章由洪树彬编写，第 2，7，13 章由杨雪荣编写，第 5 章由谢韶旺编写，全书由成思源统稿。

本书还凝聚了广东工业大学先进设计技术重点实验室众多研究生的心血，他们在逆向工程技术的研究与应用方面开展了卓有成效的工作，其中余国鑫，吴问霆，梁仕权，吴艳奇，邹付群，黎波，刘军华，刘俊等研究生参与了部分章节的实验及文字整理工作，在此谨向他们表示衷心的感谢！

由于编者水平及经验有限，加之时间紧迫，书中难免存在不足之处，欢迎各位专家、同仁批评指正，衷心地希望通过同行之间的交流促进逆向工程技术的进一步发展！

成思源
2010 年 8 月

目　录

第 1 章　绪论 ………………………………………………………………………… (1)
 1.1　逆向工程技术概述 ……………………………………………………… (1)
 1.2　逆向工程技术的应用 …………………………………………………… (4)
 1.3　逆向工程中的关键技术 ………………………………………………… (6)
  1.3.1　数据采集技术 …………………………………………………… (6)
  1.3.2　CAD 建模技术 ………………………………………………… (12)
 1.4　逆向工程技术的发展 …………………………………………………… (18)

第 2 章　三坐标测量机 …………………………………………………………… (21)
 2.1　三坐标测量机 …………………………………………………………… (21)
  2.1.1　三坐标测量机简介 ……………………………………………… (21)
  2.1.2　三坐标测量工作原理 …………………………………………… (23)
  2.1.3　三坐标测量机的硬件及软件系统 ……………………………… (24)
 2.2　三坐标测量机的操作流程 ……………………………………………… (26)
 2.3　三坐标测量实训范例 …………………………………………………… (28)
  2.3.1　基于 CAD 模型的零件检测实例 ……………………………… (29)
  2.3.2　基于三坐标测量机的曲面数字化实例 ………………………… (32)
 2.4　三坐标测量机的使用注意事项 ………………………………………… (34)

第 3 章　光栅式扫描测量 ………………………………………………………… (36)
 3.1　光栅投影三维测量技术 ………………………………………………… (36)
 3.2　COMET 系统 …………………………………………………………… (37)
  3.2.1　COMET 系统组成 ……………………………………………… (37)
  3.2.2　COMET 系统测量策略 ………………………………………… (40)
  3.2.3　COMET 测量系统的操作流程及方法 ………………………… (42)
 3.3　光栅投影扫描测量实训范例 …………………………………………… (43)

第 4 章　手持式激光扫描测量 …………………………………………………… (54)
 4.1　手持式激光扫描测量系统 ……………………………………………… (54)

　　　　　4.1.1　手持式激光扫描测量技术……………………………………（54）
　　　　　4.1.2　手持式激光扫描测量系统组成……………………………（55）
　　　4.2　手持式激光扫描测量的操作流程及方法……………………………（58）
　　　4.3　手持式激光扫描测量实训范例………………………………………（62）
第5章　关节臂式测量……………………………………………………………（67）
　　　5.1　关节臂式测量机…………………………………………………………（67）
　　　　　5.1.1　关节臂式测量技术……………………………………………（67）
　　　　　5.1.2　关节臂测量机系统组成………………………………………（69）
　　　5.2　关节臂式测量机的操作流程及方法…………………………………（72）
　　　5.3　关节臂式测量机激光扫描实训范例…………………………………（76）
第6章　Imageware 逆向建模……………………………………………………（79）
　　　6.1　Imageware 概况…………………………………………………………（79）
　　　　　6.1.1　软件简介………………………………………………………（79）
　　　　　6.1.2　技术优势………………………………………………………（79）
　　　　　6.1.3　包含的模块……………………………………………………（80）
　　　6.2　Imageware 处理流程……………………………………………………（81）
　　　6.3　Imageware 逆向建模实训范例…………………………………………（85）
第7章　Geomaigc Studio 逆向建模……………………………………………（92）
　　　7.1　Geomaigc Studio 系统简介……………………………………………（92）
　　　7.2　Geomaigc Studio 操作流程、目标及功能……………………………（93）
　　　7.3　Geomaigc Studio 逆向建模实训范例…………………………………（94）
　　　7.4　Geomagic 曲面重建中的注意事项……………………………………（100）
第8章　正逆向结合建模设计……………………………………………………（102）
　　　8.1　正逆向结合建模设计及操作流程……………………………………（102）
　　　　　8.1.1　正逆向结合建模设计…………………………………………（102）
　　　　　8.1.2　Imageware 与 Pro/E、UG 结合建模流程……………………（104）
　　　8.2　正逆向结合建模设计实训范例………………………………………（106）
第9章　Geomagic Qualify 质量检测……………………………………………（123）
　　　9.1　计算机辅助检测技术简介……………………………………………（123）
　　　9.2　Geomaigc Qulify 软件系统……………………………………………（126）
　　　　　9.2.1　Geomaigc Qulify 系统简介…………………………………（126）
　　　　　9.2.2　Geomaigc Qulify 系统操作流程及功能介绍………………（127）
　　　9.3　Geomaigc Qualify 质量检测实训范例………………………………（130）

第 10 章 FreeForm 触觉造型系统 (139)
10.1 FreeForm 系统简介 (139)
10.1.1 系统操作界面 (140)
10.1.2 力反馈设备 PHONTOM (141)
10.2 主要功能模块介绍 (142)
10.2.1 构造 3D 曲线 (142)
10.2.2 2D 草图设计 (142)
10.2.3 构造黏土 (143)
10.2.4 雕刻黏土 (143)
10.2.5 黏土细节造型 (144)
10.2.6 变形黏土 (145)
10.2.7 选择/移动 (145)
10.2.8 曲面/实体 (146)
10.2.9 系统特点 (147)
10.3 基于 FreeForm 的数据修复实训范例 (147)
10.4 基于 FreeForm 系统的造型设计实训范例 (151)

第 11 章 交互式数控编程加工 (157)
11.1 刀具路径与交互式数控编程 (157)
11.1.1 自由曲面刀具路径 (157)
11.1.2 图形交互式数控编程系统 (158)
11.2 交互式数控编程加工操作流程 (159)
11.2.1 典型交互式数控编程加工流程 (159)
11.2.2 UG 数控加工编程操作流程 (160)
11.2.3 MasterCAM 数控加工编程操作流程 (162)
11.2.4 UG 与 MasterCAM 数控编程加工技术比较 (163)
11.3 交互式数控编程加工实训范例 (164)
11.3.1 UG 编程加工实训范例 (164)
11.3.2 MasterCAM 编程加工实训范例 (175)

第 12 章 FDM 快速成型系统 (183)
12.1 快速成型技术概述 (183)
12.1.1 快速成型技术的发展概况 (183)
12.1.2 主要类型 (183)
12.1.3 快速成型技术的优缺点及应用范围 (184)

12.2 FDM 快速成型技术 ……………………………………………………… (185)
　　12.2.1 FDM 成型技术特点 ……………………………………………… (185)
　　12.2.2 FDM 设备的结构 ………………………………………………… (186)
12.3 FDM 快速成型操作流程 ………………………………………………… (188)
　　12.3.1 构造三维模型 …………………………………………………… (188)
　　12.3.2 三维模型的网格化处理 ………………………………………… (188)
　　12.3.3 STL 文件的分层处理 …………………………………………… (188)
　　12.3.4 成型 ……………………………………………………………… (189)
　　12.3.5 后处理 …………………………………………………………… (190)
　　12.3.6 成型前应注意的事项 …………………………………………… (190)
12.4 FDM 快速成型实训范例 ………………………………………………… (191)

第 13 章 数控雕刻快速成型制造 ………………………………………………… (197)
13.1 数控雕刻快速成型系统 …………………………………………………… (197)
　　13.1.1 数控雕刻快速成型技术 ………………………………………… (197)
　　13.1.2 数控雕刻快速成型系统组成 …………………………………… (198)
　　13.1.3 数控雕刻快速成型操作流程 …………………………………… (201)
13.2 数控雕刻快速成型实训范例 ……………………………………………… (203)
13.3 数控雕刻快速成型机操作注意事项 ……………………………………… (214)

第 14 章 逆向工程技术综合应用实例 …………………………………………… (216)
14.1 数据采集阶段 ……………………………………………………………… (217)
14.2 建模设计阶段 ……………………………………………………………… (220)
14.3 编程加工阶段 ……………………………………………………………… (223)
14.4 生产发货阶段 ……………………………………………………………… (230)

附录 ………………………………………………………………………………… (233)

参考文献 …………………………………………………………………………… (242)

第1章 绪　　论

1.1 逆向工程技术概述

逆向工程（Reverse Engineering，RE）是近年来发展起来的消化、吸收和提高先进技术的一系列分析方法及应用技术的组合，其主要目的是为了改善技术水平，提高生产率，增强经济竞争力。世界各国在经济技术发展中，应用逆向工程消化吸收先进技术经验，给人们有益的启示。

据统计，逆向工程作为掌握新技术的一种手段，可使产品研制周期缩短40%以上，极大提高了生产率。因此，研究逆向工程技术，对我国国民经济的发展和科学技术水平的提高，具有重大的意义。

在20世纪90年代初，逆向工程的技术开始引起各国工业界和学术界的高度重视。特别是随着现代计算机技术及测量技术的发展，利用CAD/CAM技术、先进制造技术来实现产品实物的逆向工程已成为CAD/CAM领域的一个研究热点，并成为逆向工程技术应用的主要内容。

逆向工程以产品设计方法学为指导，以现代设计理论、方法和技术为基础，运用各种专业人员的工程设计经验、知识和创新思维，通过对已有产品进行数字化测量、曲面拟合重构产品的CAD模型，在探询和了解原设计意图的基础上，掌握产品设计的关键技术，实现对产品的修改和再设计，达到设计创新、产品更新及新产品开发的目的。

逆向工程也称反求工程、反向工程等，是相对于传统正向工程而言的，它起源于精密测量和质量检验，是设计下游向设计上游反馈信息的回路。传统的产品开发过程遵从正向设计的思想进行，即从市场需求中抽象出产品的概念描述，据此建立产品的CAD模型，然后对其进行数控编程和数控加工，最后得到产品的实物原型。概括地说，正向设计工程是由概念到CAD模型再到实物模型的开发过程，而逆向工程则是由实物模型到CAD模型的过程。在很多场合，产品开发是从已有的实物模型着手，如产品的泥塑和木模样件，或者是缺少CAD模型的产品零件。逆向工程是对实物模型进行三维（3D）数字化测量和构造实物的CAD模型并利用各种成熟CAD/CAE/CAM的技术进行再创新的过程。正向工程与逆向工程的流程如图1.1所示。

逆向工程的重大意义在于，它不是简单地把原有物体还原，而是在还原的基础上进行二次创新，所以，逆向工程作为一种新的创新技术现已广泛应用于工业领域，并取得了重大的经济和社会效益。

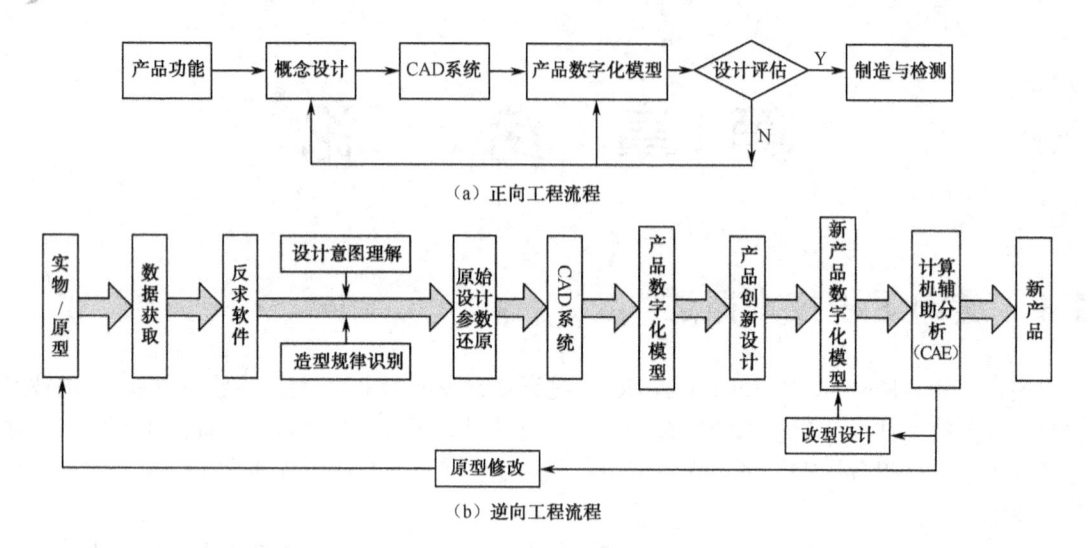

图 1.1 正向工程与逆向工程

我国是最大的发展中国家，消化、吸收国外先进产品技术并进行改进是重要的产品设计手段。逆向工程技术为产品的改进设计提供了方便、快捷的工具，它借助于先进的技术开发手段，在已有产品的基础上设计新产品，缩短开发周期，可以使企业适应小批量、多品种的生产要求，从而使企业在激烈的市场竞争中处于有利的地位。逆向工程技术的应用对我国企业缩短与发达国家的差距具有特别重要的意义。

传统的产品实现通常是从概念设计到图样，再制造出产品，我们称之为正向工程，而产品的逆向工程是根据零件（或原型）生成图样，再构造产品。广义的逆向工程是消化、吸收先进技术的一系列工作方法的技术组合，是一门跨学科、跨专业的、复杂的系统工程，它包括影像逆向、软件逆向和实体逆向等方面。目前，大多数关于逆向工程的研究及应用主要集中在几何形状，即重建产品实物的 CAD 模型和最终产品的制造方面，称为"实物逆向工程"。

实物逆向工程的需求主要有两方面：一方面，作为研究对象，产品实物是面向消费市场最广、最多的一类设计成果，也是最容易获得的研究对象；另一方面，在产品开发和制造过程中，虽已广泛使用了计算机几何造型技术，但是仍有许多产品，由于种种原因，最初并不是由计算机辅助设计模型描述的，设计和制造者面对的是实物样件。为了适应先进制造技术的发展，需要通过一定途径将实物样件转化为 CAD 模型，再通过利用 CAM、RPM/RT、PDM、CIMS 等先进技术对其进行处理或管理。同时，随着现代测试技术的发展，快速、精确地获取实物的几何信息已变为现实。由此可以将逆向工程定义：逆向工程是将实物转变为 CAD 模型相关的数字化技术、几何模型重建技术和产品制造技术的总称。

逆向工程的大致过程：首先由数据采集设备获取样件表面（有时需要内腔）的数据，其次输入专门的数据处理软件或带有数据处理能力的三维 CAD 软件进行前处理，然后进行曲面和三维实体重构,在计算机上复现实物样件的几何形状,并在此基础上进行修改或创新设计,最后对再设计的对象进行实物制造,其中从数据采集到 CAD 模型的建立是逆向工程中的关键技术。图 1.2 是逆向工程应用领域最为广泛的工作流程图。

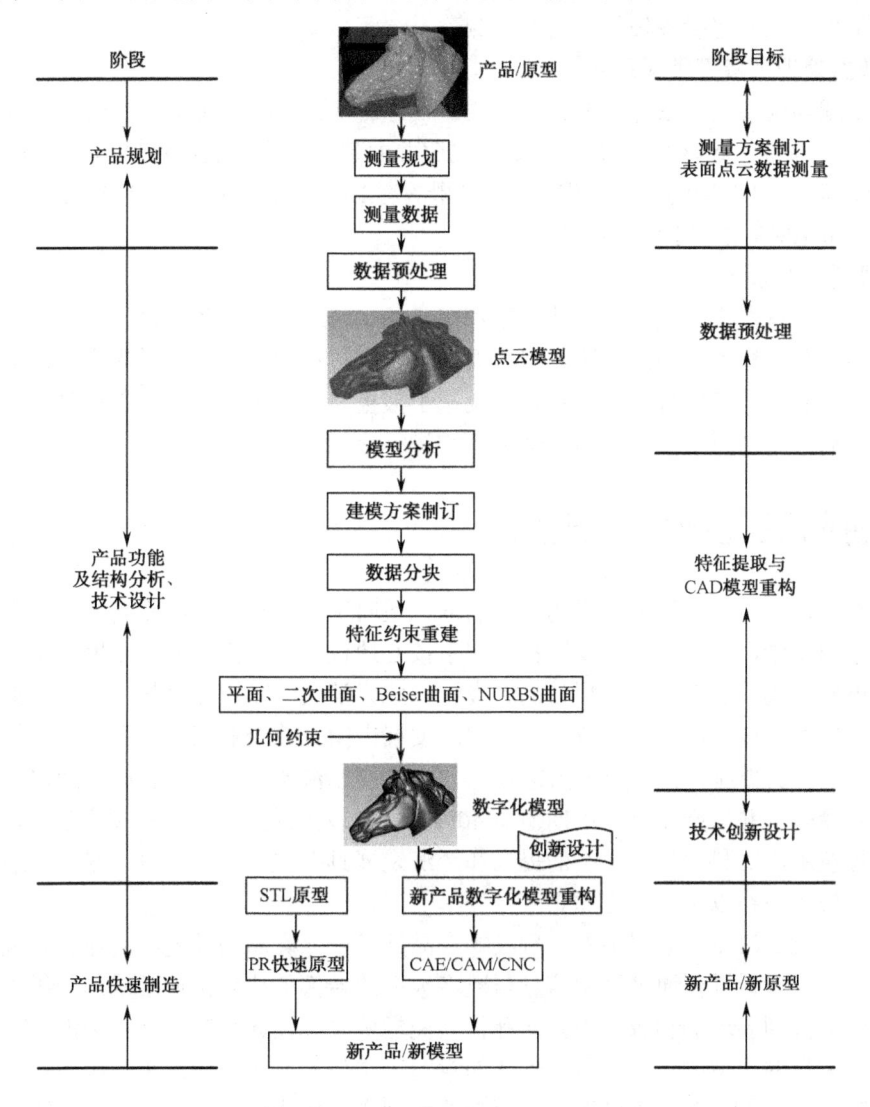

图 1.2 逆向工程的工作流程图

从逆向工程流程可以看出,逆向工程系统主要由三部分组成:产品实物几何外形的数字化、数据处理与 CAD 模型重建、产品模型与模具的成型制造。组成系统的软、硬件主要有以下几种。

1. 数据采集系统

数据获取是逆向工程系统的首要环节，根据测量方式的不同，数据采集系统可以分为接触式测量系统与非接触式测量系统两大类。接触式测量系统的典型代表是三坐标测量机，非接触式测量系统主要包括各种基于光学的测量系统等。

2. 数据处理与模型重建系统

数据处理与模型重建软件主要包括两类：一是集成了专用逆向模块的正向CAD/CAM软件，如包含Pro/Scan-tools模块的Pro/E、集成快速曲面建模等模块的CATIA及包含Point cloudy功能的UG等；二是专用的逆向工程软件，典型的有Imageware、Geomagic Studio、Polyworks、CopyCAD、ICEMSurf和RE-Soft等。

3. 成型制造系统

成型制造系统主要包括用于制造原型和模具的CNC加工设备，以及生成模型样件的各种快速成型设备。根据不同的快速成型原理，有光固化成型、选择性激光烧结、熔融沉积制造、分层实体制造、三维打印等系统，以及基于数控雕刻技术的减式快速成型系统。

本书的后续章节将主要围绕这三部分系统进行介绍。

1.2 逆向工程技术的应用

随着新的逆向工程原理和技术的不断引入，逆向工程已经成为联系新产品开发过程中各种先进技术的纽带，在新产品开发过程中居于核心地位，被广泛地应用于摩托车、汽车、飞机、家用电器、模具等产品的改型与创新设计，成为消化、吸收先进技术，实现新产品快速开发的重要技术手段。逆向工程技术的应用对发展中国家的企业缩短与发达国家的差距具有特别重要的意义。据统计，发展中国家65%以上的技术源于国外，而且应用逆向工程消化吸收先进技术经验，并使产品研制周期缩短40%以上，极大提高了生产率和竞争力。因此，研究逆向工程技术，对科学技术水平的提高和经济发展具有重大意义。具体来说，逆向工程技术的应用主要集中在以下几个方面。

（1）在飞机、汽车、家用电器、玩具等产品开发中，产品的性能、动作、外观设计显得特别重要。由于设计过程通过模型信息与数字数据的转换能达到快速准确的效果，在对产品外形的美学有特别要求的领域，为方便评价其美学效果，设计师广泛利用油泥、木头等材料进行快速且大量的模型制作，将所要表达的意图以实体的方式呈现出来。因此，产品几何外形通常不是应用CAD软件直接设计，而是首先制作木质或油泥全尺寸模型或比例模型，再利用逆向工程技术重建产品数字化模型。因此，逆向工程技术在此类产品的快速开发中显得尤为重要。

（2）由于工艺、美观、使用效果等方面的原因，人们经常要对已有的构件做局部修改。在原始设计没有三维CAD模型的情况下，将实物零件通过数据测量与处理，产生与实际相符的 CAD 模型，进行修改以后再进行加工，或者直接在产品实物上添加油泥等进行修改后再生成 CAD 模型，能显著提高生产效率。因此，逆向工程在改型设计方面可以发挥正向设计不可代替的作用。

（3）当设计需要通过实验测试才能定型的工件模型时，通常采用逆向工程的方法，如航天航空、汽车等领域，为了满足产品对空气动力学等的要求，首先要求在模型上经过各种性能测试建立符合要求的产品模型，此类模型必须借助逆向工程，转换为产品的三维 CAD 模型及其模具。

（4）在缺乏二维设计图样或者原始设计参数的情况下，需要在对零件原型进行测量的基础上，将实物零件转化为计算机表达的 CAD 模型，并以此为依据生成数控加工的 NC 代码或快速原型加工所需的数据，复制一个相同的零件，或充分利用现有的 CAD/CAE/CAM 等先进技术，进行产品的创新设计。

（5）一些零件可能需要经过多次修改，如在模具制造中，经常需要通过反复试冲和修改模具型面，方可得到最终符合要求的模具，而这些几何外形的改变却未曾反映在原始的 CAD 模型上。借助于逆向工程的功能和在设计、制造中所扮演的角色，设计者现在可以建立或修改在制造过程中变更过的设计模型。逆向工程成为制造—检验—修正—建模—制造过程中重要的快速建模手段。

（6）某些大型设备，如航空发动机、汽轮机组等，经常因为某一零件的缺损而停止运行，通过逆向工程手段，可以快速生产这些零部件的替代零件，从而提高设备的利用率和使用寿命。

（7）很多物品很难用基本几何来表现与定义，例如，流线型产品、艺术浮雕及不规则线条等，如果利用通用 CAD 软件、以正向设计的方式来重建这些物体的 CAD 模型，在功能、速度及精度方面都将异常困难。这种场合下，必须引入逆向工程，以加速产品设计，降低开发的难度。应用逆向工程技术，还可以对工艺品、文物等进行复制，可以方便地生成基于实物模型的计算机动画，虚拟场景等。

（8）在生物医学工程领域，人体骨骼、关节等的复制和假肢制造，特种服装、头盔的制造等，需要首先建立人体的几何模型。采用逆向工程技术，可以摆脱原来的以手工或者按标准制定为主的落后制造方法。通过定制人工关节和人工骨骼，保证重构的人工骨骼在植入人体后无不良影响。在牙齿矫正中，根据个人制作牙模，然后转化为 CAD 模型，经过有限元计算矫正方案，大大提高矫正成功率和效率。通过建立数字化人体几何模型，可以根据个人定制特种服装，如宇航服、头盔等。

（9）在 RPM 的应用中，逆向工程的最主要表现为：通过逆向工程，可以方便地对快速原型制造产品进行快速、准确的测量，找出产品设计的不足，进行重新设计，经过反复多次迭代可使产品完善。

（10）借助于工业 CT，逆向工程不仅可以产生物体的外部形状，而且可以快速发现、定位物体的内部缺陷,从而成为工业产品无损检测的重要手段。

(11)产品制造完成以后,用逆向工程方法测量出该产品的点云数据,与已有标准的CAD数据进行比较,分析误差,也称为计算机辅助检测。特别是在模具和快速成型等领域,工业界已用逆向工程来定期地抽样检验产品,分析制造误差的规律,作为质量控制和分析产品缺陷的有力工具。

从逆向工程的应用领域分析可以看出,逆向工程在复杂外形产品的建模和新产品开发中有着不可替代的重要作用。据资料报道和实例验证,应用逆向工程技术后,产品的设计周期可以从几个月缩短为几周;逆向工程也是支持敏捷制造、计算机集成制造、并行工程等的有力工具,是企业缩短产品开发周期、降低设计生产成本、提高产品质量、增强产品的竞争力的关键技术之一。因此,这一技术已成为产品创新设计的强有力的支撑技术。充分利用逆向工程技术,并将其和其他先进设计和制造技术相结合,能够提高产品设计水平和效率,加快产品创新步伐,提高企业的市场竞争能力,为企业带来显著的经济价值。

1.3 逆向工程中的关键技术

1.3.1 数据采集技术

目前,用来采集物体表面数据的测量设备和方法多种多样,其原理也各不相同。测量方法的选用是逆向工程中一个非常重要的问题。不同的测量方式,不但决定了测量本身的精度、速度和经济性,还造成测量数据类型及后续处理方式的不同。根据测量探头是否和零件表面接触,逆向工程中物体表面数字化三维数据的采集方法基本上可以分为接触式(Contact)和非接触式(Non-Contact)两种。

接触式包括三坐标测量机(Coordinate Measuring Machining,CMM)和关节臂测量机;而非接触式主要有基于光学的激光三角法、激光测距法、结构光法、图像分析法以及基于声波、磁学的方法等。这些方法都有各自的特点和应用范围,具体选用何种测量方法和数据处理技术应根据被测物体的形体特征和应用目的来决定。目前,还没有找到一种完全适用于工业设计逆向测量方法。各种数据采集方法分类如图1.3所示。

在接触式测量方法中,CMM是应用最为广泛的一种测量设备;CMM通常是基于力—变形原理,通过接触式探头沿样件表面移动并与表面接触时发生变形,检测出接触点的三维坐标,按采样方式又可分为单点触发式和连续扫描式两种。CMM对被测物体的材质和色泽没有特殊要求,可达到很高的测量精度($\pm 0.5\mu m$),对物体边界和特征点的测量相对精确,对于没有复杂内部型腔、特征几何尺寸多、只有少量特征曲面的规则零件反求特别有效。主要缺点是效率低,测量过程过分依赖于测量者的经验,特别是对于几何模型未知的复杂产品,难以确定最优的采样策略与路径。

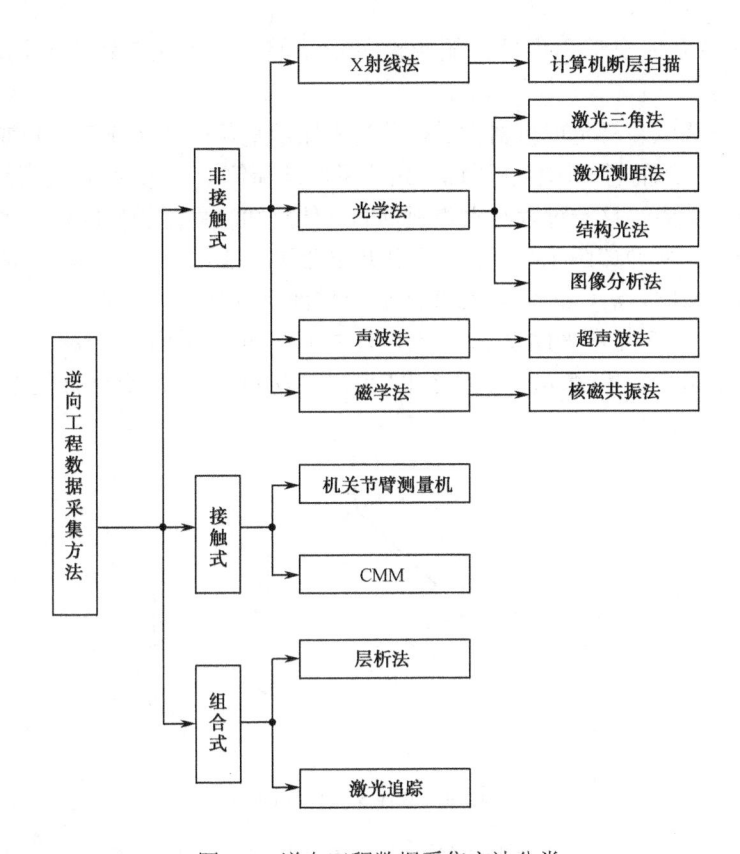

图 1.3 逆向工程数据采集方法分类

随着电子技术、计算机技术的发展，CMM 也由以前的机械式发展为目前的计算机数字控制（CNC）型的高级阶段。目前，智能化是 CMM 发展的方向。智能测量机的研究是利用计算机内的知识库与决策库确定测量策略，其关键技术包括零件位置的自动识别技术、测量决策智能化和测量路径规划、CAD/CAM 集成技术等。

随着快速测量的需求及光电技术的发展，以计算机图像处理为主要手段的非接触式测量技术得到飞速发展，该方法主要是基于光学、声学、磁学等领域中的基本原理，将一定的物理模拟量通过适当的算法转化为样件表面的坐标点。一般常用的非接触式测量方法分为被动视觉和主动视觉两大类。被动式方法中无特殊光源，只能接收物体表面的反射信息，因而设备简单，操作方便，成本低，可用于户外和远距离观察中，特别适用于由于环境限制不能使用特殊照明装置的应用场合，但算法较复杂；主动式方法使用一个专门的光源装置来提供目标周围的照明，通过发光装置的控制，使系统获得更多的有用信息，降低问题难度。

被动式非接触测量的理论基础是计算机视觉中的三维视觉重建。根据可利用的视觉信息，被动视觉方法包括由明暗恢复形状（Shape From Shading，SFS）、由纹理恢复形状、光度立体法、立体视觉和由遮挡轮廓恢复形状等，其中在工程中应用较多的是后两种方法。

立体视觉又称为双目视觉或机器视觉，其基本原理是从两个（或多个）视点观察同一景物，以获取不同视角下的感知图像，通过三角测量原理计算图像像素间的位置偏差（即视差）来获取景物的三维信息，这一过程与人类视觉的立体感知过程是类似的。

双目立体视觉的原理如图 1.4 所示，其中 P 是空间中任意一点，C_1、C_2 是两个摄像机的焦点，类似于人的双眼，p_1、p_2 是 P 点在两个成像面上的像点。空间中 P、C_1、C_2 形成一个三角形，且连线 C_1P 与像平面交于 p_1 点，连线 C_1P 与像平面交于 p_2 点。因此，若已知像点 p_1、p_2，则连线 C_1p_1 和 C_2p_2 必交于空间点 P，这种确定空间点坐标的方法称为三角测量原理。

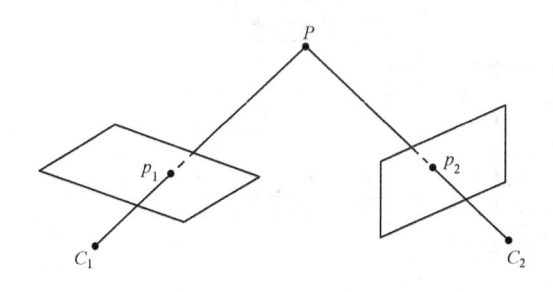

图 1.4 立体视觉原理图

一个完整的立体视觉系统通常由图像获取、摄像机标定、特征提取、立体匹配、深度确定和内插 6 部分组成。由于它直接模拟了人类视觉的功能，可以在多种条件下灵活地测量物体的立体信息；而且通过采用高精度的边缘提取技术，可以获得较高的空间定位精度（相对误差为 1%～2%），因此在计算机被动测距中得到了广泛应用。但立体匹配始终是立体视觉中最重要也是最困难的问题，其有效性有赖于三个问题的解决，即选择正确的匹配特征，寻找特征间的本质属性及建立能正确匹配所选特征的稳定算法。虽然已提出了大量各具特色的匹配算法，但场景中光照、物体的几何形状与物理性质、摄像机特性、噪声干扰和畸变等诸多因素的影响，至今仍未有很好地解决。

利用图像平面上将物体与背景分割开来的遮挡轮廓信息来重构表面，称为遮挡轮廓恢复形状，其原理如图 1.5 中所示。将视点与物体的遮挡轮廓线相连，即可构成一个视锥体。当从不同的视点观察时，就会形成多个视锥体，物体一定位于这些视锥体的共同交集内。因此，通过体相交法，将各个视锥体相交便得到了物体的三维模型。

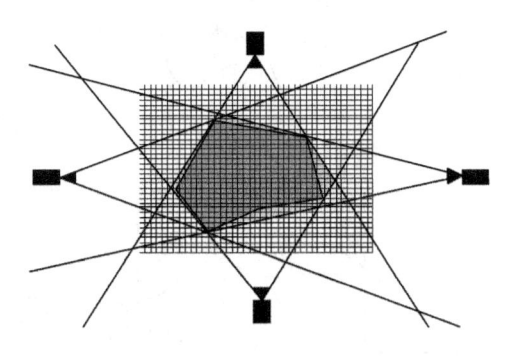

图 1.5　体相交法原理

遮挡轮廓恢复形状方法通常由相机标定、遮挡轮廓提取以及物体与轮廓间的投影相交三个步骤完成，而且遮挡轮廓恢复形状方法在实现时仅涉及基本的矩阵运算，因此具有运算速度快、计算过程稳定、可获得物体表面致密点集的优点。缺点是精度较低，难以达到工程实用的要求，目前多用于计算机动画、虚拟现实模型、网上展示等场合，而且该方法无法应用于某些具有凹陷表面的物体。如美国 Immersion 公司开发了 Lightscribe 系统，该系统由摄像头、背景屏幕、旋转平台及软件系统等组成。首先对放置在自动旋转平台上的物体进行摄像，将摄得的图像输入软件后利用体相交技术可自动生成物体的三维模型，但对于物体表面的一些局部细节和凹陷区域，该系统还需要结合主动式的激光扫描进行细化。

随着主动测距手段的日趋成熟，在条件允许的情况下，工程应用更多使用的是主动视觉方法。主动视觉是指测量系统向被测物体投射出特殊的结构光，通过扫描、编码或调制，结合立体视觉技术来获得被测物的三维信息。对于平坦的、无明显灰度、纹理或形状变化的表面区域，用结构光可形成明亮的光条纹，作为一种"人工特征"施加到物体表面，从而方便图像的分析和处理。根据不同的原理，应用较为成熟的主动视觉方法可又分为激光三角法和投影光栅法两类。

激光三角法是目前最成熟，也是应用最广泛的一种主动式方法。激光扫描的原理如图 1.6 所示。由激光源发出的光束，经过一组可改变方向的反射镜组成的扫描装置变向后，投射到被测物体上。摄像机固定在某个视点上观察物体表面的漫射点，图中激光束的方向角 α 和摄像机与反射镜间的基线位置是已知的，β 可由焦距 f 和成像点的位置确定。因此，根据光源、物体表面反射点及摄像机成像点之间的三角关系，可以计算出表面反射点的三维坐标。激光三角法的原理与立体视觉在本质上是一样的，不同之处是将立体视觉方法中的一个"眼睛"置换为光源，而且在物体空间中通过点、线或栅格形式的特定光源来标记特定的点，可以避免立体视觉中对应点匹配的问题。

激光三角法具有测量速度快，而且可达到较高的精度（±0.05mm）等优点，但存在的主要问题是对被测表面的粗糙度、漫反射率和倾角过于敏感，存在由遮挡造成的阴影效应，对突变的台阶和深孔结构容易产生数据丢失。

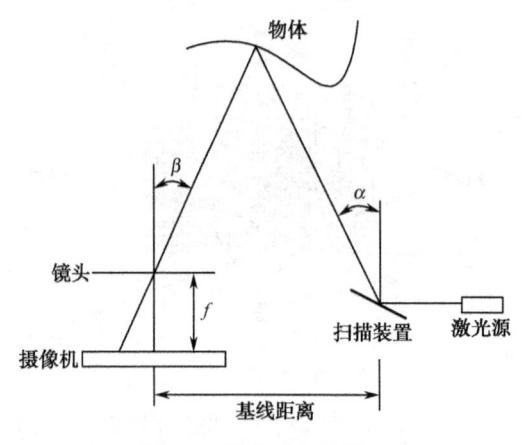

图 1.6　激光三角法原理

在主动式方法中，除了激光以外，也可以采用光栅或白光源投影。投影光栅法的基本思想是把光栅投影到被测物表面上，受到被测样件表面高度的调制，光栅投影线发生变形，变形光栅携带了物体表面的三维信息，通过解调变形的光栅影线，从而得到被测表面的高度信息，其原理如图 1.7 中所示。

入射光线 P 照射到参考平面上的 A 点，放上被测物体后，P 照射到物体上的 B 点，此时从图示方向观察，A 点就移到新的位置 C 点，距离 AC 就携带了物体表面的高度信息 $z=h(x, y)$，即高度受到了表面形状的调制。按照不同的解调原理，就形成了诸如莫尔条纹法、傅里叶变换轮廓法和相位测量法等多种投影光栅的方法。

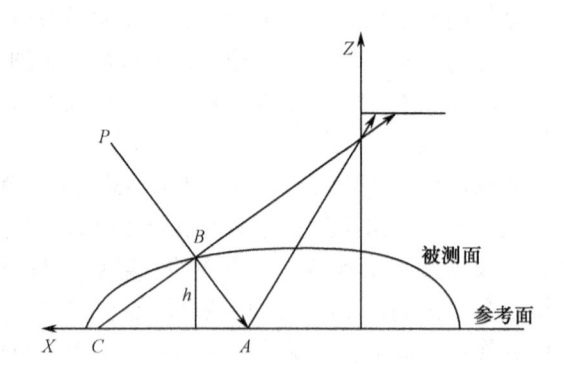

图 1.7　投影光栅法原理图

投影光栅法的主要优点是测量范围大、速度快、成本低、易于实现，且精度较高（±0.04mm）；缺点是只能测量表面起伏不大较平坦的物体，对于表面变化剧烈的物体，在陡峭处往往会发生相位突变，使测量精度大大降低。

总的来说，精度与速度是数字化方法最基本的指标。数字化方法的精度决定了 CAD 模型的精度及反求的质量，测量速度也在很大程度上影响着反求过程的快慢。目前，常用的各种方法在这两方面各有优缺点，且有一定的适用范围，所以在应用时应根据被测物体的特点及对测量精度的要求来选择对应的测量方法。在接触式测量方法中，CMM 是应用最为广泛的一种测量设备；而在非接触式测量方法中，结构光法被认为是目前最成熟的三维形状测量方法，在工业界广泛应用，德国 GOM 公司研发的 ATOS 测量系统及 Steinbicher 公司的 COMET 测量系统都是这种方法的典型代表。表 1.1 对 CMM 与激光扫描数字化测量方法进行了全面比较，从表中可以清楚地看出，每一种测量方法都有其优势与不足，在实际测量中，两种测量技术的结合将能够为逆向工程带来很好的弹性，有助于逆向工程的进行。

表 1.1 三坐标测量和激光扫描测量优缺点比较

	三坐标测量数据采集	激光扫描测量数据采集
优点	● 数据收集精度高； ● 可使用的技术广泛； ● 具备在一定遮挡场合进行数据收集的能力； ● 收集的离散点集 CAD 软件处理容易； ● 不会破坏数字化对象	● 数字化速度快，整个测量过程时间短； ● 收集的数据密度大，有助于改善建模的可视化和细节分析； ● 无须过多的数据收集预先规划； ● 不破坏数字化对象； ● 可以对柔软或易碎对象进行测量
缺点	● 测量过程周期长，探头半径补偿烦琐； ● 不能对物体内部实现测量； ● 对软工件或易碎件实现测量的能力有限； ● 测量前必须制定相应的测量规划和策略； ● 探头的半径大小限制了对工件细部特征的测量	● 要实现对高反射光或发散光的工件表面进行测量，需要使用着色剂； ● 不能对物体内部或者被遮挡的几何特征进行测量； ● 许多 CAD 软件往往不易处理测量所获取的高密度离散几何数据； ● 技术成本高； ● 扫描设备需要与被测对象隔开一定的距离，增大整个系统的工作空间

目前，除了充分发挥现有数字化方法的特点与优势外，一个重要的研究方向就是以传感器规划和信息融合为基础，开发多种数字化方法的联合使用方法与集成系统，其中 CMM 与视觉方法的集成由于在测量速度、精度及物理特性等方面具有较强的互补性，是目前最具有发展前景的集成数字化方法。但如何提高集成过程中的自动化、智能化程度，以下一些关键问题值得进一步研究：

（1）基于视觉技术的边界轮廓和物体特征的识别方法；
（2）CMM 智能化测量技术；
（3）高效的多传感器数据融合方法；
（4）考虑后续的模型重建的要求，数字化过程与表面重构的集成化研究。

1.3.2 CAD 建模技术

产品的三维 CAD 建模是指从一个已有的物理模型或实物零件产生出相应的 CAD 模型的过程，包含物体离散数据点的网格化、特征提取、表面分片和曲面生成等，是整个逆向过程中最关键、最复杂的一环，也为后续的工程分析、创新设计和加工制造等应用提供数学模型支持。其内容涉及计算机、图像处理、图形学、计算几何、测量和数控加工等众多交叉学科和工程领域，是国内外学术界，尤其是 CAD/CAM 领域广泛关注的热点和难点问题。

在实际的产品中，只由一张曲面构成的情况不多，产品往往由多张曲面混合而成。由于组成曲面类型的不同，因此，CAD 模型重建的一般步骤：先根据几何特征对点云数据进行分割，然后分别对各个曲面片进行拟合，再通过曲面的过渡、相交、裁剪、倒圆等手段，将多个曲面"缝合"成一个整体，即重建的 CAD 模型。

在逆向工程应用初期，由于没有专用的逆向软件，只能选择一些正向的 CAD 系统来完成模型的重建；后来，为满足复杂曲面重建的要求，一些软件商在其传统 CAD 系统里集成了逆向造型模块，如 Pro/Scan-tools、Point Cloudy 等；而伴随着逆向工程及其相关技术理论研究的深入进行及其成果商业应用的广泛展开，大量的商业化专用逆向工程 CAD 建模系统不断涌现。当前，市场上提供了逆向建模功能的系统达数十种之多，较具有代表性的有 EDS 公司的 Imageware、Geomagic 公司的 Geomagic Studio、Paraform 公司的 Paraform、PTC 公司的 ICEM Surf、DELCAM 公司的 CopyCAD 软件以及国内浙江大学的 Re-Soft 等。

1. 逆向工程 CAD 系统的分类

1）根据 **CAD** 系统提供方式分类

以测量数据点为研究对象的逆向工程技术，其逆向软件的开发经历了两个阶段。第一阶段是一些商品化的 CAD/CAM 软件集成进专用的逆向模块，典型的如 PTC 的 Pro/Scan-tools 模块、CATIA 的 QSR/GSD/DSE/FS 模块及 UG 的 Point cloudy 功能等。随着市场需求的增长，这些有限的功能模块已不能满足数据处理、造型等逆向技术的要求；第二阶段是专用的逆向软件开发，目前面世的产品类型已达数十种之多，典型的如 Imageware，Geomagic，Polyworks，CopyCAD，ICEMSurf 和 RE-Soft 等。

2）根据 **CAD** 系统建模特点与策略分类

根据 CAD 系统提供方式的分类多少显得有些笼统，难以为逆向软件的选型提供更为明确的指导，因为逆向 CAD 建模通常都是曲面模型的构建，对 CAD 系统的曲面、曲线处理功能要求较高，其分类没有这方面的信息。再者，各种专用逆向软件建模的侧重点不一样，从而实现特征提取与处理的功能也有很大的不同，如 Imageware 主要功能齐全，具有多种多样的曲线曲面创建和编辑方法，但是它对点云进行区域分割主要还是通过建模人员依据其特征识别的经验手动来完成，不能由系统自动实现；Geomagic 区域分割自动能力很强，并可以完全自动地实现曲面的重建，但是创建特征线的方式又很单一，且重建的曲面片之间的连续程度不高。

依据逆向建模系统实现曲面重建的特点,可以将曲面重建的方式划分为传统曲面造型方式和快速曲面造型方式两类。传统曲面造型方式在实现模型重建上通常有两种方法。

(1) 曲线拟合法,该方法先将测量点拟合成曲线,再通过曲面造型的方式将曲线构建成曲面(曲面片),最后对各曲面片直接添加过渡约束和拼接操作完成曲面模型的重建。

(2) 曲面片拟合法,该方法直接对测量数据进行拟合,生成曲面(曲面片),最后对曲面片进行过渡、拼接和裁剪等曲面编辑操作,构成曲面模型的重建。与传统曲面造型方式相比,快速曲面造型方式通常是将点云模型进行多边形化,随后通过多边形模型进行 NURBS 曲面拟合操作来实现曲面模型的重建。两种方式实现曲面造型的基本作业流程如图 1.8 所示。

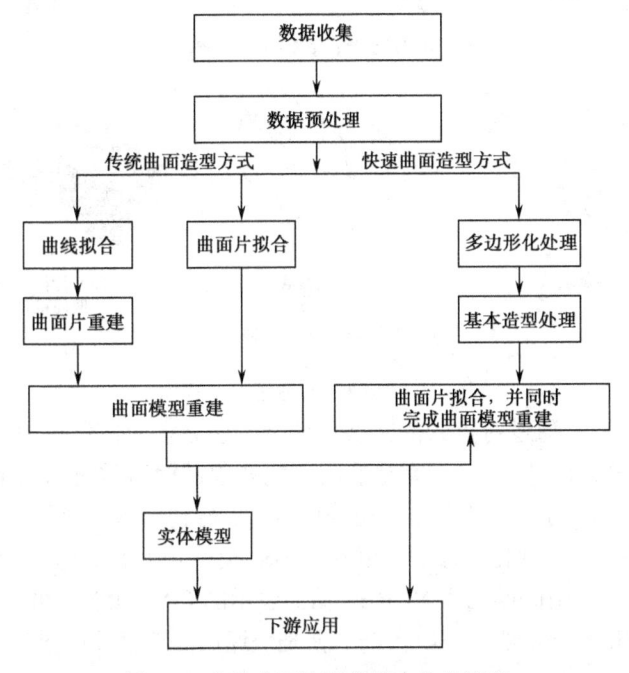

图 1.8 实现曲面造型的基本作业流程

传统曲面造型方式主要表现为由点—线—面的经典逆向建模流程,它使用 NURBS 曲面直接由曲线或测量点来创建曲面,其代表有 Imageware,ICEM Surf 和 CopyCAD 等。该方式下提供了两种基本建模思路:一是由点直接到曲面的建模方法,这种方法是在对点云进行区域分割后,直接应用参数曲面片对各个特征点云进行拟合,以获得相应特征的曲面基元,进而对各曲面基元进行处理,获得目标重建曲面,如图 1.9(a)所示;二是由点到曲线再到曲面的建模方法,这种方法是在用户根据经验构建的特征曲线的基础上实现曲面造型,而后通过相应的处理以获得目标重建曲面的建模过程,如图 1.9(b)所示。

传统曲面造型延续了传统正向 CAD 曲面造型的方法,并在点云处理与特征区域分割、特征线的提取与拟合及特征曲面片的创建方面提供了功能多样化的方法,配合建模人员的经验，容易实现高质量的曲面重建，但是进行曲面重建需要大量建模时间的投入和熟练建模人员的参与。并且，由于基于 NURBS 曲面建模技术在曲面模型几何特征的识别、重建曲面的光顺性和精确度的平衡把握上，对建模人员的建模经验提出了很高的要求。

原始点云　　特征点云区域提取　　曲面基元拟合　　CAD模型构造

（a）基于曲面片直接拟合的曲面重建

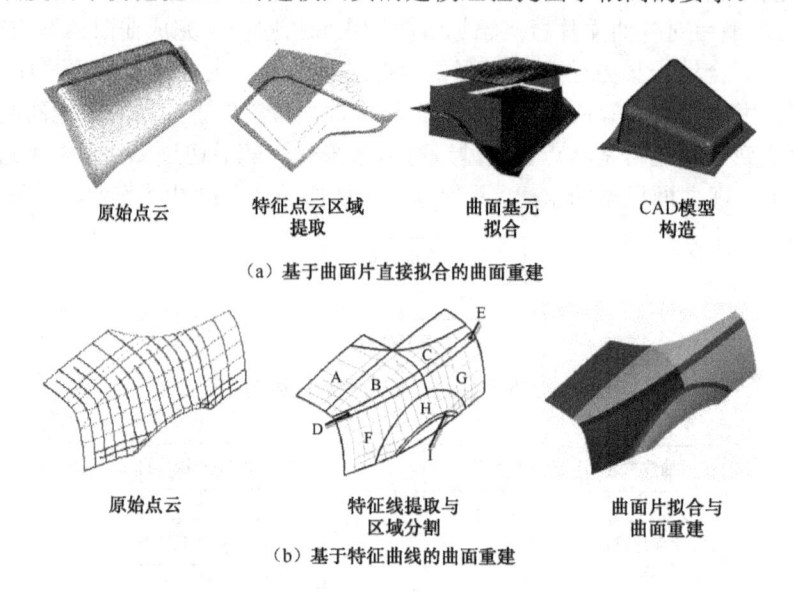

原始点云　　特征线提取与区域分割　　曲面片拟合与曲面重建

（b）基于特征曲线的曲面重建

图 1.9　传统曲面造型方式建模

快速曲面造型方式是通过对点云的网格化处理，建立多面体化表面来实现的，其代表有 Geomagic Studio 和 Re-soft 等。一个完整的网格化处理过程通常包括以下步骤：首先，从点云中重建三角网格曲面，再对这个三角网格曲面分片，得到一系列有四条边界的子网格曲面；然后，对这些子网格逐一参数化；最后，用 NURBS 曲面片拟合每一片子网格曲面，得到保持一定连续性的曲面样条，由此得到用 NURBS 曲面表示的 CAD 模型，可以用 CAD 软件进行后续处理，图 1.10 中 Geomagic 的"三阶段法"便是快速曲面造型曲面重建的一个典型说明。

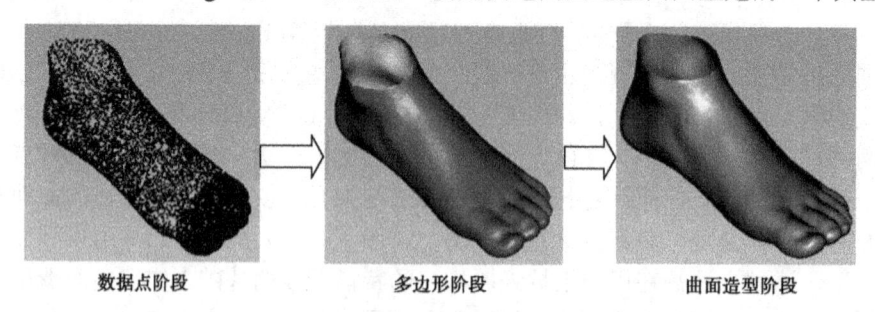

数据点阶段　　多边形阶段　　曲面造型阶段

图 1.10　快速曲面重建的"三阶段法"

快速曲面造型方式的曲面重建方法简单、直观、适用于快速计算和实时显示的领域，顺应了当前许多 CAD 造型系统和快速原型制造系统模型多边形表示的需要，已成为目前应用广泛的一类方法。然而,该类方法同时也存在计算量大、对计算机硬件要求高,曲面对点云的快速适配需要使用高阶 NURBS 曲面等不足,而且面片之间难以实现曲率连续,难以实现高级曲面的创建。

2.两类逆向建模技术的比较

总的说来,两类曲面造型方式的差异主要表现在处理对象、重建对象及建模质量等方面。

1)处理对象的异同

在传统曲面造型方式的逆向系统中,所处理的点云涵盖了对从低密度、较差质量(如 Pro/Scan-tools)到高质量、密度适中(如 ICEM Surf、CopyCAD 等),再到高密度整个范围。如 Imageware 便可以接受绝大部分的 CMM、Laser Scan、X-ray Scan 的资料,并且没有点云密度和数据量大小的限制。只是在实际建模过程中,往往会先对密度较大的点云进行采样处理,以改善计算机内存的使用。

而对于快速曲面造型方式,为了获取较好的建模精度,往往要求用于曲面重建的点云具有一定的点云密度和比较好的点云质量。如在 Geomagic Studio 中,要实现点云的多边形化模型的创建,必须保证处理点云具有足够的密度和较好的质量,否则无法创建多边形模型或创建的多边形模型出现过多、过大的破洞,严重影响后续构建曲面的质量。

2)重建对象的异同

对于具有丰富特征模型的曲面重建(如工艺品、雕塑、人体设计等),使用传统曲面造型的方法就显得非常困难,而快速曲面造型的方法则能轻易胜任。此外,在实际的产品开发过程中,在产品的概念设计阶段,需要根据相应的手工雕刻模型进行最初的快速建模时,快速曲面造型方式便是一种最佳的选择。

而对于多由常规曲面构成的典型机械产品,或如汽车车体和内饰件造型等这些往往对曲面造型的质量要求很高的场合,目前采用的主要还是传统曲面造型方式的逆向系统。

3)建模质量的比较

逆向建模的质量表现在曲面的光顺性和曲面重建的精度两个方面。

从曲面的光顺性角度看,目前,尽管在一些领域快速曲面造型取得了令人满意的成果,但曲面重建中各曲面片之间往往只能实现 G^1 联系,难以实现 G^2 连续,从而无法构建高品质的曲面,这也限制了在产品制造上的应用。相比而言,传统曲面造型方式提供了结合视觉与数学的检测工具和高效率的连续性管理工具,能及时且同步地对构建的曲线、曲面进行检测,提供即时的分析结果,从而容易实现高品质的曲面构建。

在精度方面,两种方法均可获得较高精度的重建结果,但相对来说,快速曲面造型遵循相对固定的操作步骤,而传统曲面造型方式则更依赖于操作人员的经验。

3.逆向工程 CAD 建模系统分类

通过综合分析当前典型商业逆向 CAD 建模系统(软件/模块)建模特点和策略,我们将其按照传统曲面造型方式与快速曲面造型方式进一步分类,其结果如表 1.2 所示。

表 1.2 逆向工程 CAD 系统的分类

软件（模块）类型	软件（模块）名	逆向曲面重建建模方式 传统曲面造型方式	逆向曲面重建建模方式 快速曲面造型方式	特　　点
专用逆向软件	Imageware	■	□	逆向流程遵循由点—线—面曲面创建模式，并具有由点云直接拟合曲面的功能。曲线、曲面创建和编辑方法多样，辅以即时的品质评价工具，可实现高质量曲面创建
专用逆向软件	Geomagic	□	■	遵循点—多边形—曲面三个阶段作业流程，可以轻易地从点云创建出完美的多边形模型和样条四边形网格，并可自动转换为 NURBS 曲面，建模效率高。新增的 Fashion 模块可以通过定义曲面特征类型来捕获物理原型的原始设计意图，并拟合成准 CAD 曲面
专用逆向软件	CopyCAD	■	□	遵循由点云—三角形化—构造线—特征线—网格构造—曲面的逆向流程，整个进程基本上是交互式完成的，具有一定的快速式曲面造型的特点
专用逆向软件	Rapidform	■	■	遵循由点云—多边形化模型—曲线网格—NURBS 曲面的逆向流程，提供了自动和手动两种曲面构建的方式和类似正向 CAD 平台的曲面建模工具，允许从 3D 扫描数据点创建解析曲面
专用逆向软件	ICEM Surf	■	□	逆向作业流程为点云—测量线—曲面片，支持按键式和互动式两种准自动化的曲面重建方法。基于 BEZIER 和 NURBS 两种数学方法，可以在两种曲线/曲面之间灵活地相互转换，A 级曲面造型的效率较高，可以快速、动态地修改和重用曲面上的特征
专用逆向软件	Polyworks	□	■	遵循的逆向工作流程：点云获取和处理—创建多边形化模型—构造特征曲线—创建曲线网格—用 BEZIER 或 NURBS 曲面拟合曲面片—添加曲面片连续性约束—生成曲面模型，软件具有自动检测边界、自动缝合等快速建模功能
专用逆向软件	RE-Soft	■	■	遵循特征造型的理念，提供了基于曲面特征和基于截面特征曲线两种建模策略，在实际应用上，两种策略相互约束和渗透。也提供了由点云—三角剖分模型—Bezier 曲面拟合的自动化曲面重建方法

续表

| 软件
（模块）类型 | 软件
（模块）名 | 逆向曲面重建建模方式 || 特　　点 |
		传统曲面造型方式	快速曲面造型方式	
提供逆向模块的正向CAD/CAE/CAM软件	DSE&QSR&GSD&FS	■	□	在CATIA建模系统中，四个模块均可用于逆向工程建模，曲面模型的生成符合一般产品建模的基本要求，产品设计和检验流程遵循逆向工程建模的一般流程，即扫描点云—特征线—曲面，具有较为丰富全面的曲面建模功能
	Pro/Scan-tools	■	□	是集成于Pro/E软件中的专用于逆向建模的工具模块，具有基于曲线（型曲线）和基于曲面（常规的Pro/E曲面和型曲面）两种方式独立或者结合的曲面重建方式，可以根据扫描数据建立光滑曲面
	PointCloud	■	□	该模块是集成在UG软件中的用于逆向工程建模的工具模块，其逆向造型遵循：点—线—面一般原则，对具有单值特征的曲面直接拟合成曲面，与专业的逆向工程软件相比，其功能较为有限

说明：1. ■ 表示项目被选中； □ 表示项目未被选中。
2. DSE: Digitized Shape Editor（数字编辑器）；QSR: Quick Shape Reconstruction（快速造型重建）；GSD: Generative Shape Design（生成造型设计）；FS: Freestyle（自由造型设计）。

目前，虽然商用的逆向工程软件类型很多，但是在实际设计中，专门的逆向工程设计软件还存在较大的局限性，例如，Imageware软件在读取点云数据时，系统工作速度较快，能较容易地进行海量点数据的处理，但进行面拟合时，Imageware所提供的工具及面的质量却不如其他CAD软件（如Pro/E、UG等）。但使用Pro/E、UG等软件读取海量点云数据时，却存在由于数据庞大而造成系统运行速度太慢等问题。在机械设计领域中，逆向工程软件集中表现为智能化低；点云数据的处理方面功能弱；建模过程主要依靠人工干预，设计精度不够高；集成化程度低等问题。

在具体工程设计中，一般采用几种软件配套使用、取长补短的方式。因此，在实际建模过程中，建模人员往往采用"正向+逆向"的建模模式，也称为混合建模，即在正向CAD软件的基础上，配备专用的逆向造型软件（如Imageware、Geomagic等）。在逆向软件中先构建出模型的特征线，再将这些线导入到正向CAD系统中，由正向CAD系统来完成曲面的重建。

1.4 逆向工程技术的发展

目前，逆向工程在数据处理、曲面处理、曲面拟合、规则特征识别、专用商业软件和三维扫描仪的开发等方面已取得了非常显著的进步，但在实际应用中，缺乏明确的建模指导方针，整个过程仍需大量的人工交互，操作者的经验和素质影响着产品的质量，自动重建曲面的光顺性难以保证，对建模人员的经验和技术技能依赖较重。而且目前的逆向工程 CAD 建模软件大多仍以构造满足一定精度和光顺性要求的 CAD 模型为最终目标，没有考虑到产品创新需求，因此逆向工程技术依然是目前 CAD/CAM 领域一个十分活跃的研究方向。

逆向工程 CAD 建模的研究经历了以几何形状重构为目的逆向工程 CAD 建模，基于特征的逆向工程 CAD 建模和支持产品创新设计的逆向工程 CAD 建模三个阶段。以现有产品为原型，还原产品设计意图，注重重建模型的再设计能力已成为当前逆向工程 CAD 建模研究的重点。

1）以几何形状重构为目的的 CAD 建模

在目前的一些比较实用的以几何形状重构为目的的逆向工程 CAD 建模软件中，仍以构造满足一定精度和光顺性要求，与相邻曲面光滑拼接的曲面 CAD 模型为最终目标。

以几何形状重构为目的逆向工程 CAD 建模方法对于恢复几何原形是有效的，但建模过程复杂，建模效率低，交互操作多，难以实现产品的精确建模。而且缺乏对特征的识别，丢失了产品设计过程中的特征信息，与产品的造型规律不相符合，无法表达产品的原始设计意图。因此，这种建模方法和模型初始表示对于表达产品设计意图和创新设计是不适宜的。

2）基于特征的 CAD 建模

基于特征的逆向工程 CAD 建模是将正向设计中的特征技术引入逆向工程形成的一种 CAD 建模思路，通过抽取蕴含在测量数据中的特征信息，重建基于特征表达的参数化 CAD 模型，表达原始设计意图。该方法具有的优势如下：

（1）表达了原始设计信息，可以重建更为精确的 CAD 模型，提高 CAD 模型重建的效率；

（2）特征包含了高层次的表达产品设计意图的工程信息，通过对特征参数的修改和优化，可以得到不同参数的系列化新产品 CAD 模型，从而加快新产品的开发速度。

基于特征的模型重建研究主要集中在特征识别，包括边界线和曲面特征，研究对象主要是规则特征。但在 CAD 模型重建方面，都存在着这样一个缺陷，即将模型重建分割为孤立的曲面片造型，忽略了产品模型的整体属性。

3）支持产品创新设计的 CAD 建模

从应用领域来看，逆向工程的应用可分为两个目标：原型复制和设计创新。对于复杂曲面外形产品的逆向工程 CAD 建模而言,其主要目的不是对现有产品外形进行简单复制,而是要建立产品 CAD 的模型,进而实现产品的创新设计。具备进一步创新功能的逆向工程包含了三维重构与基于原型的再设计,真正体现了现代逆向工程的核心与实质。

要进行基于原型或重建 CAD 模型的再设计,逆向工程 CAD 建模应满足以下要求:

(1) 满足内部结构要求,反映产品原始设计意图。

(2) 模型可方便地进行修改。

逆向工程作为吸收和消化现有技术的一种先进设计理念,其意义不仅仅是仿制,应该从原型复制走向再设计。以现有产品为原型,对逆向工程所建立的 CAD 模型进行改进得到新的产品模型,实现产品的创新设计。CAD 模型是实现创新设计的基础,还原实物样件的设计意图,注重重建模型的再设计能力是目前逆向工程 CAD 建模研究的重点。三维重建只是实现产品创新的基础,再设计的思想应始终贯穿于逆向工程的整个过程,将逆向工程的各个环节有机结合起来,集成 CAD/CAE/CAM/CAPP/CAT/RP 等先进技术,使之成为相互影响和制约的有机整体,并形成以逆向工程技术为中心的产品开发体系。

理解设计意图、识别造型规律是逆向工程 CAD 建模的精髓,支持创新设计是逆向工程的灵魂。但从目前的发展水平来看,现有的技术还远不能支持这种高层次的逆向工程需求。目前,根据测量数据点云生成曲面模型,在模型分割与特征识别方面是公认的薄弱环节,并且缺乏创新设计手段。在这种情况下,从数字化测量数据点云的区域分割及特征识别入手,理解原有产品的设计意图,建立便于产品创新设计的 CAD 模型,就显得十分迫切。

另外,在人员方面,逆向工程技术的应用仍是一项专业性很强的工作,各个过程都需要有专业人才,需要经验丰富的工程师,特别是对三维模型重建人员有更高的要求,除需了解产品特点、制造方法和熟练使用 CAD 软件、逆向造型软件外,另一方面应熟悉上游的测量设备,甚至必须参与测量过程,以了解数据特点,还应了解下游的制造过程,包括制造设备和制造方法等。

在目前工作的基础上,逆向工程技术尚有诸多问题需要进一步探讨和研究,主要包括以下几个方面:

(1) 发展面向工程应用的专用测量系统,使之能高速、高精度地实现实物数字化,并能根据样件几何形状和后续应用选择测量方式及路径,能进行路径规划和自动测量。

(2) 以数据点云隐含的特征和约束等几何信息的自动识别和推理为出发点,进一步研究复杂曲面离散数据点云的几何理解,建立基于特征的逆向建模的指导性图解,减少逆向工程 CAD 建模中的交互操作,降低设计人员的劳动强度。

(3) 针对特定的应用领域(如汽车设计、人体建模等),制定基于模板匹配或定制的自动化逆向建模策略,对其中的自由形状特征建立参数化表达形式,实现真正的基于参数匹配的特征重构。

(4) 发展基于集成的逆向工程技术,包括测量技术、基于特征和集成的模型重建技术,基于网络的协同设计和数字化制造术等。

（5）将参数化技术引入逆向工程中，建立参数化的逆向工程模型，以方便模型的优化与修改。同时与主流商业 CAD/CAM 软件无缝集成，充分发挥后者强大的功能。

（6）研究基于特征分割和约束驱动的精确变形技术，提高逆向工程重建 CAD 模型的改型设计和创新设计能力。

第2章 三坐标测量机

2.1 三坐标测量机

2.1.1 三坐标测量机简介

三坐标测量机（Coordinate Measuring Machining，CMM）是20世纪60年代发展起来的一种新型高效的精密测量仪器。它的出现，一方面是由于自动机床、数控机床高效率加工及越来越多复杂形状零件加工需要有快速可靠的测量设备与之配套；另一方面是由于电子技术、计算机技术、数字控制技术以及精密加工技术的发展，为CMM的产生提供了技术基础。1960年，英国FERRANTI公司研制成功世界上第一台CMM，到20世纪60年代末，已有近10个国家的30多家公司在生产CMM，不过这一时期的CMM尚处于初级阶段。进入20世纪80年代后，以ZEISS、LEITZ、DEA、LK、三丰、SIP、FERRANTI、MOORE等为代表的众多公司不断推出新产品，使得CMM的发展速度加快，出现了各种CMM。

1. 三坐标测量机的分类

根据分类方法的不同，CMM主要有以下四种不同的分类方法：

1）按CMM的技术水平分类

（1）数字显示及打印型：这类CMM主要用于几何尺寸测量，可显示并打印出测得点的坐标数据，但要获得所需的几何尺寸形位误差，还需进行人工运算，其技术水平较低，目前已基本被淘汰。

（2）计算机数据处理型：这类CMM技术水平略高，目前应用较多。其测量仍为手动或机动，但用计算机处理测量数据，可完成诸如工件安装倾斜的自动校正计算、坐标变换、孔心距计算、偏差值计算等数据处理工作。

（3）计算机数字控制型：这类CMM技术水平较高，可像数控机床一样，按照编制好的程序自动测量。

2）按CMM的测量范围分类

（1）小型坐标测量机：这类CMM在其最长一个坐标轴方向（一般为X轴方向）上的测量范围小于500mm，主要用于小型精密模具、工具和刀具等的测量。

（2）中型坐标测量机：这类CMM在其最长一个坐标轴方向上的测量范围为500～2000mm，是应用最多的机型，主要用于箱体、模具类零件的测量。

（3）大型坐标测量机：这类 CMM 在其最长一个坐标轴方向上的测量范围大于 2000 mm，主要用于汽车与发动机外壳、航空发动机叶片等大型零件的测量。

3）按 CMM 的精度分类

（1）精密型 CMM：其单轴最大测量不确定度小于 $1\times10^{-6}L$（L 为最大量程，单位为 mm），空间最大测量不确定度小于 $(2\sim3)\times10^{-6}L$，一般放在具有恒温条件的计量室内，用于精密测量。

（2）中、低精度 CMM：低精度 CMM 的单轴最大测量不确定度在 $1\times10^{-4}L$ 左右，空间最大测量不确定度为 $(2\sim3)\times10^{-4}L$，中等精度 CMM 的单轴最大测量不确定度约为 $1\times10^{-5}L$，空间最大测量不确定度为 $(2\sim3)\times10^{-5}L$，L 为最大量程。这类 CMM 一般放在生产车间内，用于生产过程检测。

4）按 CMM 的结构形式分类

CMM 的结构类型主要有以下几种：悬臂式、桥式、龙门式等，如图 2.1 所示。悬臂式结构的优点是开敞性较好，装卸工件方便，而且可以放置底面积大于工作台面的零件，不足之处是刚性稍差，精度低。桥式测量机承载力较大，开敞性较好，精度较高，是目前中小型测量机的主要结构形式。龙门式测量机一般为大中型测量机，要求有好的地基，结构稳定，刚性好。

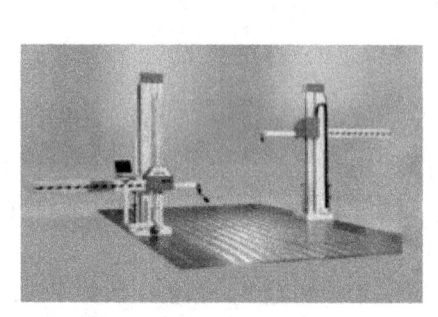

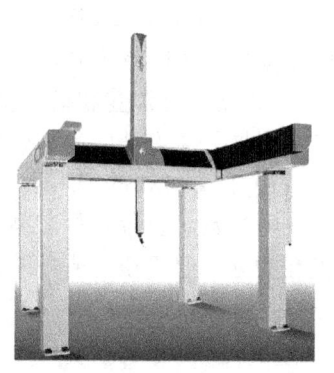

(a) 悬臂式　　　　　　(b) 桥式　　　　　　(c) 龙门式

图 2.1　CMM 的主要结构类型

2．CMM 的功能及应用

1）CMM 的功能

（1）柔性定位。三坐标测量机探头柔性强，能手动或自动实现 X，Y，Z 轴移动，探针带有角度旋转功能，能实现找正、旋转、平移及坐标存取等。

（2）几何元素测量。通过改变探头角度及软件编程，可实现点、直线、平面、圆、圆柱、圆锥、球、相交、距离、对称、夹角等几何元素的测量。

（3）形位公差的计算。包括直线度、平面度、圆度、圆柱度、垂直度、倾斜度、平行度、位置度、对称度、同心度等形位公差的计算。

（4）位置误差评定。包括平行度、垂直度、平面度、倾斜度、同轴度、对称度、位置度等位置误差评定。

（5）脱机编辑系统。包括自学习编程、脱机编程、自检纠错功能、CAD 导入系统功能等。

（6）支持多种数据输出方式。包括传统的数据输出报告、图形化检测报告、图形数据附注、数据标签输出等。

2）CMM 在工业中的应用

（1）在检测中的应用。随着现代科学技术的发展，工业生产自动化程度日益提高，对产品的可靠性及质量的要求越来越高，要求有测量效率高、精度高的检测手段与之相匹配。但长期以来测量的手段和工具都制约着工业生产率的提高。

作为近 30 年发展起来的一种高效率的新型精密测量仪器，三坐标测量机已广泛地用于机械制造、电子、汽车和航空航天等工业中。它可以进行零件的尺寸、形状及相互位置的检测，例如，箱体、导轨、涡轮、叶片、缸体、凸轮、齿轮、形体等空间型面的测量。此外，还可用于划线、定中心孔、光刻集成线路等，并可对连续曲面进行扫描。由于它的通用性强、测量范围大、精度高、效率高、性能好、能与柔性制造系统相连接，已成为一类大型精密仪器，故有"测量中心"之称。

（2）在逆向工程中的应用。高效、高精度地实现样件表面的数据采集，是逆向工程实现的基础和关键技术之一，也是逆向工程中最基本、不可缺少的步骤。因此，逆向工程对数据采集仪器提出了极高的要求。CMM 一直以测量精度高成为逆向工程中的主要三维数字化工具，同时它具有噪声低、重复性好、不受物体表面颜色和光照的限制等优点。对于不具有复杂内部型腔、特征几何尺寸多、只有少量特征曲面的零件，CMM 是一种非常有效且可靠的三维数字化手段。

2.1.2 三坐标测量工作原理

本节以触发式测头为例对三坐标测量的工作原理进行说明。CMM 的基本原理是将被测零件放入它的测量空间，精密地测出被测零件在 X、Y、Z 三个坐标的数值，根据这些点的数值经过计算机数据处理，拟合形成测量元素，如圆、球、圆柱、圆锥、曲面等，经过数学计算得出形状、位置公差及其他几何量数据。

如图 2.2 所示，要测量工件上一圆柱孔的直径，可以在垂直于孔轴线的截面 I 内，触测内孔壁上三个点（点 1、2、3），则根据这三点的坐标值就可计算出孔的直径及圆心坐标 O_1；如果在该截面内触测更多的点（点 1, 2, $\cdots$, n, n 为测量点数），则可根据最小二乘法或最小条件法计算出该截面圆的圆度误差；如果对多个垂直于孔轴线的截面圆（I, II, $\cdots$, M, M 为测量的截面圆数）进行测量，则根据测得点的坐标值可计算出孔的圆柱度误差及各截面圆的圆心坐标，再根据各圆心坐标值又可计算出孔轴线位置；如果再在孔端面 A 上触测三点，则可计算出孔轴线对端面的位置度误差。由此可见，CMM 的这一工作原理使其具有很大的柔性与通用性。从理论上说，它可以测量工件上的任何几何元素的任何几何参数。

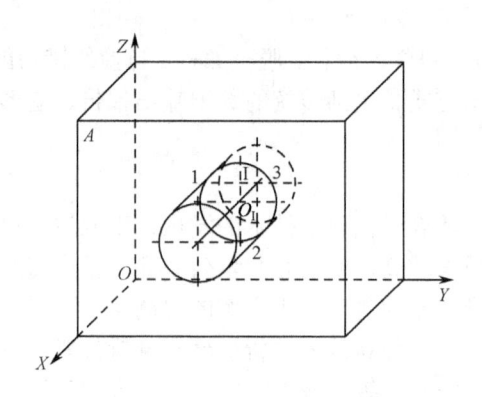

图 2.2　坐标测量原理

CMM 通常就是一种测量设备，它在三个相互垂直的方向上有导向机构、测长元件、数显装置，有一个能够放置工件的工作台，测头可以用手动或机动方式轻快地移动到被测点上，由读数设备和数显装置把被测点的坐标值显示出来。有了 CMM 的这些基本结构，测量容积里任意一点的坐标值都可通过读数装置和数显装置显示出来。

CMM 的采点发信装置是测头，在沿 X、Y、Z 三个轴的方向装有光栅尺和读数头，其测量过程就是当测头接触工件并发出采点信号时，由控制系统去采集当前机床三轴坐标相对于机床原点的坐标值，再由计算机系统对数据进行处理。

在测头内部有一个闭合的有源电路，该电路与一个特殊的触发机构相连接，只要触发机构产生触发动作，就会引起电路状态变化并发出声光信号，指示测头的工作状态；触发机构产生触发动作的唯一条件是测头的测针产生微小的摆动或向测头内部移动，当测头连接在机床主轴上并随主轴移动时，只要测针上的触头在任意方向与工件（任何固体材料）表面接触，使测针产生微小的摆动或移动，都会立即导致测头产生声光信号，指明其工作状态。

在测量过程中，当测针的触头与工件接触时，测头发出指示信号，该信号是由测头上的灯光和蜂鸣器鸣叫组成，这种信号主要是向操作者指明触头与工件已经接触。对于具有信号输出功能的测头，当触头与工件接触时，测头除发出上述指示信号外，还通过电缆向外输出一个经过光电隔离的电压变化状态信号。

2.1.3　三坐标测量机的硬件及软件系统

三坐标测量系统由硬件系统和软件系统组成，其中硬件可分为主机、测头、电气系统三大部分，如图 2.3 所示。

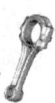

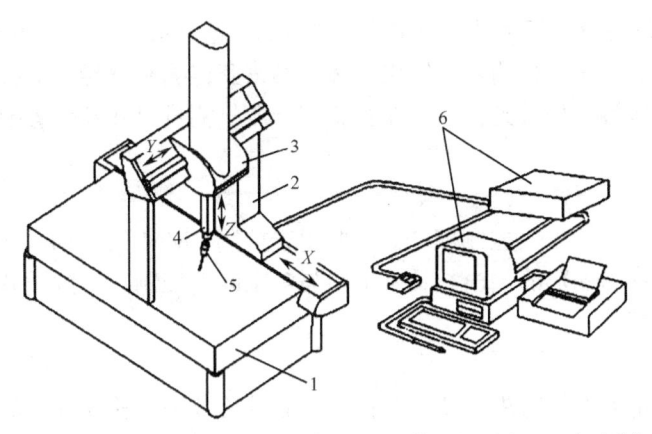

1—工作台；2—移动桥架；3—中央滑架；4—Z轴；5—测头；6—电子系统

图 2.3　三坐标测量机的组成

1. 主机
主机结构主要有框架结构、标尺系统、导轨、驱动装置、平衡部件和转台与附件。

1）框架机构

指测量机的主体机械结构架子，它是工作台、立柱、轿框、壳体等机械结构的集合体。

2）标尺系统

它是测量机的重要组成部分，包括线纹尺、精密丝杆、感应同步器、光栅尺、磁尺和光波波长及数显电气装置等。

3）导轨

实现二维运动，多采用滑动导轨、滚动轴承导轨和气浮导轨，以气浮导轨为主要形式。

4）驱动装置

实现机动和程序控制伺服运动功能，由丝杆丝母、滚动轮、钢丝、齿形带、齿轮齿条、光轴滚动轮、伺服电机等组成。

5）平衡部件

主要用于 Z 轴框架中，用于平衡 Z 轴的质量，使其上下运动时无偏重干扰，Z 向测力稳定。

6）转台和附件

使 CMM 增加一个转动运动的自由度，包括分度台、单轴回转台、万能转台和数控转台等。

2. 测头
测头是 CMM 进行测量时发送信号的装置，它是测量机的关键部件。为了便于检测物体，测头的底部部分可以自由旋转。测头精度的高低很大程度上决定着 CMM 的测量重复性及精度。测头按工作原理可分为机械式、光学式和电气式；按测量方法可分为接触式和非接触式。接触式测头（硬测头）需与待测表面发生实体接触来获得测量信号；非接触式测头则不必与待测表面发生实体接触，如激光扫描。在实验室一般只测量尺寸及位置要素的情况下通常采用接触式测量头。

3. 电气系统

电气系统是 CMM 的电气控制部分，主要用于控制 CMM 的运动，并对测头系统采集的数据进行处理及数据和图形的输出。具有单轴与多轴联动控制、外围设备控制、通信控制和保护以及逻辑控制等。

4. 软件系统

CMM 的测量精度不仅取决于硬件的精度，而且还取决于软件系统的质量。过去，人们一直认为精度高、速度快完全是由测量机硬件部分决定，实际上，由于补偿技术的发展，算法及控制软件的改进，CMM 精度在很大程度上依赖于软件。CMM 软件成为决定其性能的主要因素，这一点已普遍被人们所认识。从软件功能上大致可分为以下两种：通用测量软件和专用测量软件。

通用测量软件是坐标测量机必备的基本配置软件，它负责完成整个测量系统的管理，包括探针校正、坐标系的建立与转换、输入/输出管理、基本几何要素的尺寸与形位公差评价，以及元素构成基本功能。形位公差包括：直线度、平面度、圆度、圆柱度、线轮廓度、面轮廓度、平行度、垂直度、倾斜度、位置度、同轴（心）度、对称度、圆跳动、全跳动。

专用测量软件是针对某种具有特定用途的零部件测量问题而开发的软件，如齿轮、螺纹、自由曲线和自由曲面等。一般还有一些附属软件模块，如统计分析、误差检测、补偿、CAD 等。

2.2 三坐标测量机的操作流程

CMM 的操作流程如图 2.4 所示。

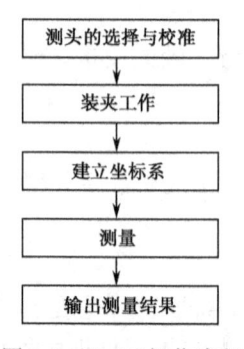

图 2.4 CMM 操作流程

1. 测头的选择与校准

根据测量对象的形状特点选择合适的测头。在对测头的使用上，应注意以下几点。

（1）测头长度尽可能短。测头弯曲或偏斜越大，精度越低，因此，在测量时，尽可能采用短测头。

（2）连接点最少。每次将测头与加长杆连接在一起时，就额外引入了新的潜在弯曲和变形点，因此在应用过程中，尽可能减少连接的数目。

（3）使测球尽可能大，主要原因有两个：使得球/杆的空隙最大，这样减少了由于"晃动"而误触发的可能，测球直径较大可削弱被测表面未抛光对精度造成的影响。

系统开机、程序加载后，需在程序中建立或选用一个测头文件，在测头被实际应用前，进行校验或校准。

测头校准是 CMM 进行工件测量前必不可少的一个重要步骤，因为一台测量机配备有多种不同形状及尺寸的测头和配件，为了准确获得所使用测头的参数信息（包括直径、角度等），以便进行精确的测量补偿，达到测量所要求的精度，必须要进行测头校准。一般步骤如下：

（1）将探头正确地安装在 CMM 的主轴上。

（2）将探针在工件表面移动，看待测几何元素是否均能测到，检查探针是否清洁，一旦探针的位置发生改变，就必须重新校准。

（3）将校准球装在工作台上，要确保不移动校准球，并在球上打点，测点最少为 5 个；测完给定点数后，就可以得到测量所得的校准球位置、直径、形状偏差，由此可以得到探针的半径值。

测量过程所有要用到的探针都要进行校准，而且一旦探针改变位置，或取下后再次使用时，要重新进行校准。

2. 装夹工件

CMM 对被测产品在测量空间的安装基准无特别要求，但要方便工件坐标系的建立。由于 CMM 的实际测量过程是在获取测量点的数据后，以数学计算的方法还原出被测几何元素及它们之间的位置关系，因此，测量时应尽量采用一次装夹来完成所需数据的采集，以确保工件的测量精度，减少因多次装夹而造成的测量换算误差。一般选择工件的端面或覆盖面大的表面作为测量基准，若已知被测件的加工基准面，则应以其作为测量基准。

3. 建立坐标系

在测量零件之前，必须建立精确的测量坐标系，便于零件测量及后续的数据处理。测量较为简单的几何尺寸（包括相对位置）使用机器坐标系就可以了，而测量一些较为复杂的工件，需要在某个基准面上投影或要多次进行基准变换，测量坐标系（或称为工件坐标系）的建立在测量过程中就显得尤为重要了。

使用的坐标对齐方式取决于零件类型及零件所拥有的基本几何元素情况，其中用最基本的面、线、点特征来建立测量坐标系有三个步骤，并且有其严格的顺序。

（1）确定空间平面，即选择基准面；通过测量零件上的一个平面来找准被测零件，保证 Z 轴垂直于该基准面。

（2）确定平面轴线，即选择 X 轴或 Y 轴。

（3）设置坐标原点。

实际操作中先测量一个面将其定义为基准面，也就是建立了 Z 轴的正方向；再测一条线将其定义为 X 轴或 Y 轴；最后选择或测一个点将其设置为坐标原点，这样一个测量坐标系就建立完成了。以上是测量中最常用的测量坐标系的建立方法，通常称为 3-2-1 法。若同时需要几个测量坐标系，可以将其命名并存储，再以同样的方法建立第二个、第三个测量坐标系，测量时灵活调用即可。

4. 测量

CMM 所具有的测量方式主要有手动测量、自动测量。手动测量是利用手控盒手动控制测头进行测量，常用来测量一些基本元素。所谓基本元素是直接通过对其表面特征点的测量就可以得到结果的测量项目，如点、线、面、圆、圆柱、圆锥、球、环带等。如果手动测量圆，只需测量一个圆上的三个点，软件会自动计算这个圆的圆心位置及直径，这就是所谓的"三点确定一个圆"，为提高测量准确度也可以适当增加点数。

某些几何量是无法直接测量得到的，必须通过对已测得的基本元素进行构造得出（如角度、交点、距离、位置度等）。同一面上两条线可以构造一个角度（一个交点），空间两个面可以构造一条线。这些在测量软件中都有相应的菜单，按要求进行构造即可。

自动测量是在 CNC 测量模式下，执行测量程序控制测量机自动检测。

5. 输出测量结果

CMM 做检测用需要出具检测报告时，在测量软件初始化时必须设置相应选项，否则无法生成报告。每一个测量结果都可以选择是否出现在报告中，这要根据测量要求的具体情况设定，报告形成后就可以选择"打印"来输出。

逆向工程中用 CMM 完成零件表面数字化后，为了转入主流 CAD 软件中继续完成数字几何建模，需要把测量结果以合适的数据格式输出，不同的测量软件有不同的数据输出格式。

2.3　三坐标测量实训范例

采用意大利 COORD3 公司生产的 ARES 7-7-5 CMM 进行实训，如图 2.5 所示。ARES 7-7-5 测量范围：X 方向 700 mm，Y 方向 650 mm，Z 方向 500 mm，测量精度为（3.0 $+3.5L$）μm。测量机采用铝合金结构，在获得高刚性的同时，也具有十分出色的热传导性能。测量机测头下面有足够的测量空间，容易装卸工件，方便操作，可以方便地在手动和自动模式之间切换。

测量系统配备的软件 ARCO CAD 是一种基于最新版本 DMIS 语言的交互式测量软件，既适合于实体零件的检测，也适合于曲面的检测。并可读入 CAD 设计数模，在数模上直接编程或测量，同时具有丰富的输出格式和强大的图形报告功能，可以满足客户的多种输出要求。

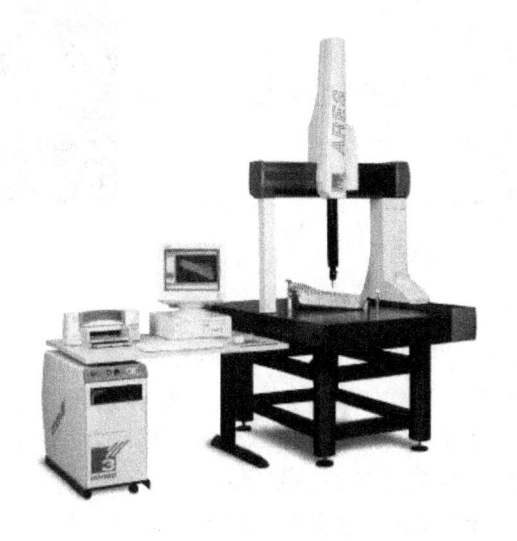

图 2.5　ARES 7-7-5 CMM

2.3.1　基于 CAD 模型的零件检测实例

根据零件有无对应的 CAD 数模，检测又可分为无 CAD 数模和基于 CAD 数模两类。CMM 可实现基于 CAD 数模的零件自动检测，不但精度高、重复性好，而且智能化程度高。

用 CMM 实现基于 CAD 数模的零件检测流程如图 2.6 所示。首先要在测量软件中导入 CAD 数模，进行坐标对齐，然后进行测量程序的编写，指导 CMM 进行自动测量。基于 CAD 数模的检测，程序编写有两种方法：提取 CAD 数模上的理论点手工编写测量程序；用 CAD 数模指导 CMM 进行自动学习生成测量程序。其中自学习方法使测量程序的编写更便捷，执行自动测量程序即可得到检测结果，大大提高了 CMM 的工作效率。

1）数模的导入

利用数模进行检测的首要任务是正确地将数模导入到测量软件。ARCO CAD 可以读入多种格式的 CAD 数据文件，其中，中性 CAD 文件格式有 IGES、VDA-FS、DXF、STL。直接接受由 CATIA V4、CATIA V5、Pro/E、UG 系统生成的数模文件。通过菜单操作导入零件数模，其理论 CAD 数模坐标系如图 2.7 所示，Z 轴垂直于上平面，X 轴为两圆孔圆心的连线，原点在上平面中心圆圆心处。

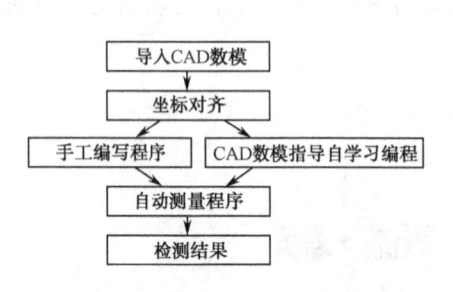

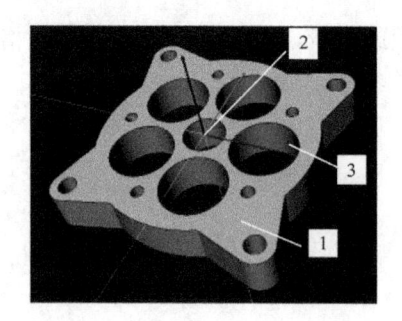

图 2.6　零件检测流程图　　　　　　　　图 2.7　导入零件的 CAD 数模

2）坐标对齐

对照理论 CAD 数据对零件进行检测，必须将实际零件的坐标系和理论 CAD 数模坐标系对齐，所以，首先要在零件上建立零件坐标系。ARCO CAD 软件有专门的零件坐标系管理功能，支持多种建立坐标系的方法，可实现创建零件坐标系、坐标系交换、一面两孔找正、最佳拟合坐标找正和优化 RPS 找正等，如图 2.8 所示。使用的坐标对齐方式取决于零件类型及零件所拥有的基本几何元素情况。对图 2.7 所示的零件，采用 3-2-1 方式建立坐标系，利用面、线、点特征来确定坐标轴和圆点最简便。

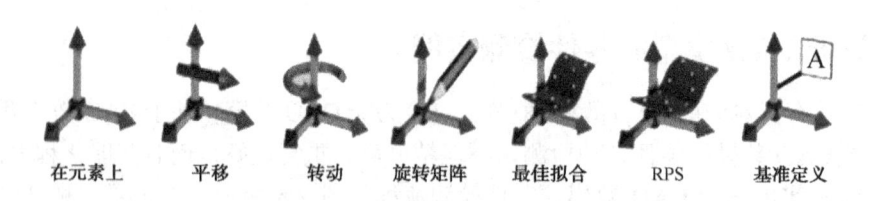

图 2.8　建立坐标系方法

首先利用 CMM 测量基本元素的功能，手动测量图 2.7 中零件上表面 1 和圆孔 2、圆孔 3 这三个建立坐标系的基本元素，结果如图 2.9 所示，得到平面 1 和圆 2、圆 3，再将圆 2、圆 3 投影到平面 1 上，圆心分别为 Pot2、Pot3，利用 Pot2 和 Pot3 构造直线 Lin1。为了在零件上建立三轴垂直的坐标系，可以首先利用面元素确定 Z 轴，因为面元素的方向矢量始终是垂直于该平面的。利用投影到平面 1 上的直线 Lin1 来建立 X 轴时，这时 Z 轴和 X 轴能够保证绝对垂直，再由软件自动生成垂直于前两轴的第三轴 Y 轴。把点 Pot2 定为坐标系的原点，这样测量机软件就建立了互相垂直的、符合直角坐标系原理的零件坐标系，如图 2.10 所示。执行数模同步，将 CAD 数模上的坐标系和建立的零件坐标系进行统一，这样 CMM 工作在零件坐标系下，就可用 CAD 数模来指导 CMM 测量。

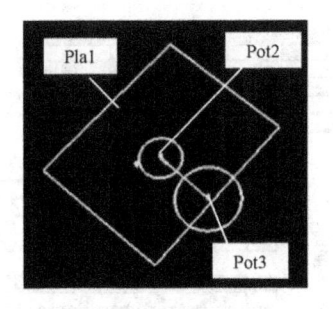

图 2.9　建立坐标系元素　　　　　　　图 2.10　零件坐标系

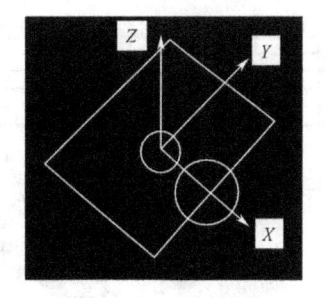

3）CAD 数模指导 CMM 测量

数模导入和对齐后，可从 CAD 数模上获取理论值，对于点、直线、圆、圆柱、圆锥等标准特征，只需用鼠标选取该特征，就能直接提取理论值，对自由曲面可得到曲面上任意点的坐标和法矢的理论值，所以可以根据提取的理论值用 DIMS 语言手工编写自动测量程序。ARCO CAD 软件提供了自学习编程功能，手动测量一次后，自动记录运动和操作，保存为测量程序，对于此后的同一批零件，坐标对齐后，都可以按生成的检测程序驱动测量机自动检测。最便捷的方法是在 CAD 模型上编程，直接在数模上获取并产生测量点，以创建测量路径。

ARCO CAD 软件提供两种方式获取测量点：用鼠标在 CAD 数模上选取采样点，测量机会跟随鼠标自动测量实体零件上相应的点；根据所选 CAD 数模上几何元素的特征自动分布采样点，并可以修改自动分布点的位置。如测量圆，在数模上选取测量对象后，软件能自动分布采样点，如图 2.11 所示，操作人员可在软件中任意指定采样点的个数和位置。同时软件自动规划测头的移动路径，如图 2.12 所示。这种在 CAD 数模上的编程方法大大简化了编程人员的工作，使操作方式和工作效率有了革命性的改变。

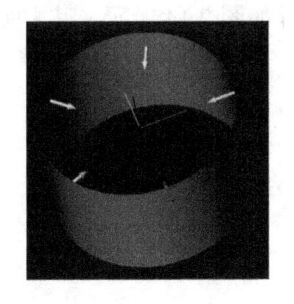

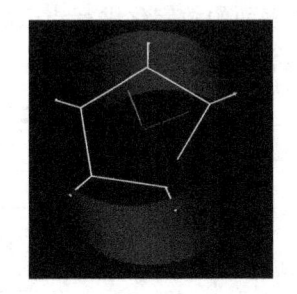

图 2.11　自动分布采样点　　　　　　　图 2.12　自动规划的测量移动路径

4）检测报告

CMM 提供了多种测量结果输出格式：文本格式、HTML 格式、图形格式。其中图形报告最为直观明了，可同时将测量数据和理论值及误差等信息直接标注在图形上，可清楚地看到零件的加工质量。图 2.7 检测结果的图形报告如图 2.13 所示。

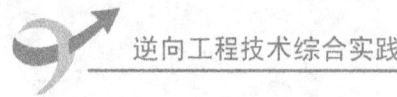

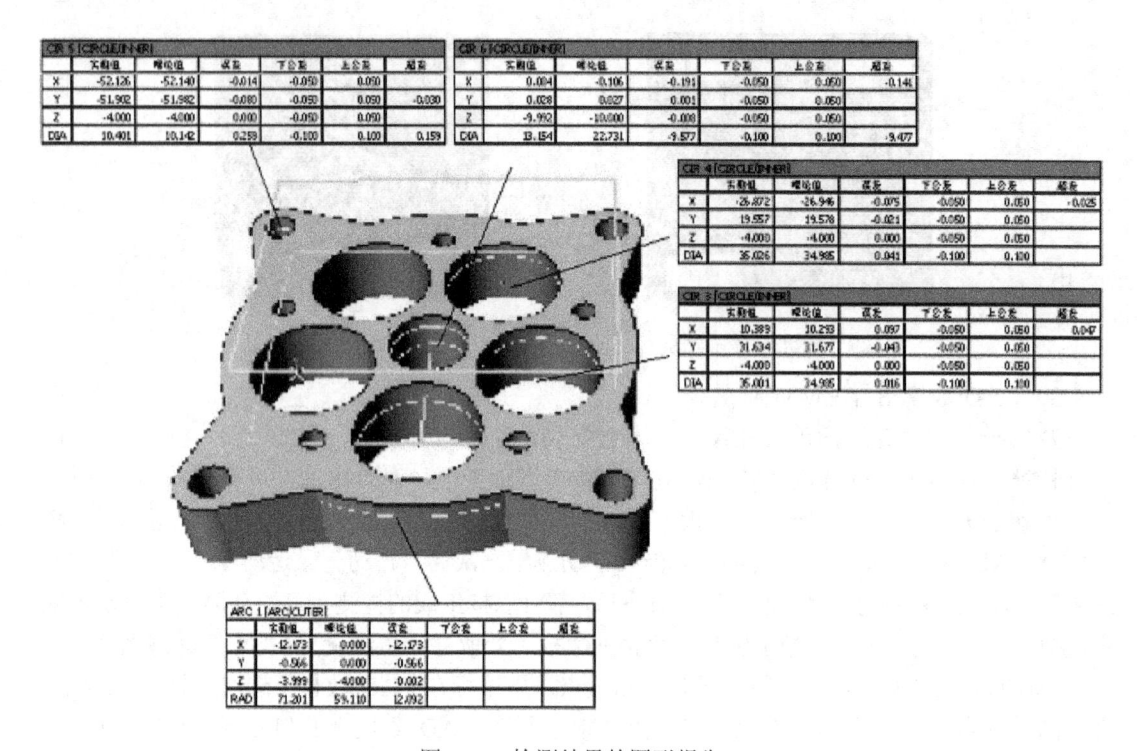

图 2.13 检测结果的图形报告

2.3.2 基于三坐标测量机的曲面数字化实例

零件表面数字化是逆向工程中的关键技术，需要利用专用设备从实体中采集数据。用 CMM 进行实物表面的数字化进行点云数据采集的流程如图 2.14 所示，其中每一步骤都会影响测量的效率及测量结果的精度。

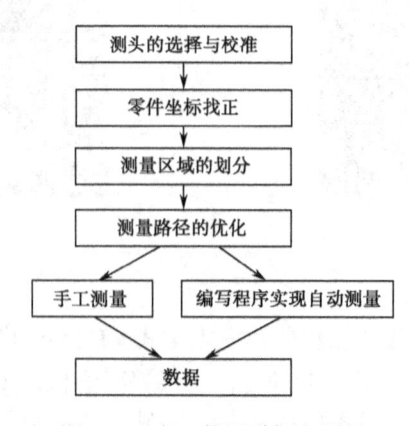

图 2.14 点云数据采集流程图

以鼠标模型为例进行逆向工程数字化,实物模型如图 2.15 所示。根据测头选择原则选择测头并进行校准,采用 3-2-1 的方法建立零件坐标系,然后进行数据采集规划。

数据采集规划是指确定数据采集的方法及采集哪些数据点,其目的一是在一定采样点数目下尽可能真实地反映曲面原始形状,二是在给定一定采样点精度下选取最少的采样点。测量路径规划的任务包括测头和测头方向的选择、测量点数的确定及其分布等,一般原则是:

(1) 顺着特征方向走,沿着法线方向采;
(2) 重要部位精确多采,次要部位适当取点;
(3) 复杂部位密集取点,简单部位稀疏取点;
(4) 先采外廓数据,后采内部数据。

由于反求对象的几何形状受诸多因素的影响,所以在采集数据时,不仅应考虑形状特征,还应考虑产品形状的变化趋势。对于直线,最少采集点数为 2,要注意方向性;对于圆柱、圆锥和球,最少采集点数为 4,要注意点的分布;对于平面部分,可以只测量几条扫描线即可;对于孔、槽等部分,要单独测量;对非规则形状特别是复杂自由形状,数据采集用扫描式测头、非接触式测头或组合式测头,要特别注意工件的整体特征和趋势,顺着特征走,沿法向特征扫。

离散点数据应和自由曲面的特征分布相一致,即在曲率变化大的区域测量点的分布较密,在曲面曲率变化小的地方测量点的分布应较为稀疏。若产品由多张曲面混合而成,则必须在充分分析曲面构成的基础上,分离出多个曲面的控制点和角点,在容易出现曲面畸变的角点位置密集取样,在平滑曲面处稀疏取样。实际测量中,每个样件依据其表面曲率变化的不同,其测量区域的划分是不同的。

图 2.15 所示的鼠标模型表面的大部分曲率变化不大,但在上部有两个明显的特征凹陷处曲率变化较大。为了提高反求的精度,用手动方式测量出凹陷部分的边界,把测量区域划分成 6 个部分,如图 2.16 所示。在每一测量区域内测量点数应随曲面的曲率而定,曲率变化较大的测量区域,测量点数取密一些,如区域 3、5;曲率变化较小的测量区域,测量点数取疏一些,如区域 1、2、4、6。

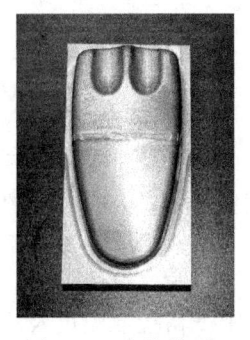

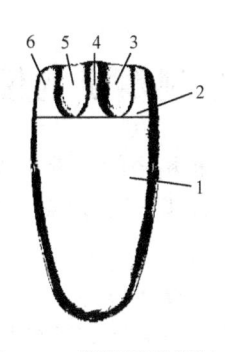

图 2.15 实物模型　　　　　图 2.16 测量区域规划

除此之外还包括检测路径的规划,在测量路径规划中,如何减少测头运转的空行程和测头的旋转,提高三坐标测量机的测量效率,是主要考虑的问题。在具体的工艺规划中,测量路径优化可分为两种情形:一种是测量面的测量顺序优化,以减少测头在测量面间移动的路径长度;另一种是同一测量面上测点的路径优化,以减少测头在测点间移动的路径长度。在具体的工件测量规划中,为了防止在测量过程中发生碰撞,有时需要旋转一定的角度进行测量,测头要完成从一个方向到另一个方向的旋转。在完成旋转一系列动作中,解锁和锁定占有相当一部分时间,且这段时间在整个检测时间中所占比重也相当可观,所以在生成测头路径时要尽可能减少测头旋转的次数。这样一来,仅仅生成最短的检测路径并不能达到测量时间最少的要求,因此要综合考虑这些因素。

图 2.16 所示的测量区域的测量顺序为 1→2→3→4→5→6。在每一测量区域内采取沿生长线往复扫描路径,如图 2.17 所示。进行测量规划后,用 CMM 的 DIMS 语言编制程序,完成 CMM 的自动测量,在测量过程中采用微平面法进行测头半径补偿,使测头顺着法向方向测量,以提高点云数据的精度。

由 CMM 得到实物表面数字化的点云数据后进行曲面重构,用 Geomagic Studio 软件对点云数据进行处理,得到实物表面的曲面模型如图 2.18 所示。

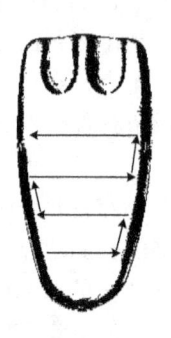

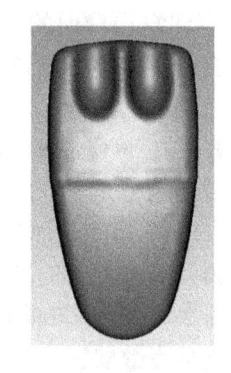

图 2.17　测量路径规划　　　　图 2.18　实物表面的曲面模型

2.4　三坐标测量机的使用注意事项

CMM 作为一种精密的测量仪器,如果维护及保养做得及时,就能延长机器的使用寿命,并使精度得到保障,降低故障率。为使读者更好地掌握和用好 CMM,现列出 CMM 简单的维护及保养规程。

1) 开机前的准备

(1) CMM 对环境要求比较严格,应按说明书的要求严格控制温度及湿度。

(2) CMM 使用气浮轴承,理论上是永不磨损结构,但是如果气源不干净,有油、水或杂质，就会造成气浮轴承阻塞，严重时会造成气浮轴承和气浮导轨划伤，后果严重，所以要经常检查机床气源，放水放油。定期清洗过滤器及油水分离器。还应注意机床气源前级空气来源，空气压缩机或集中供气的储气罐也要定期检查。

（3）CMM 的导轨加工精度很高，与空气轴承的间隙很小，如果导轨上面有灰尘或其他杂质，就容易造成气浮轴承和导轨划伤，所以每次开机前应清洁机器的导轨。

（4）定期给光杆、丝杆、齿条上少量防锈油。

（5）切记在保养过程中不能给导轨上任何性质的油脂。

（6）在长时间没有使用 CMM 时，开机前应做好准备工作：控制室内的温度和湿度，在南方湿润的环境中还应该定期把电控柜打开，使电路板得到充分的干燥，避免电控系统由于受潮突然加电后损坏。并检查气源、电源是否正常。

（7）开机前检查电源，如有条件应配置稳压电源，定期检查接地。

2）工作过程中的注意事项

（1）被测零件在放到工作台上检测之前，应先清洗去毛刺，防止在加工完成后零件表面的加工残留物影响测量机的测量精度及测头使用寿命。

（2）被测零件在测量之前应在室内恒温，如果温度相差过大会对测量精度造成影响。

（3）小型及轻型零件放到工作台后，应紧固后再进行测量，否则会影响测量精度。

（4）大型及重型零件放到工作台上的过程应轻放，以避免造成剧烈碰撞，致使工作台或零件损伤。必要时可以在工作台上放置一块厚橡胶以防止碰撞。

（5）在工作过程中，测量座在转动时一定要远离零件，特别是在带有加长杆的情况下，以避免碰撞。

3）操作结束后的注意事项

（1）将 Z 轴移动到上方，同时避免测头与工作台相碰撞。

（2）工作完成后要清洁工作台面。

（3）检查导轨，如有水印应及时检查过滤器。

（4）工作结束后将机器总气源关闭。

第 3 章　光栅式扫描测量

3.1　光栅投影三维测量技术

在对物体三维轮廓非接触式测量技术中，光学测量具有高精度、高效率、易于实现等特点，其应用前景也日益广阔。光学测量根据测量原理分为飞行时间法、结构光法、相位法、干涉法、摄影法等。考虑到本章主要介绍以 COMET 为代表的测量系统，以下简要介绍光栅投影移相法。

光栅投影移相法是基于光学三角原理的相位测量法，将正弦的周期性光栅图样投影到被测物表面，形成光栅图像（见图 3.1）。由于被测物体高度分布不同，规则光栅线发生畸变，该畸变可看做相位受到物面高度的调制而使光栅发生变形，通过解调受到包含物面高度信息的相位变化，最后根据光学三角原理确定出相位与物面高度的关系。

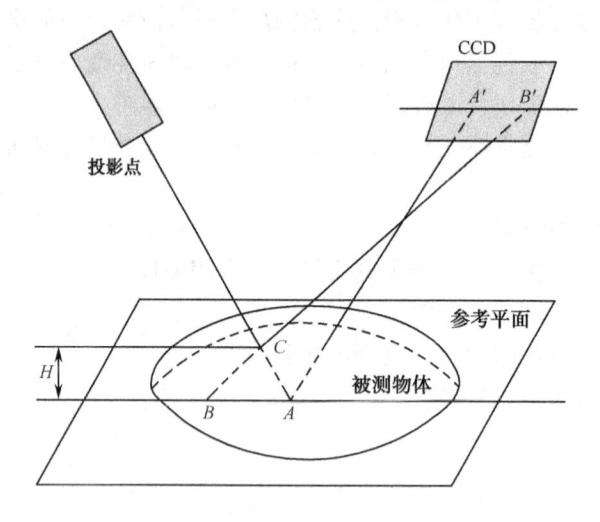

图 3.1　光栅式扫描测量系统光路图

在图 3.1 中，投影点射出的光源在没有放置被测物体时应照射到 A 点，在 CCD 上对应的像点为 A' 点，放置被测物体后，照射到被测物体的 C 点，在 CCD 上对应的像点为 B' 点，即在放置前后所拍摄的两幅图像中，对同一像点由于物体高度的影响使得其记录的光强分别为参考平面上 B、A 点的光强。而由于投射到参考平面的光栅线呈正弦分布且周期固定，则光强的变化就体现在正弦函数的相位变化中，从相位变化可计算高度信息 H。

解调相位变化则必须对相位进行检测，根据相位检测方法的不同，主要有莫尔轮廓法、移相法、相位变换法等。移相法是利用对已知相移后的被测光波多次采样获得的光强分布进行处理，以求得相位。移相法可再分为时间相移法和空间相移法，时间相移法即在时间上引入多次相位增量以解出相函数；而空间相移则在一个光路结构中从不同空间获得不同相位增量，可同时解出相函数，因而可用于动态测量。

光栅投影测量的特点：适宜较大测量范围，便于实时测量，宜用于光滑物体的表面测量，精度较高，但对光栅制作要求高，难于加工，计算量大，对计算机要求高。

3.2 COMET 系统

3.2.1 COMET 系统组成

德国 Steinbichler 公司开发的 COMET 测量系统由测量头、控制台、校准盘、旋转台、Aicon 数字摄影测量系统、支架等相关部件组成，如图 3.2 所示。

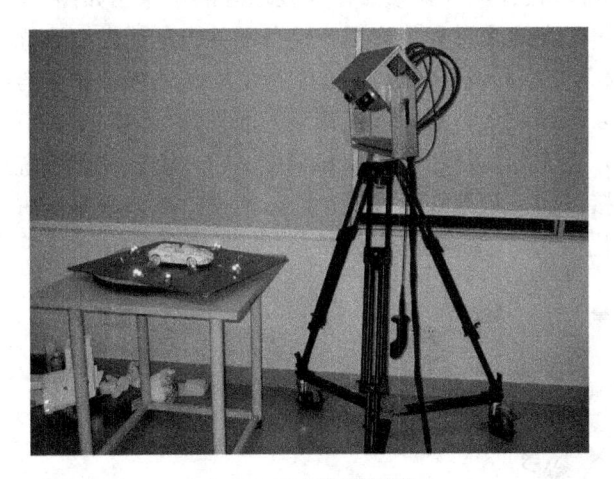

（a）COMET 光学扫描系统　　　　　　　　（b）Aicon 数字摄影测量系统

图 3.2　COMET 测量系统

（1）测量头：是一个白光投影系统，它包括一个 CCD 摄像机和一个光栅投影仪。

（2）控制台：它是测量系统另一个非常重要的部件，包括控制器和计算机两部分。控制器控制着系统电源供应及相关通信。计算机安装有 COMET 测量系统专用的软件 COMET Plus6.5，用来对数据显示及处理。

图 3.3 所示即为它们各部分之间的线路连接图。

校准盘用来校准及标定系统的部件，针对每一个测量范围都有不同的校准盘。

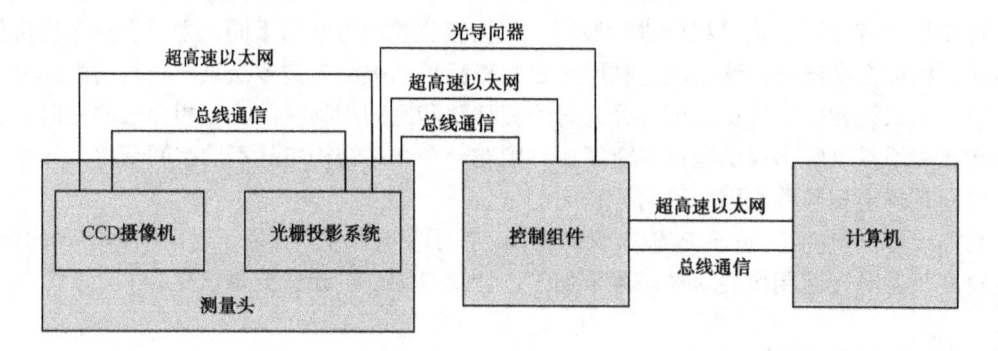

图 3.3 COMET 测量系统组成框图

其他就是一些辅助测量组件，如旋转台、Aicon 数字摄影测量系统、支架等。旋转台是将被测对象放在其上面转动，便于整体测量。Aicon 数字摄影测量系统是在测量大型工件时，用于将工件分割成多个数据提取区域，然后由多幅图像拼接，完成测量。支架用于固定测量头并方便以较好角度和距离完成测量。

COMET 测量系统采用的就是投影光栅移相法，其光栅投影系统及原理的示意图如图 3.4 所示。它采用单光栅旋转编码方式进行测量，在测量过程中光栅相位移动并自动旋转，这弥补了通常测量方法中光栅直线移动时光栅条纹方向与特征的方向平行或接近时测量数据会残缺不全的缺点，可实现对工件的边界、表面细线条特征的准确测量。而且这种编码方式不影响光栅节距，光栅条纹可以做得非常细，极大地提高了分辨率和精度。COMET 测量系统用单摄像头，消除了同步误差。在数据拼接方面，系统除了提供参考点转换拼接、联系点拼接和自由拼接方法外，还提供最终全局优化拼接，使各数据点云拼接达到全局最优化。

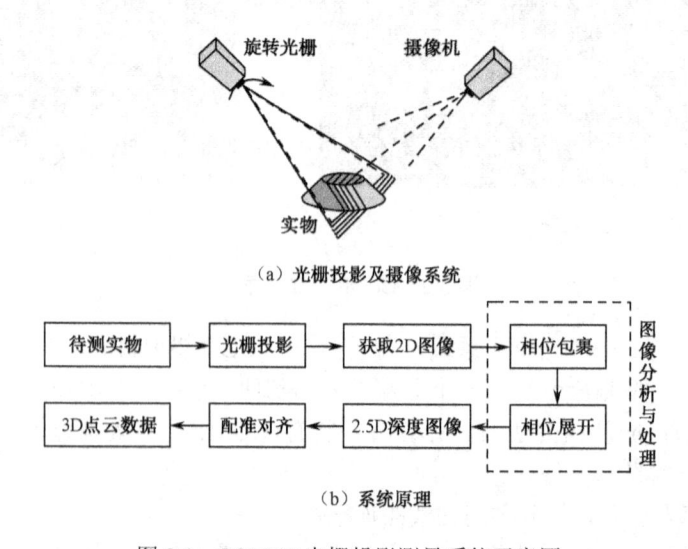

(a) 光栅投影及摄像系统

(b) 系统原理

图 3.4 COMET 光栅投影测量系统示意图

COMET Plus 6.5 是对硬件系统所获取的数据进行处理的软件，其操作界面如图 3.5 所示。

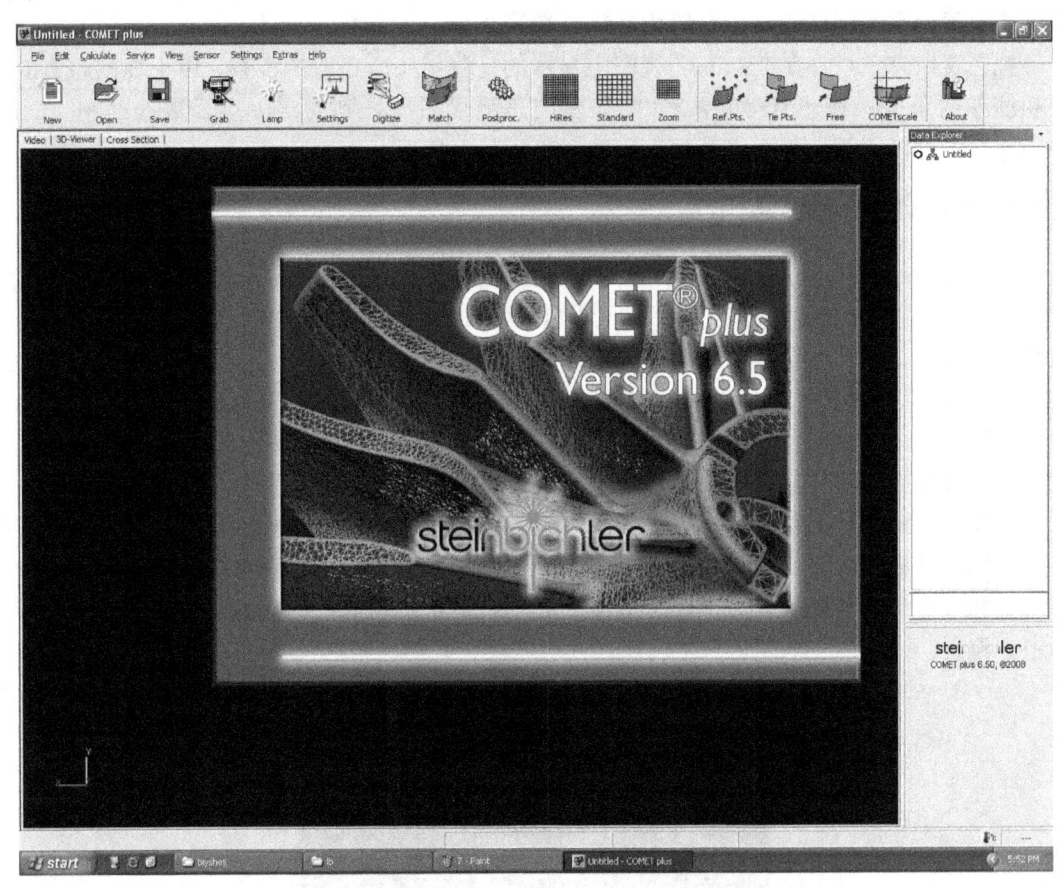

图 3.5　COMET Plus 6.5 软件界面

软件界面包括标题栏、菜单栏、工具栏、不同的视图窗口等区域。

在菜单"File"下，可进行各种格式数据的输入、输出和保存等工作；在菜单"Edit"下，可对当前数据进行各种处理，如优化点云数据、删除杂点、三角网格处理、点云自动预处理、全局优化拼接、撤销上一步等；在菜单"Calculate"下，可计算出网格面的横截面和特征线；在菜单"Service"下可进行各种校准工作；在菜单"View"下，可定制用户界面和工具栏等；在菜单"Sensor"下的命令基本上是工具栏中的是一些常用命令，如执行扫描、执行拼接等；在菜单"Setting"下，可进行横截面设置、3D-Viewer 设置、拼接设置、数据预精简分析、测量头和 CCD 参数设置、测量模式设置、测量策略设置、关闭硬件等，也可以直接单击工具栏上面的命令实现同样操作；在菜单"Execute"下可启动 Aicon 数字摄影测量系统；"Help"

则是关于此软件的一些帮助信息。

工具栏中则包括一些常用的命令，如文件的新建、打开和保存等，还有拼接方法设置、测量头设置、测量区域设置，开始数字化测量等命令。

视图窗口有三种：在"Video"视图中显示的是测量头所摄取的实景，用于观察测量的范围和测量的角度；在"3D-Viewer"中显示的是测量后所得到的实际点云数据；在"Cross Section"中可以用某一平面去观察点云数据的横截面情况。

3.2.2　COMET 系统测量策略

为了适应不同测量应用，COMET 测量系统中整合了参考点转换、联系点曲面拼接、自由拼接等几种用于实现产品数字化的测量策略，从而极大地提高了系统的应用弹性和适应能力。

1. 参考点转换

当测量较大工件时，COMET 系统采用摄影测量与光栅测量相结合的方法进行测量。测量前，通常在被测物体表面贴上两种类型的参考点，一类是经过数字编号的编号参考点，另一类是没有固定编号的标志参考点，如图 3.6 所示，其中图中上面所示是编号参考点，下面所示为标志参考点。对于编号参考点，由 Aicon 摄影测量系统来识别其在图像中的特征、中心位置和具体的编号代码；对于标志参考点则一般由光栅测量系统来识别其在图像中的特征和中心位置。

图 3.6　COMET 系统采用的参考点

其基本的工作流程如图 3.7 所示，首先获取不同图像中编号参考点和标志参考点的像坐标，利用图像处理及摄影测量技术，根据不同图像之间编号参考点的像坐标来确定相机的空间变换，得到一个确定的摄影测量系统的空间坐标系；然后根据空间的变换关系对不同图像中的同一标志参考点进行匹配，得到所有标志参考点在统一坐标系下的坐标，读入 COMET 光栅测量系统作为全局定位和分片扫描数据拼接的基准点。

2. 联系点曲面拼接

联系点就是标志参考点直接通过 COMET 的光栅测量装置在对产品表面进行数字化过程中所确定的数据点，其基本的工作流程如图 3.8 所示。测量时，首先在被测物体上按照一定规则的样式布置标志参考点，在测量过程中它们将通过 COMET 系统的测量传感器决定具体的位置，这便是联系点了。在每次采集的数据中必须至少含有三个参考点，即在匹配先后采集的数据时，至少需要使用三个联系点。联系点用于对每次采集的数据进行位置预调整，如果调整的位置大致合理，COMET 系统将会通过自动的曲面拼接进程来计算出其准确的位置。

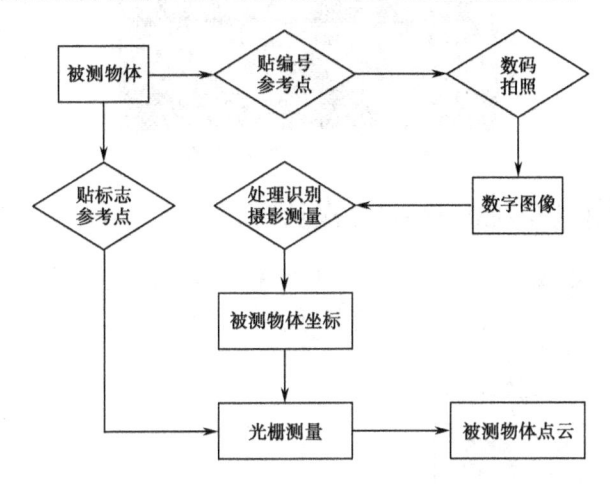

图 3.7　摄影测量与光栅测量相结合的测量流程

图 3.8　联系点曲面拼接数字化策略的测量流程

联系点用来对数据集进行粗略定位，所以该测量特别适用于工件较大、曲面结构显示不充分的场合。而与参考点转换的数字化策略相比较，该策略不需要使用摄影测量系统，而是直接通过 COMET 光栅测量系统来完成被测物体的测量。从空间坐标系的角度看，参考点转换策略所采集的被测物体点云位于由编号参考点所决定的摄影测量系统空间坐标系下，而联系点曲面拼接策略所采集的被测物体点云则落在 COMET 光栅测量系统的空间坐标系下。

3．自由匹配

自由匹配指的是使用先后采集的两份含有重叠区域数据集上所包含的表面结构特征来实现数据集的匹配，所以也被称为特征点匹配。

在该策略下，首先需要在两数据集上粗略指定一个或数个位置大致对应的点，称为点对，如图 3.9 所示。随后，COMET 系统将会启动自动的曲面拼接进程，以其中的一个数据集为参考将另一个数据集调整到准确的位置。

该策略特别适用于曲面结构特征丰富的小型工件，也可以作为前面两种策略的补充方案使用。

在实际测量过程中，操作者可以根据具体情况交互使用上述测量方法以达到最佳效果。

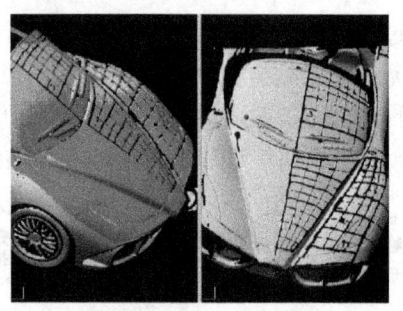

图 3.9　自由匹配示意图

3.2.3　COMET 测量系统的操作流程及方法

COMET 测理系统的操作流程因采用不同的拼接方法而有所不同，各种测量方法适用于不同的被测对象，针对一般对象的操作流程如图 3.10 所示。

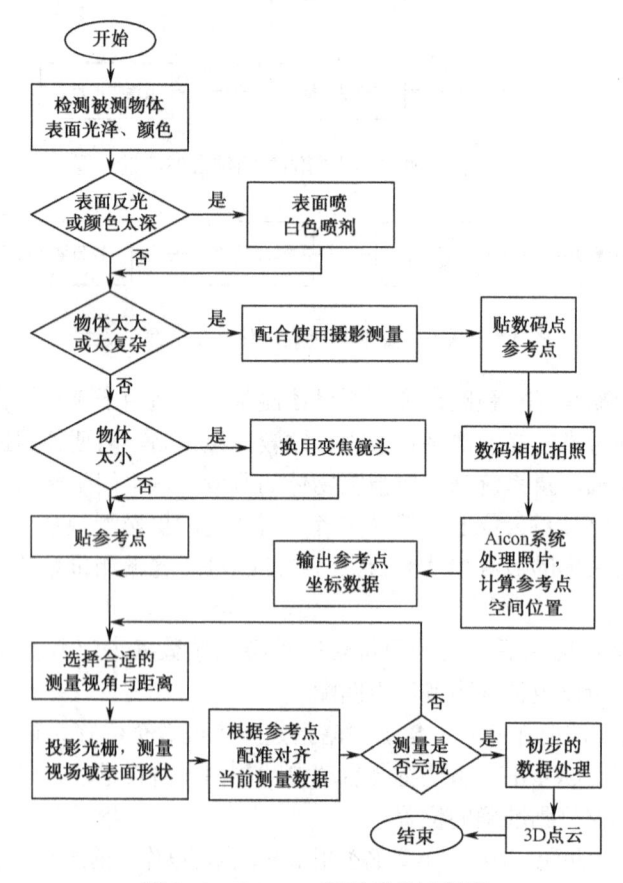

图 3.10　COMET 测量系统流程图

（1）着色处理。如果被扫描的模型表面反射光的能力较弱，则无法正常进行扫描，但可以通过喷施显像剂来增强模型表面的反射，使 CCD 较好地工作。显像剂的喷施以均匀且尽量薄为宜。

（2）分析将要采用的测量策略并进行相应处理。首先看被测对象的外观尺寸、表面特征，如果尺寸较大或是表面特征不明显，则应贴标记点，采用参考点转换的测量策略。如果尺寸适中且特征明显，采用自由匹配即可，因为各种拼接方法的精度主要由被测对象的表面特征及尺寸决定。当然也可混合应用以上几种测量策略，提高效率及精度。

（3）启动软硬件，调整测量角度及距离，设置各种参数。打开硬件电源及 COMET Plus6.5，根据显示效果调整测量角度及距离，设置曝光度、亮度，使视图既不泛红也不泛蓝，并且测距用的两红点尽量集中，并在"Quality settings"栏中单击"Test Quality"，初步检测测量质量，可调整"Test Quality"中的值，使杂点少且数据尽量完整。

（4）开始扫描并进行相应数据处理。单击"Digitizing"开始扫描，扫描结束后即可在"3D-viwer"中查看扫描的结果，如贴有标志参考点，则系统会自动识别并给出相应坐标，也可手动选取并编号。可以用相同的步骤执行多次扫描或者每次扫描后都与上一次扫描结果用相应的拼接方式进行拼接，最终将得到被测物体的完整表面数据。

（5）最终数据处理并输出数据。数据处理主要在菜单"Edit"下进行，如可以进行优化点云数据、删除杂点、三角网格处理、点云自动预处理、全局优化拼接、撤销上一步等，数据输出则在菜单"File"进行，可以用"*.cdb"格式保存当前任务，或用*.LST 格式保存参考点信息，也可以用其他通用数据格式进行测量数据的输出，如*.AC、*.IGS、*.STL、*.VDA、*.TXT 等格式。

3.3 光栅投影扫描测量实训范例

此实例的被测对象为一辆玩具汽车的外表面，表面呈红色，细节特征较为明显。初步选择自由匹配拼接的测量策略，这样也可达到较好的测量精度，所以暂不需要贴任何标记点，只需要喷显像剂即可。

（1）此玩具汽车表面为红色，不利于光的反射，对模型喷射显像剂，使模型表面呈白色，如图 3.11 所示。

（2）打开系统 COMET Plus 6.5 软件。

（3）开启扫描仪设备，在"3D-Viewer"视图中可看到有两束光源射在模型上，调节测量头和模型之间的距离及角度，使之达到较好的测量方位，并使两个亮点的距离尽量靠近（如图 3.12 所示）。

图 3.11　喷射显像剂

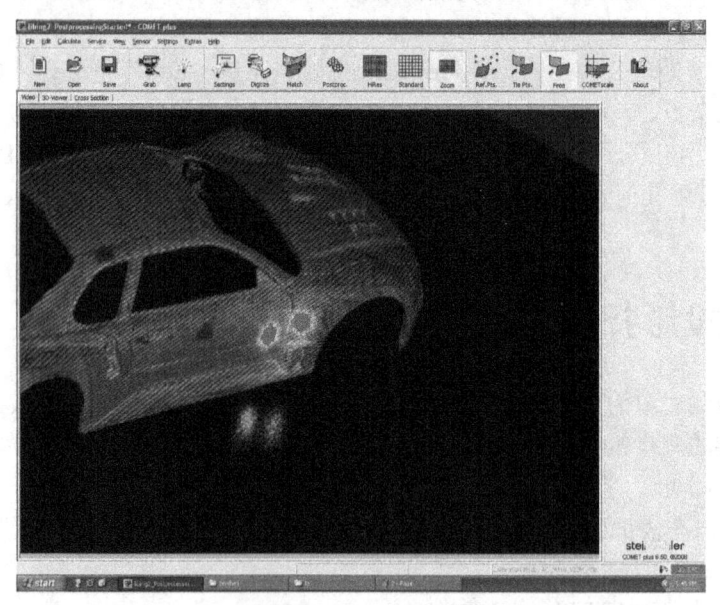

图 3.12　3D-viewer 视图

（4）根据模型的大小，利用"standard"、"zoom"等焦距设置命令来调节视野的大小，使得物体在屏幕窗口上能够大范围显示出来。

（5）单击工具栏上的"Settings"命令，出现设置窗口。调节右边的曝光度（Exposure time）、亮度（Brightness）等设置，使视图质量较好，不出现泛红或者泛蓝，然后单击"test quality"命令进行质量预检测。设置好了以后按"OK"按钮完成设置。

（6）单击数字化"Digitize"按钮，开始数字化扫描并得到如图 3.13 所示的点云数据。

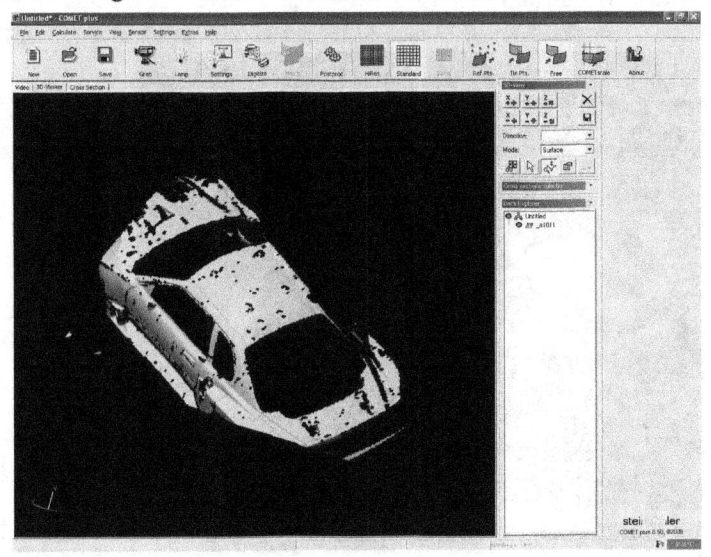

图 3.13　获得点云数据

（7）改变测量角度后，重复以上步骤，得到第二个点云据，如图 3.14 所示。

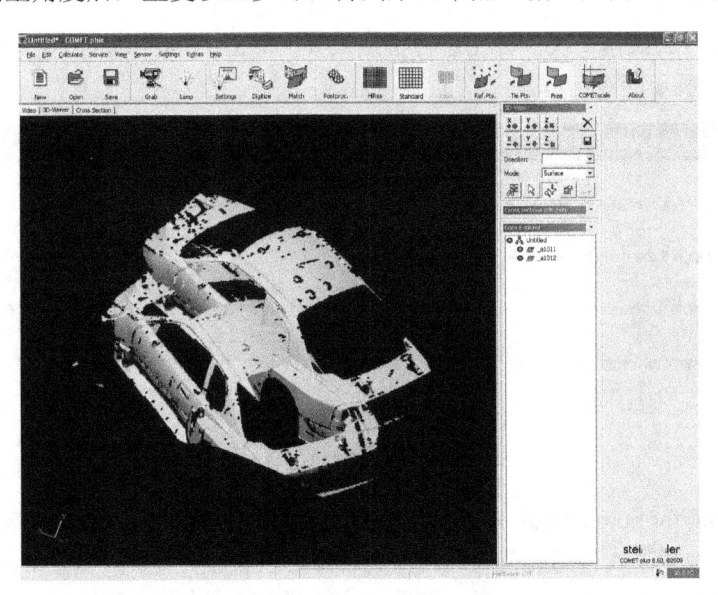

图 3.14　获得不同测量角度的点云数据

（8）拼接。此模型较小且外部特征非常明显，所以采用的是自由特征拼接。先确定工具栏中的测量策略，选择的是"Free Surface Matching"，再单击工具栏中的"Matching"命令，即得到如图 3.15 所示的点云拼接界面。

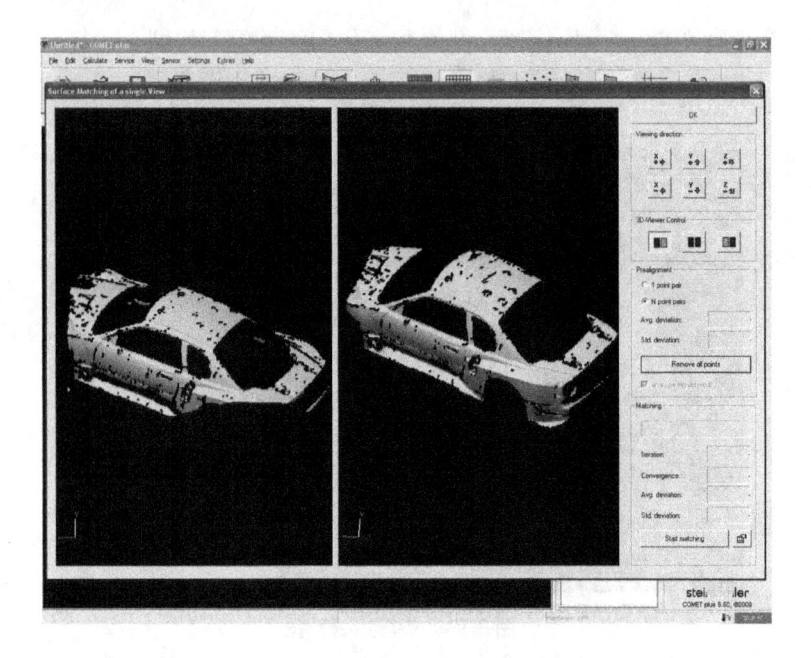

图 3.15 点云拼接界面

针对不同的点云数据情况,可先进行拼接设置,单击"Start matching"右边的 设置命令,出现图 3.16 所示的对话框。

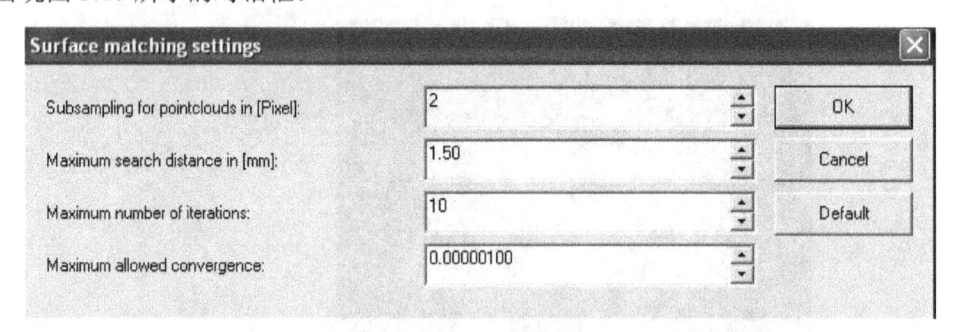

图 3.16 "拼接设置"对话框

"Subsampling for pointclouds in"是指对点云采样的设置,主要影响拼接时需要的额外内存情况,但也影响算法执行的时间,通常设为 2～4 之间的一个数。"Maximun search distance in"是指点云和点云拼接时寻找的最大距离,一般选择数为 1～20,更大的值只能在拼接情况非常不理想的情况下选择。"Maximun number of iterations"是指系统自动执行拼接算法的最大次数。"Maximun allowed convergence"是指在拼接时,如果有一片点云移动距离超过此设定值,那么拼接算法将再次执行,直到所有点云移动距离都不超过设定值或算法执行次数达到上限，所有参数如图 3.16 设置即可。

设置好后，单击"OK"按钮返回点云拼接界面，先在左边视图中选择特征明显部位的点，然后以相同的顺序在右边选择相应部位的点，如图 3.17 所示。

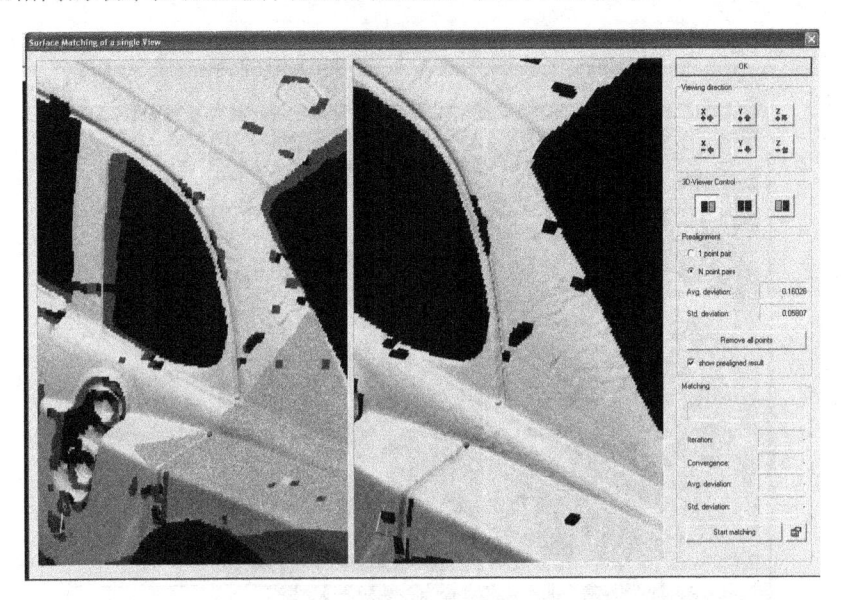

图 3.17 指定特征部位的对应点

需要注意的是选择对应点时应在点云上尽量分布广而且一定要是特征非常明显的部位，虽然系统不是以它们作为精确的拼接基点，但它确实影响拼接质量，可以在右边的"Prealignment"栏目中看到初选对应点后的点云的偏差情况，如图 3.18 所示。

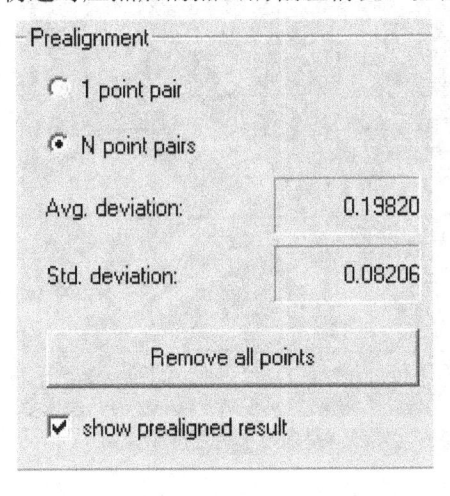

图 3.18 选对应点后的预调整数据

一般选 3～5 对对应点即可，如图 3.19 所示，箭头所指的是所选择的特征部位点。对应点选择完成后，单击"Start matching"命令，系统即可自行拼接，为了达到较好的效果，可多次执行"Matching"命令，直至"Avg.deviation"和"Standard deviation"中的值达到最小，如图 3.20 所示。

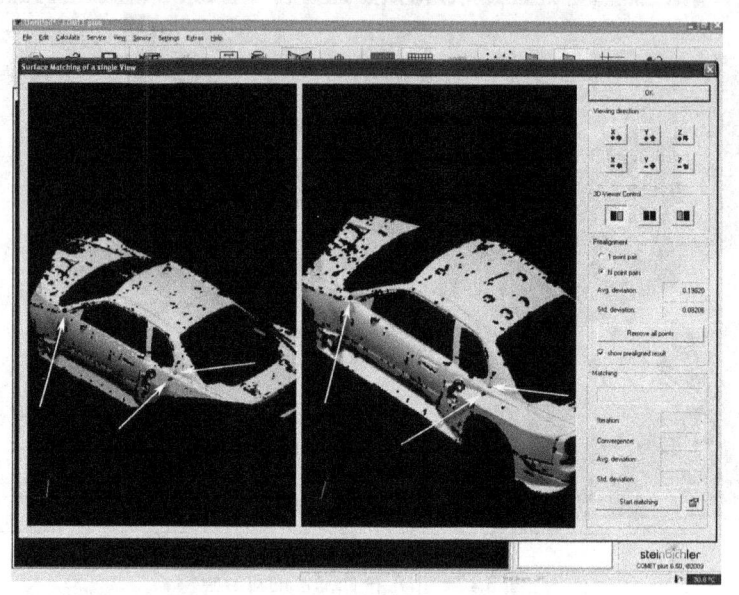

图 3.19　点云拼接设置界面（已选对应点）

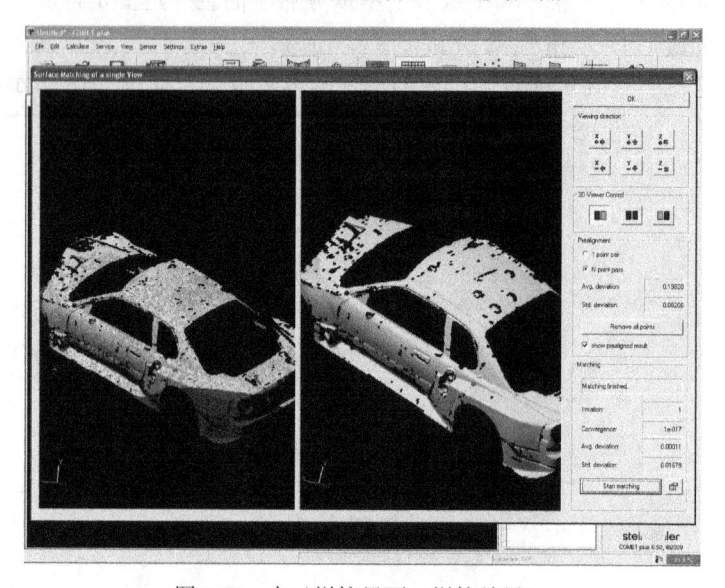

图 3.20　点云拼接界面（拼接结果）

在图 3.21 "Matching" 栏中可看到拼接的结果,"Iteration" 代表系统自动执行拼接算法的次数,"Convergence" 代表收敛值,"Avg.deviation" 和 "Std.deviation" 分别代表拼接后的平均偏差和标准差,然后单击"OK"按钮即可完成此次拼接。点云拼接后的结果如图 3.22 所示。

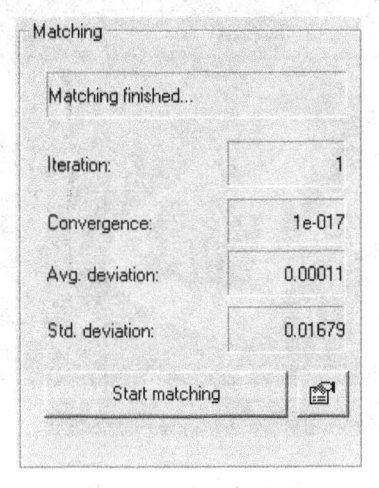

图 3.21 拼接结果数据

(9)不断重复以上的扫描和拼接步骤,直至得到完整点云数据,如图 3.23 所示。

图 3.22 点云拼接结果

图 3.23 整体点云数据

(10)删除杂点。即通过单击"Edit"栏中的"Interactive clipping"命令,删除一些明显非要求的杂点数据。

(11)单击"Group matching"进行全局的拼接优化,如图 3.24 所示,使整体的拼接偏差值达到合理。

图 3.24　全局的拼接优化窗口

同样设置好拼接参数后，单击"Start matching"，系统自动进行全局的拼接优化，图 3.24 中的颜色代表偏差大小，颜色越鲜艳偏差越大，图 3.25 即是拼接后的结果图，在右边可看到拼接后的各数据情况，单击"OK"按钮完成整体拼接优化，结果如图 3.26 所示。

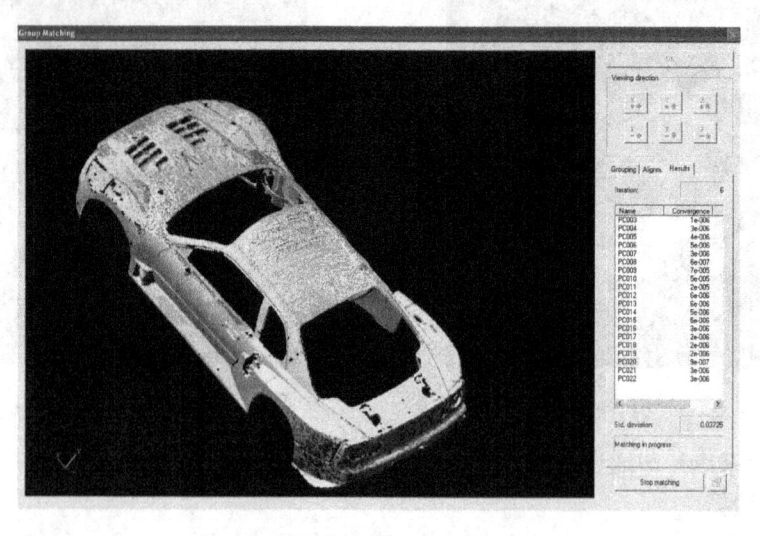

图 3.25　全局的拼接优化结果

图 3.26　全局拼接优化后得到的点云数据

（12）单击"Edit"进入到"Automatic postprocessing"，得到如图 3.27 所示的对话框，它是对整体点云数据进行优化后处理，包括对标记点部位的优化、点云数据的合并和网格化操作，只要设置好参数后，系统自动运行，并不需要人工的干预。

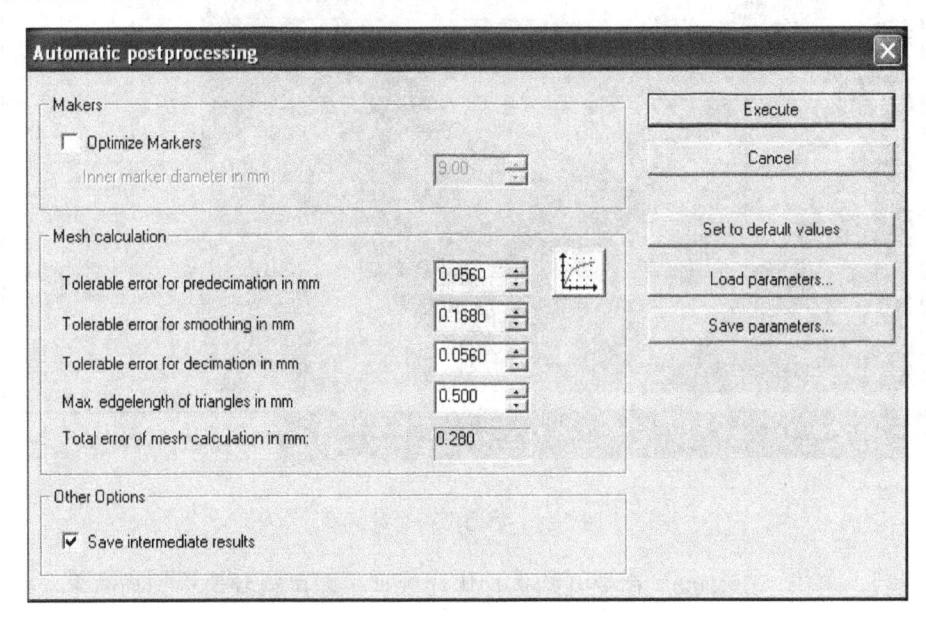

图 3.27　"数据预处理"对话框

如果扫描时贴有标记点，则在对话框中选中"Optimize markers"，系统会自动对这些缺失的数据进行优化，在本例中不需选择。"Mesh calculation"栏中各参数代表各自处理后的数据和原数据所允许的最大偏差值，"Tolerable error for predecimation in mm"中的数值需单击其右边的分析命令才能确定，因为它确定的是各分片点云网格化后要合并到整体网格面所需要预精简的参数。单击其右边的 命令图标，出现如图 3.28 所示的窗口。切换到合适的视角后，再按一下空格键，即可用多边形在点云上选择一小块点云数据进行分析，应尽量选在点云重叠的部位，同时若选太多，会占很多内存。单击"Start data analysis"开始进行分析。分析完毕后，Recommended value 值会出现在右下角。单击"OK"按钮返回到图 3.26 所示的对话框，Recommended value 值也会自动赋给"Tolerable error for predecimation in mm"。"smoothing"和"decimation"分别是代表整体网格面的光滑和精简。若噪点较多，数值应设置大一些，此处默认即可。

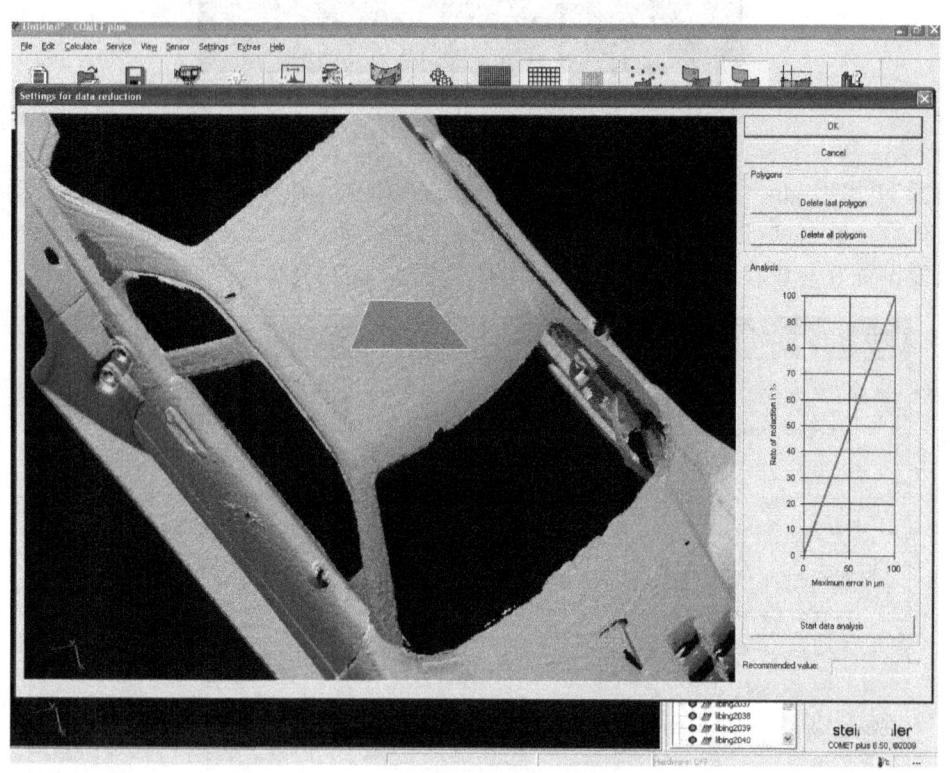

图 3.28　数据预精简对话框

设置后，单击"Execute"命令开始执行优化处理，即可得到最终扫描结果，如图 3.29 所示。

（13）最后以".STL"或".ASC"等格式输出点云数据，完成对玩具汽车外形的数字化扫描。

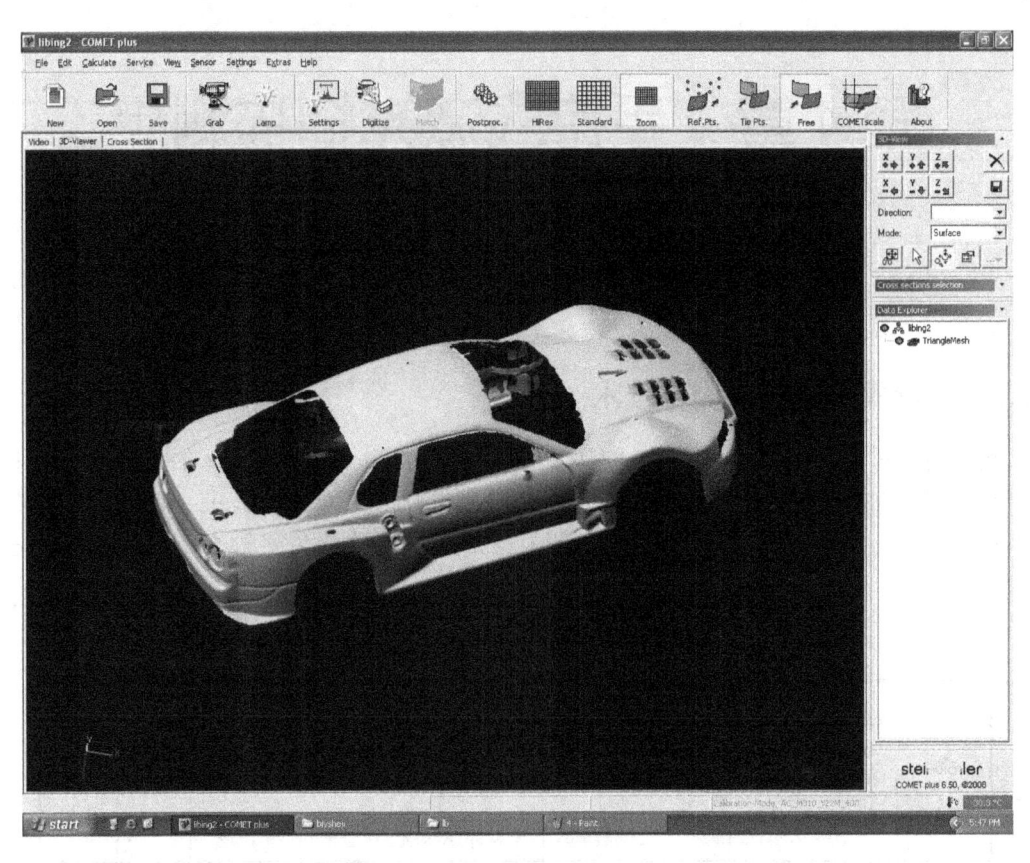

图 3.29 完整点云数据

第4章 手持式激光扫描测量

4.1 手持式激光扫描测量系统

4.1.1 手持式激光扫描测量技术

在逆向工程实施过程中，实物原型的三维数字化信息（点云数据）的采集是最为基础的一个关键环节。点云数据的采集直接影响到后期数字模型曲面质量、精度及曲面成型的效率。目前，逆向工程使用的测量工具根据方式的不同分为接触方法和非接触方法，见表 4.1。

表 4.1 逆向工程使用的测量工具分类

数据获取方法								
接触方法				非接触方法				
^	^	^	^	光 学				^	^
机器手	CMMS	声波	电磁	三角测量	距离	结构光	干涉	图像分析	声波	电磁

激光三角法测量的原理是用一束激光以某一角度聚焦在被测物体表面，然后从另一角度对物体表面上的激光光斑进行成像，物体表面激光照射点的位置高度不同，所接收散射或反射光线的角度也不同，用 CCD 光电探测器测出光斑像的位置，就可以计算出主光线的角度，从而计算出物体表面激光照射点的位置高度。激光三角测量法是逆向工程中曲面数据采集运用最广泛的方法，它具有数据采集速度快、能对松软材料的表面进行数据采集、能很好测量复杂轮廓等特点。

手持式激光扫描系统是采用激光三角测量原理对物理模型的表面进行数据采集。本章介绍的手持式激光扫描仪是 Creaform 公司的 REVscan 扫描仪，它是新一代的手持式激光三维扫描仪，是继基于 CMM 激光扫描系统、柔性测量关节臂的激光扫描系统之后的"第三代"三维激光扫描系统。该扫描仪无须任何关节臂的支持，只需通过数据线与普通计算机或者笔记本计算机相连接，就可以手持该扫描仪任意自由度地对待测零件、文物、汽车内饰件、鞋模、玩具等进行扫描，从而快速、准确并且无损地获得物体的整体三维数据模型，达到质量检测、现场测绘与逆向 CAD 造型、模拟仿真和有限元分析的目的，其特点如下：

（1）不需要其他外部跟踪装置，如 CMM、便携式测量臂等。

（2）利用反射式自粘贴材料进行自定位。

（3）采用便携式设计，具有质量和体积小，运输方便的特点，因而不受扫描方向、物件大小及狭窄空间的局限，可实现现场扫描。

（4）扫描过程在 PC 屏幕上同步呈现三维数据，边扫描边调整，通过对定位点的自动拼接，可以做到整体 360°扫描一次成型，同时避免漏扫盲区。

（5）直接以三角网格面的形式录入数据，由于没有使用点云重叠分层，避免了对数据模型增加噪声点，而且采用基于表面最优运算法则的技术，因此扫描得越多，数据获取就越精确。

（6）数据输出时，自动生成高品质的 STL 多边形文件，马上可以读入 CAD 软件及快速成型机和一些加工设备，同时兼容多种逆向软件，可以生成各种 CAD 格式文件。

4.1.2 手持式激光扫描测量系统组成

REVscan 手持式激光扫描测量系统分为硬件系统和软件系统。硬件系统主要是指 REVscan 手持式激光扫描仪，软件系统是指与硬件系统相配套的数据处理软件 VXscan。下面分别对硬件系统和软件系统进行介绍。

1．硬件系统

REVscan 手持式激光扫描仪的相关技术参数如表 4-2 所示。

表 4.2　REVscan 手持式激光扫描仪参数

重　量	980 g
尺寸	160 mm×260 mm×210 mm
扫描速度	18 000 个测量点/s
精度	75 μm
ISO（CCD 的感光度）	20 μm+0.2/1000L

REVscan 手持式激光扫描仪实物如图 4.1 所示，该扫描仪的下端小圆孔为十字激光发射口，激光由该孔射出；中间黑色按钮是触发器，按住此按钮系统开始接收数据；上端两个大圆孔是 CCD 镜头，接收反射回来的激光；每一个 CCD 镜头的周围是四个 LED 发光点，用于屏蔽周围环境光对扫描数据的影响。

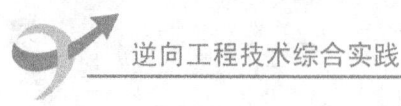

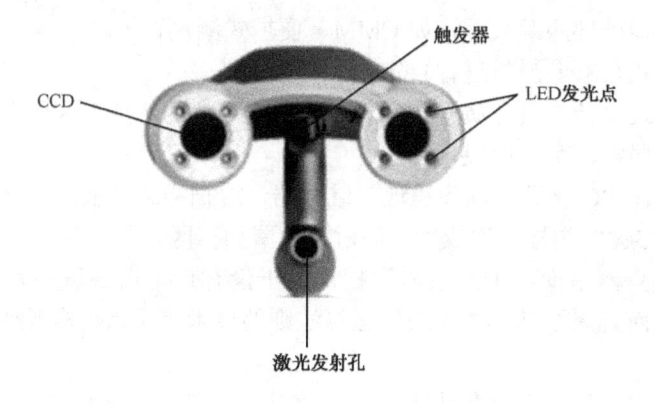

图 4.1 REVscan 手持式激光扫描仪

REVscan 手持式激光扫描测量硬件系统包括以下配件：火线 PCMCIA 数据采集卡、数据线、电源适配器、支撑架及计算机，由以上配件和 REVscan 手持式激光扫描仪组配成一个完整的激光扫描硬件系统，如图 4.2 所示。

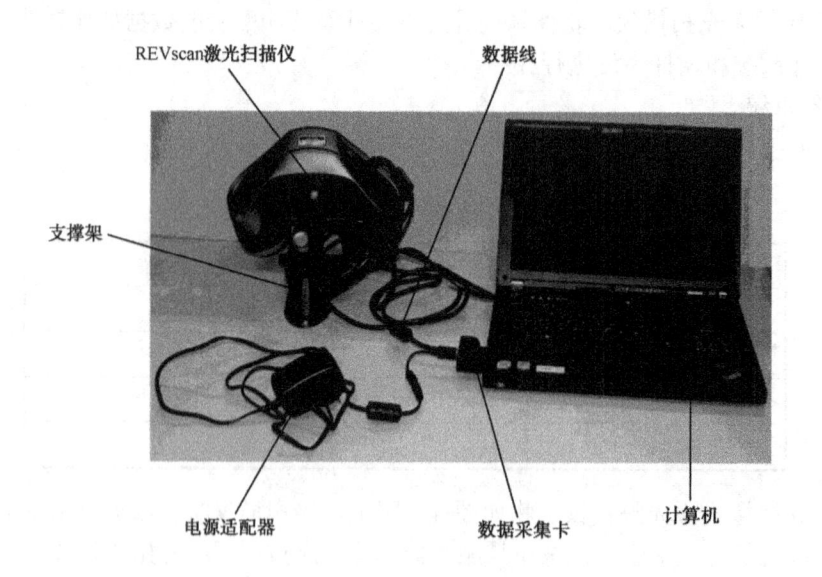

图 4.2 激光扫描硬件系统

由于 REVscan 手持式激光扫描测量系统属于便携式测量系统，所以，每一次使用都要按图 4.2 所示进行组配。

2．软件系统

与硬件系统相配套的软件系统是 VXscan 数据处理软件，该软件可将扫描仪扫描得到的数据进行保存，并可以直观显示当前工作进度等。VXscan 的软件界面如图 4.3 所示。

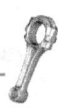

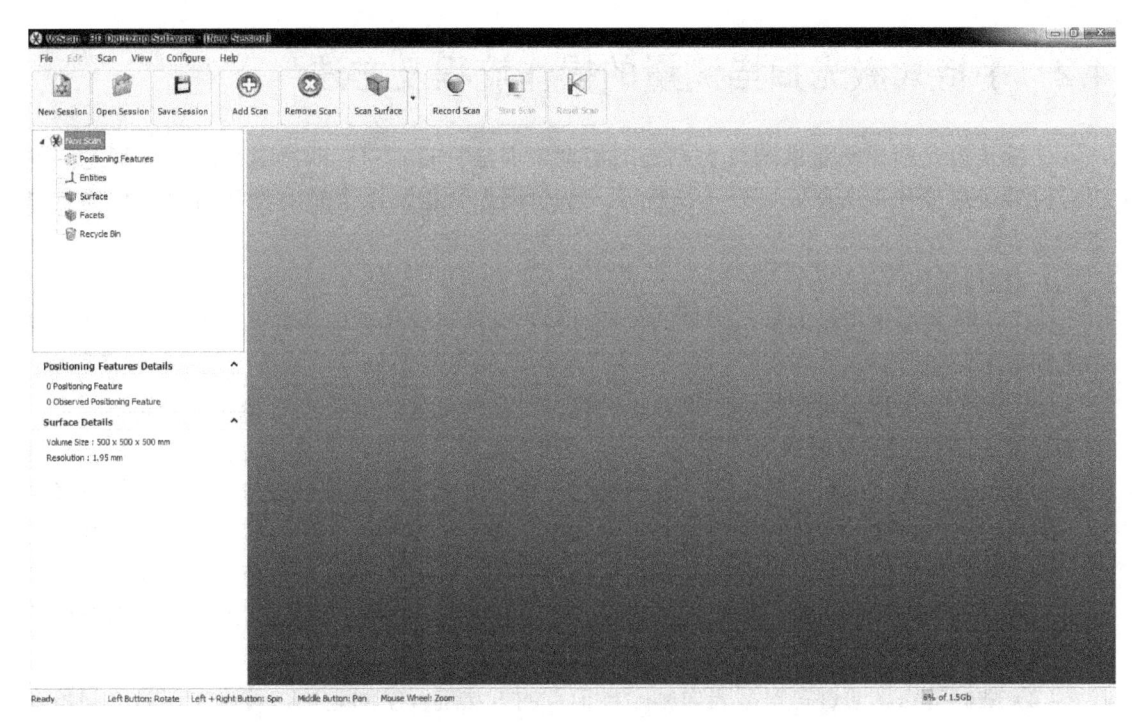

图 4.3 VXscan 软件界面

VXscan 软件与其他软件界面类似，从上至下分别是标题栏、菜单栏、工具栏、视窗及状态栏，左边树形控制栏显示的是菜单"View"下的命令，可通过单击树形控制栏内的项目直接对命令进行操作。以下对菜单栏和工具栏中的命令进行说明。

在菜单"File"下，可新建一个任务或者打开一个已经存在的任务，并保存文档，分别可以 Session、Facets、定位点三种形式进行保存；在菜单"Scan"下，可对当前任务进行开始扫描或者停止扫描等操作；在菜单"View"下，分别可进行设置体积柱（体积柱是指软件内录入数据的虚拟空间）大小、扫描精度、平滑度、曲率衰减、自动移除孤岛及移动体积柱等操作；在菜单"Configure"下，有配置扫描的颜色、精度校正、测试软件及选项配置等操作。在菜单"Help"下，可显示当前 VXscan 软件的版本及帮助文档等信息。

在工具栏中是一些常用命令按钮，用户可以直接单击工具栏上面的命令实现操作而不需要通过菜单栏实现。如图 4.3 所示，工具栏中从左至右的命令分别是：新建一个任务，打开一个已存在的任务、保存、添加扫描、移除扫描、扫描曲面、开始扫描、停止扫描和重新开始新的扫描。用户在使用软件的过程中，直接单击工具栏上面的命令按钮会更加快捷，相应提高效率。

4.2 手持式激光扫描测量的操作流程及方法

手持式激光扫描测量系统可对扫描的模型表面进行自定位,即测量系统与模型之间的相对位置可以变化,所以,可以一次性录入整个模型数据,以下是对操作流程和扫描方法的说明。

1. 操作流程

由于手持式激光扫描测量系统自动化程度较高,所以,操作流程较为简单,其主要的操作流程如下所述。

(1) 着色处理和配置颜色。如果扫描的模型是反射效果较为强烈的塑料、金属等材质,CCD 无法正确捕捉到反射回来的激光,也就无法正常进行扫描。通过喷施着色剂可增强模型表面的漫反射,使 CCD 正常工作。着色剂的喷施不可以太薄或者不均匀,因此会影响最终点云数据的完整程度;着色剂的喷施不可以太厚,因为太厚不仅会覆盖掉一些细节特征,而且会因此增大零件的外形,影响到点云数据的准确性。较好的着色方法是进行多次喷施,直到各个部位都均匀着色为止。如果扫描的模型不是反射效果强烈的材质,通过软件对颜色的配置可完成对模型的扫描。

(2) 贴标记点。通过在模型表面粘贴标记点的方法进行空间定位,可以实现对不同角度扫描数据的拼接。标记点表面拥有很好的反射效果,便于扫描仪能够准确定位该点的空间位置,从而在扫描仪自身的系统空间表达出来,并通过激光对可识别定位点之间物体表面的探测,将物体模型转换为数字模型;但是系统无法识别标记点自身的表面情况,由系统自动以平面的形式填充,所以标记点不能够贴在零件的特征处或曲率变化较大的位置。贴标记圆点的一般距离为 8~20cm,规则是在平面或曲率变化较小的区域贴较少的标记点,在特征处或曲率变化较大的区域贴较多的标记点。

(3) 组配硬件系统。按照 4.1 节的内容对硬件系统进行组配。由于扫描仪比较轻巧,所以在组配和测量时拿住它测量比较轻松。需要注意的是,因为 REVScan 扫描仪是高精密的光学设备,所以,在组配和测量过程中要避免碰撞,否则会降低扫描的精度,甚至可能损坏扫描仪。

(4) 启动 VXscan 软件。如果系统没有提示"没有找到扫描仪设备",则说明测量系统已正确组配。启动 VXscan 软件,并处于接收数据状态。按住触发器,激光发射孔发射"十"字激光,LED 发射红色屏蔽光。如图 4.4 所示,至少有三个定位点在系统的识别范围之内,系统才开始接收数据。激光从发射孔发出,由 CCD 镜头接收,并在 VXscan 软件中以直观的曲面模型的形式表现出来。

第 4 章　手持式激光扫描测量

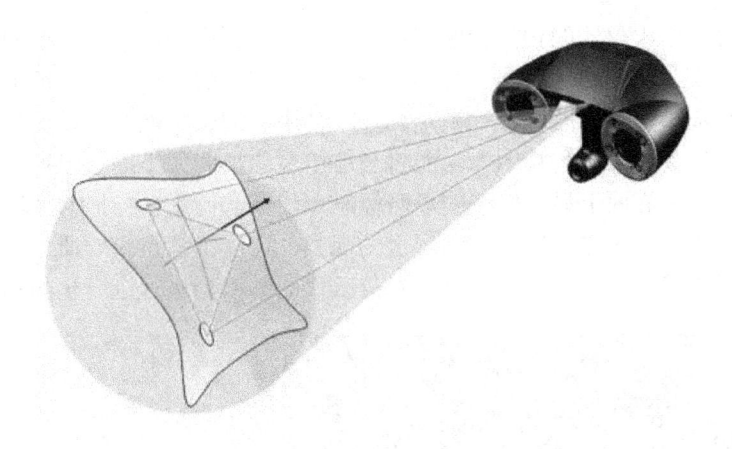

图 4.4　REVscan 扫描仪工作示意图

（5）扫描。在进行扫描工作之前，先确定模型的大小、颜色，并对相关参数进行设置。在扫描过程中，扫描仪的激光发射器与激光"十"字照射的相应零件区域保持为 250～300mm，使扫描仪达到最佳的数据输入状态；如果两者的距离过近或过远，系统将自动提示。最佳的扫描方向为激光"十"字的两个相邻边的角平分线方向。如图 4.5 所示为正在扫描模型的过程中，为了减少环境的干扰，扫描过程中，扫描仪会发出红色的屏蔽光。

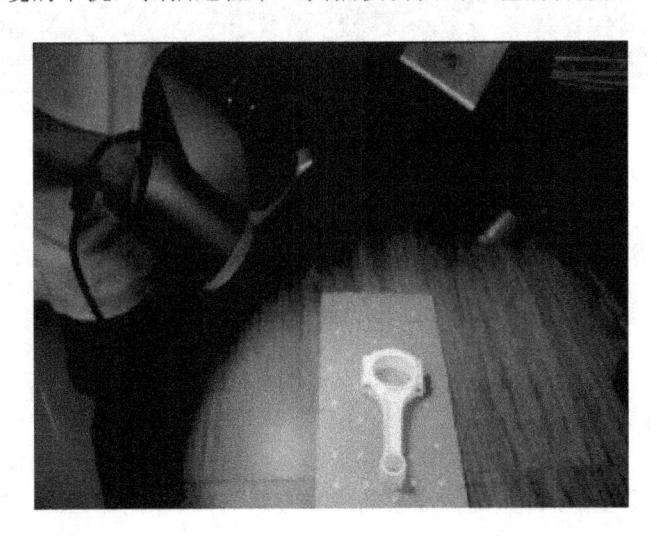

图 4.5　扫描模型

扫描时一般从曲率变化较小的面开始，当一个面扫描完转至相邻面时，必须保证至少有三个标记点在扫描范围之内，否则系统将停止输入数据。如果多次翻转至相邻面均失败，可适当增加两个面的标记点，使扫描工作顺利进行。在完成整个零件大部分的数据点后，开始

59

对细节处进行扫描。由于仪器的扫描精度和激光反馈原理的限制，对于较小的零件细节，要达到较好的扫描效果，需要多角度和长时间的扫描。在扫描的过程当中，可单击鼠标右键使用"锁定区域"功能，将特定区域进行锁定扫描；使用"缩放功能"可以更仔细地观察模型的扫描状况，并可以使用"锁定视图"功能将当前模型的视图大小进行锁定，以便扫描的同时观察模型。在图 4.6 界面上显示红色的参照标志点代表它们正在扫描的区域中，该区域正在被采集到计算机中。通过在计算机显示屏上的观察，可以了解点云的质量，以根据显示来判断扫描的质量是否符合要求，并且可以针对点云残缺的部分进行进一步的扫描。

图 4.6 扫描过程中的软件界面

（6）保存文档。文档的保持分为三种形式：只保存定位点文件，即所粘贴的标记点的空间位置；保存为*.CSF 格式可以实现阶段性测量，即可分几次完成模型的扫描；保存为*.STL 文件格式，即已经进行点云三角化的多边形结构形式，包含点云和线框信息，从而可以更直观地观察数字模型。

  2．扫描方法

扫描顺序是扫描方法中最基础的一环，按照一定的扫描顺序可使系统的表面最优运算法则发挥最佳的作用，因此，获得最为准确的数据。如图 4.7 所示是扫描仪对同一块区域的最佳扫描顺序。图中黑色指示箭头是扫描仪的扫描方向，粗的指示箭头分别是 8 个扫描顺序的步骤指示。

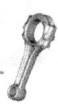

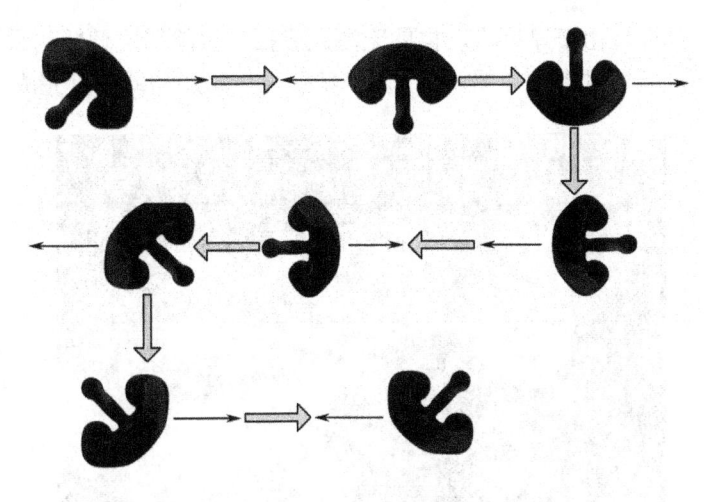

图 4.7 扫描顺序图

由于扫描模型的多样性，所以针对按照一般操作流程无法进行的模型需要使用辅助件或者其他工具协助完成对整个模型的扫描。以下两种类型的模型是用一般操作流程难以解决的模型。

（1）模型尺寸较小。尺寸较小的模型由于不能贴足够的标记点，也就无法完成扫描仪的邻边翻转测量的过程。对于此类零件的扫描需要增加辅助工具来完成测量，例如，可以通过增加一块辅助平面板来进行测量。在辅助板面上按照贴标记点的规则均匀贴满标记点，而模型本身可以不贴标记点，通过辅助板上的定位点就可以完成对小尺寸模型的测量。如图 4.8 所示，汽车连杆通过添加辅助平板来完成扫描。

图 4.8 汽车连杆与带标记点的辅助板

（2）薄壁件。薄壁件由于厚度小，也就无法完成扫描仪的邻边翻转测量的过程，同样需要通过辅助工具完成翻转过程。如图 4.9 所示是薄壁壳体添加辅助工具完成扫描。

图 4.9　薄壁壳体与带标记点的辅助工具

4.3　手持式激光扫描测量实训范例

本节的实训案例分为两部分：一部分是对维纳斯头部工艺品的扫描；另一部分是对汽车连杆部件的扫描。第一部分的扫描工作按照一般流程即可完成，第二部分的扫描工作涉及辅助板的使用。下面分别对两种扫描方法进行描述。

1. 维纳斯头部工艺品扫描实例

由于工艺品的外形复杂，往往使用三维光学扫描设备进行点云数据采集。按照 4.2 节的操作流程对该模型进行实际扫描操作。

（1）由于模型是石膏制品，系统默认配置的颜色是白色，而且石膏不是反射效果强烈的材质，所以，不需要对模型进行着色处理和配置颜色。如需配置颜色，单击菜单"Configure"→"Sensor Configuration"，可对配置参数"Laser Power（激光强度）"和"Shutter（快门）"进行设置，界面如图 4.10 所示。

启动扫描仪对模型表面进行扫描，直至"Reliable（可靠性）"超过"Saturated（饱和度）"的 95%，就认为系统已经比较好地认知该材质的颜色。系统获得该颜色的数据后，单击"Save"按钮，将该颜色设置为当前色，单击"Apply"按钮。

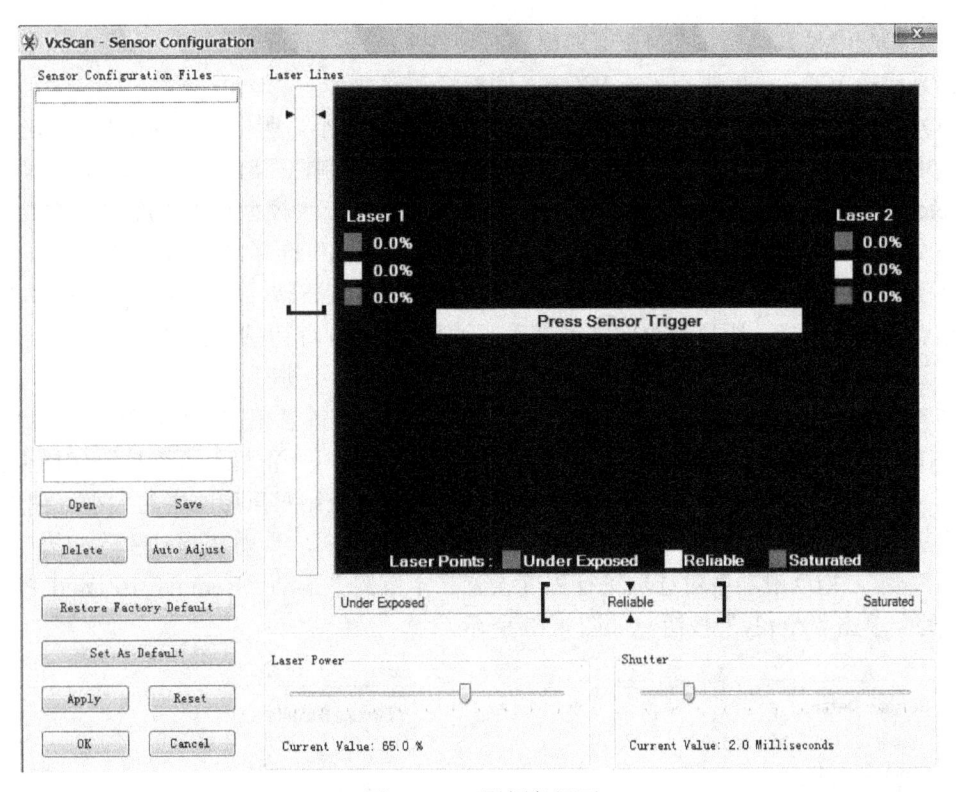

图 4.10　配置颜色界面

（2）贴标记点：按照操作流程中的说明对模型粘贴标记点，维纳斯模型粘贴标记点完毕后如图 4.11 所示。

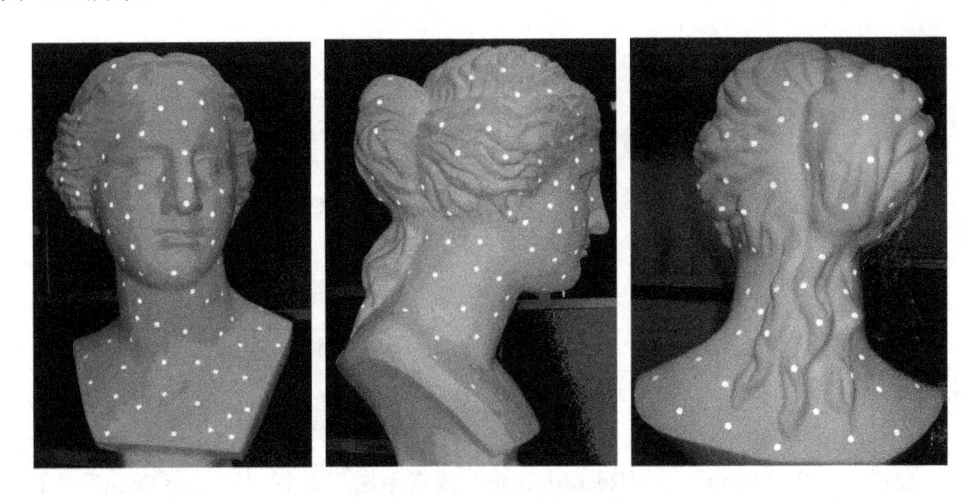

图 4.11　贴标记点后的维纳斯模型视图

（3）组配硬件系统：按照 4.2 节的内容对硬件系统进行组配。

（4）启动 VXscan 软件：双击 VXscan 图标启动软件。

（5）设置所需空间大小：在软件里设置一定的空间大小，所生成的模型数据都在空间里显示。单击"View"→"Surface"或者单击左边树形控制栏"Surface"选项，在"Surface Parameters"选项"Volume Size"中填入数字"600"mm（模型最大长度约为550mm，所设置的空间边长要大于模型三维的最大长度），"Resolution"选择"High：1.17mm"（软件系统根据所设置的空间大小自动配置高、中、低三种精度），完成后单击"Apply"按钮；1.17mm是相邻点之间的距离，距离越小就能越准确表达模型表面；精度越高扫描时间久越长，所生成的点云数目就越大，反之亦然。图 4.12 所示是对空间大小进行的设置。

（6）模型表面质量参数设置：单击"View"→"Facets"，或者单击左边树形控制栏"Facets"选项。在"Facets Parameters"选项中分别有"Spike Filter"（平滑度）可以控制扫描数据的平滑程度、"Decimate Triangle"（曲率衰减）可以根据曲率控制三角形网格的大小（曲率越小，生成的三角网格越大）、"Remove Isolated Patches（移除孤岛）"可以自动删除扫描时产生的数据"孤岛"，拖动滑动条对选项进行程度设置。本范例中拖动"Remove Isolated Patches"至 1/5 处，单击"Apply"按钮，如图 4.13 所示。

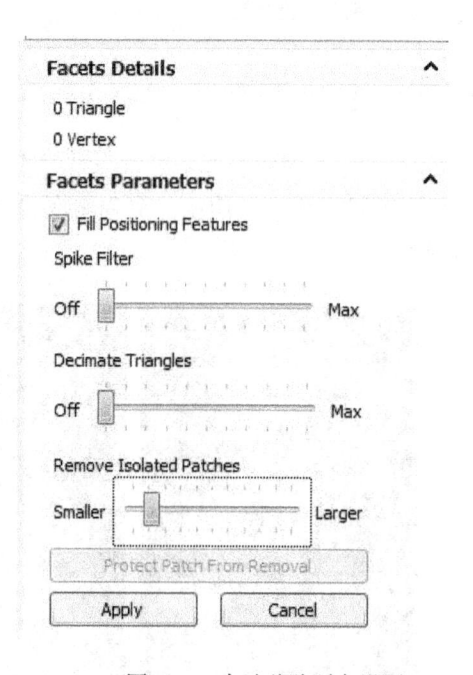

图 4.12　设置空间大小

图 4.13　自动移除孤岛设置

（7）扫描：单击"Scan"→"Record Scan"或者单击工具栏"Record Scan"按钮，使软件处于接收数据状态，按住扫描仪的触发器使扫描仪开始扫描。扫描过程中如发现模型的部分区域在空间之外，单击"Stop Scan"暂停扫描。单击"View"→"Surface"或者单击左边树形控制栏"Surface"选项，在"Surface Parameters"选项中单击"Center Volume"使模型在空间的中心位置，如该操作仍然无法使模型完全处于空间内，则增大空间大小或者单击"Move Volume"通过鼠标左键手动对空间位置进行调整。

（8）保存文件：扫描完毕后，单击"File"→"Save Facets"保存文件格式为*.STL格式。扫描获得的维纳斯工艺品点云数据如图4.14所示。

图 4.14　维纳斯的点云数据

2．汽车连杆零件扫描实例

汽车连杆属于尺寸较小的扫描工件，使用一般的操作方法无法完成扫描工作，所以可以使用辅助板来完成扫描。另外，汽车连杆上下对称，所以只需完成 1/2 的测量，再在其他的 CAD 软件中对该工件进行镜像处理，可获得完整的模型。

（1）着色：连杆实物如图4.15所示，汽车连杆的材质为钢铁，激光不能直接对钢铁的表面进行捕捉与定位，所以要对连杆进行着色处理，着色方法参照操作流程里的着色说明。

图 4.15　汽车连杆实物图

（2）贴标记点：在辅助板面上按照贴标记点的规则均匀贴满标记点，而连杆本身可以不贴标记点，通过辅助板上的定位点可以完成对于类似汽车连杆等小零件的测量。

（3）组配硬件系统。

（4）启动 VXscan 软件。

（5）设置所需空间大小：操作说明参照上一范例。本操作中"Volume Size" 中填入数字"200"mm，"Resolution"选择"High：0.39 mm"。

（6）模型表面质量参数设置：操作说明参照上一范例。

（7）扫描：操作说明参照上一范例。需要注意的是在扫描过程当中，不能改变辅助板和工件之间的相对位置，避免定位点位置发生变化而出错，无法完成完成扫描。

（8）保存文件：操作说明参照上一范例，测量得到的汽车连杆点云数据文件如图4.16所示。将辅助板点云数据删除后得到的连杆点云数据如图4.17所示。将其导入其他CAD软件中，对点云进行镜像处理，得到完整的连杆点云数据模型，如图4.18所示。

图4.16　连杆与辅助板点云数据

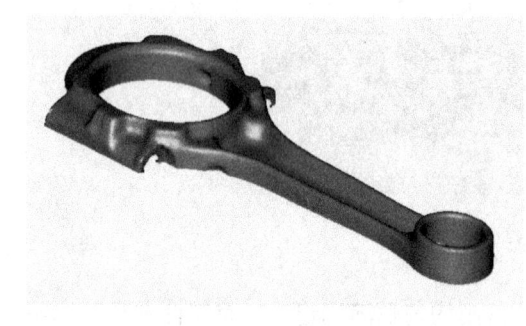

图4.17　处理后的连杆点云数据 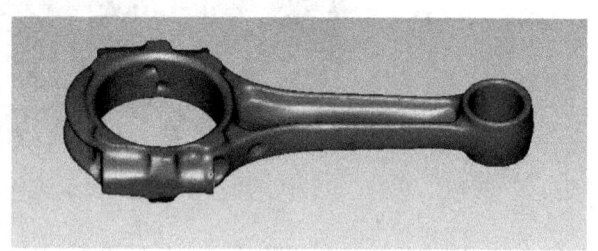　　　　图4.18　完整的连杆点云数据

第 5 章　关节臂式测量

5.1　关节臂式测量机

5.1.1　关节臂式测量技术

关节臂式测量机是三坐标测量机的一种特殊机型，最早出现于 1973 年，是由 Romer 公司设计制造的。由于其轻巧便捷，功能强大，使用环境要求较低，测量范围较广，被广泛应用于航空航天，汽车制造，重型机械，轨道交通，零部件加工，产品检具制造等多个行业。而随着 30 多年来的不断发展，该产品已经具有三坐标测量、在线检测、逆向工程、快速成型、扫描检测、弯管测量等多种功能。

来自美国的 Cimcore 公司和法国的 Romer 公司的多款高品质的关节臂测量产品，已经在中国乃至全球市场占据了极高市场份额。目前，在关节臂测量机市场上主推的产品包括 Cimcore 公司的 Infinite 2.0 系列测量机和 Stinger II 系列测量机，以及 Romer 公司的 Sigma 系列测量机，Omega 系列测量机以及 Flex 系列测量机，如图 5.1 所示。而与其相对应的激光扫描测头则包括 Perceptron 公司推出的 Scanworks V3、Scanworks V4i、Scanworks V5 及 Romer 公司推出的 G-scan 等系列产品。

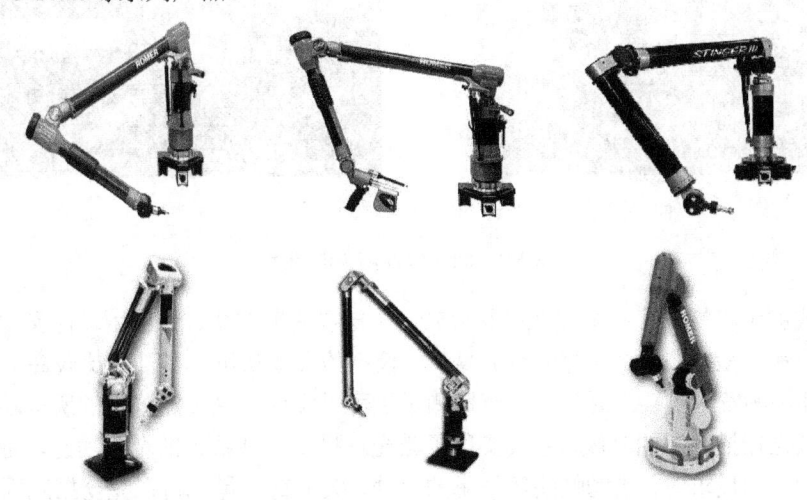

图 5.1　多系列关节臂测量机

关节臂式测量机通常分为6轴测量机和7轴测量机两种，与6轴测量机相比，7轴测量机具有7个角度编码器，在腕部末端多出一个关节，除了可以灵活旋转使测量更为方便之外，更重要的是减轻了操作时的设备重量，从而降低了操作时的疲劳程度，主要适用于激光扫描检测。

关节臂的工作原理主要是设备在空间旋转时，同时从多个角度编码器获取角度数据，而设备臂长为一定值，这样计算机就可以根据三角函数换算出测头当前的位置，从而转化为 XYZ 的形式。

关节臂测量机可选配的测头多种多样，如触发式测头，可用于常规尺寸检测和点云数据的采集，如激光扫描测头可实现密集点云数据的采集，用于逆向工程和 CAD 对比检测；红外线弯管测头可实现弯管参数的检测，从而修正弯管机执行参数。

关节臂测量机配触发式测头的优点包括：超轻重量，可移动性好，便于移动运输；精度较高；测量范围大，死角较少，对被测物体表面无特殊要求；测量速度快；可做在线检测，适合车间使用；对外界环境要求较低，如 Romer 机器可在 0～46℃使用；操作简便易学；可配合激光扫描测头进行扫描和点云对比检测。

关节臂测量机配非接触激光扫描测头（图 5.2）的优点包括：速度快，采样密度高；适用面广（对特殊性形状）；对被测物体大小和重量无特别限制；适用于柔软物体（如纸和橡胶制品）扫描；操作方便灵活，死角少，柔性好；维护容易，环境要求低，抗干扰性强；特征测量和扫描测量可结合使用。

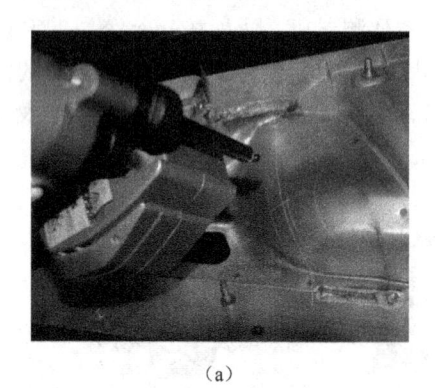

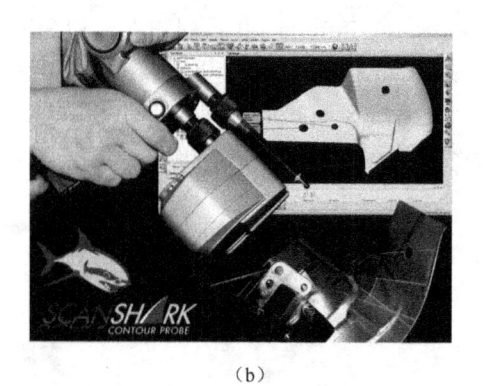

(a)　　　　　　　　　　　　(b)

图 5.2　激光扫描测头的应用

关节臂式测量机配激光扫描测头的精度较高，扫描速度较快，而应用功能又比较强大，因此在逆向工程和 CAD 对比检测的应用中得到了极高的市场认可，是性价比较高的一款数据采集设备。在外接触发式测头的时候，关节臂测量机可以实现三坐标测量机的所有功能，而在外接非接触式激光扫描测头的时候，它又实现了激光扫描仪和抄数机的全部功能，而对一些超大型零件进行检测和反求时，借助蛙跳等技术的协助，关节臂测量机可以完全摆脱固定式测量机面临的检测尺寸无法更改的问题，实现设备多次移动数据拼接的功能，如图 5.3 所示。

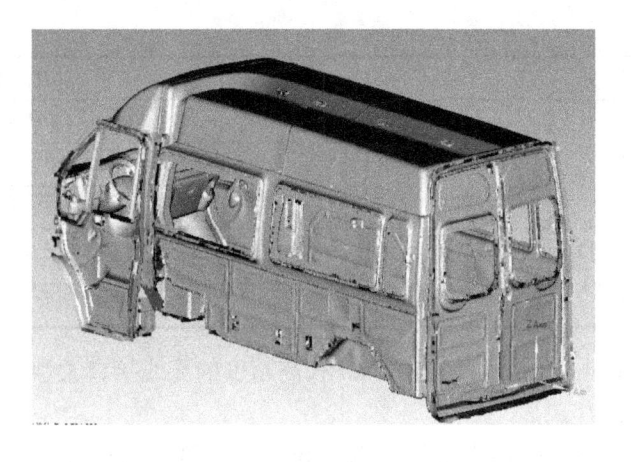

图 5.3　非接触式测量的应用

5.1.2　关节臂测量机系统组成

本节将以 Cimcore Infinite 七自由度柔性关节臂和 ScanWork V4i 线结构激光扫描头为例进行介绍，其系统组成如表 5.1 所示。

表 5.1　Cimcore Infinite 1.8m 型七自由度柔性关节臂软硬件系统组成

序号	说　明		名　称	规格型号
I	主机系统	1	主机	Infinite SC 1.8m 柔性关节臂测量机
		2	一体化 ZERO-G 平衡杆系统	
		3	一体化充电式锂电池	
		4	Wi-Fi 8.02.11b 无线通信接口	
		5	磁力表座	
		6	美国国家标准局认证的长度标准尺	
		7	便携式仪器箱	
		8	15 mm 不锈钢球硬测头	
			6 mm 红宝石硬测头	
			针式硬测头	
II	激光测头系统	9	V4i 增强性激光测头/V4i 控制器/连接电缆/配磁力表座的校验球/ScanWorks 版权和软件光盘/ScanWorks	
III	计算机系统	10	笔记本计算机	略

续表

序号	说 明		名 称	规 格 型 号
IV	软件系统	11	基本软件	PC-DMIS CAD（手动版）测量软件包
				WinRDS™ 软件
				ScanWorks 扫描软件（版权）
		12	GEOMAGIC 软件（可选）	Qualify 点云检测软件
				Studio 自动化逆向工程软件

Infinite 是美国 Cimcore 公司推出的新一代高精度的无线接口柔性三坐标测量系统，其柔性关节臂如图 5.4 所示。

ScanWork V4i 型激光扫描头是美国 Perceptron（普赛）公司推出的高精度激光扫描头，如图 5.5 所示，其基本指标见表 5.2。

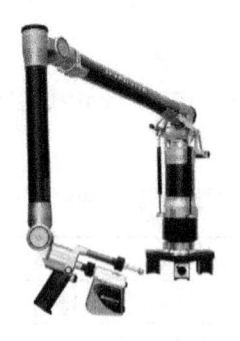

图 5.4 Infinite 1.8m 型七自由度柔性关节臂　　图 5.5 ScanWork V4i 型激光扫描头

表 5.2 ScanWork V4i 型激光扫描系统指标

测量距离	83～187 mm	扫描频率	30 Hz
采样速度	23 040 点/s	扫描线密度	768 点/线
波　长	660 nm	使用环境温度	0～45 ℃
扫描宽度	32～71mm	使用环境湿度	<70%
重复精度	0.020 mm	测量精度	0.024 mm

激光扫描系统基于常见的激光三角形法原理。激光三角法主要以点扫描或者线扫描方式为主，通过激光光源发射光线，以固定角度将光线照射到被测物体上，然后通过高精度的 CCD 镜头与光源之间的位置及投影和反射光线之间的夹角，换算出被测点所在的位置。该测量技术较稳定，不仅扫描精度较高，且扫描速度也比较快。以 Perceptron 公司的 V5 激光扫描测

头为例，其采样速度可以达到 458 000/s 个点。其不同型号间主要技术参数见表 5.3。

表 5.3 Perceptron 激光扫描测头参数对比

测头类型	采样速度/（点/s）	扫描频率/Hz	点数/线	景深	最大线宽	测量精度/μm	特征分辨率/μm
V5	458 000	60	7，680	115	143	24	4.5
V4I	23 040	30	768	104	73	24	4.5
V3	23 040	30	768	75	73	34	60

Infinte2 设备主要特点如下：

（1）采用获得专利的主轴无限转动技术，使得 Infinite 2 可方便地检测其他测量手段难以触及的区域。

（2）采用全新的桥式测量机精度等级的 TESA 测座，可提高测量精度。

（3）更小的、易于掌握的手腕设计，具有 LED 工作照明灯及内置的数码相机，允许操作者以生动的图形文档记录系统的设置。

（4）在肘部和前臂处新提供的两个低摩擦的转套式无限旋转把手，更加符合人体工程学要求，使测量机可以在操作者手中自由"浮动"，降低操作者疲劳。

（5）具备严格制造标准的 Heidenhain 编码器，采用宽轨迹设计，提高了精度性能。

（6）先进的碳纤维臂身，采用高强度、轻质量的复合材料结构，具有很好的稳定性。

（7）整合的小尺寸 Zero-G 平衡系统，在各位置均可平衡重力，减少操作带来的疲劳。

（8）高性能锂电池允许在没有电源的情况下进行在线检测。

（9）万能的底座固定装置，适用于多种类型的台面，包括更小的磁力底座设计和简便的安装方式。

（10）七轴系统，可结合激光测头和触发测头功能为一体，完成实时的激光检测和逆向工程应用。

ScanWorks V4i 三维激光扫描系统与美国 CimCore（星科）公司已经成功合作多年，双方的技术和接口都是相互认可的标准化的。

该系统采用非接触的激光扫描技术，通过线扫描的方式提高了数据采集率。ScanWorks V4i 激光扫描系统标准采样速率为 23 040 点/s，简化复杂的测量过程。更突出的是该测头与 Infinite 组合后，如果不使用激光扫描头，而只使用接触式测头时，可以随意拆下激光头，接触测头亦无须校准，就直接可以使用，大大简化了测量的过程和准备工作。而其他厂家的同类产品，则需要先将所有测头都拆下，然后再将接触式测头安装上去，接着进行接触测头的复杂校准过程，才可以进行测量。

ScanWorks 软件与硬件系统相配套，可将扫描仪得到的数据进行保存，并可以直观显示当前工作进度。ScanWorks 软件的操作界面如图 5.6 所示。

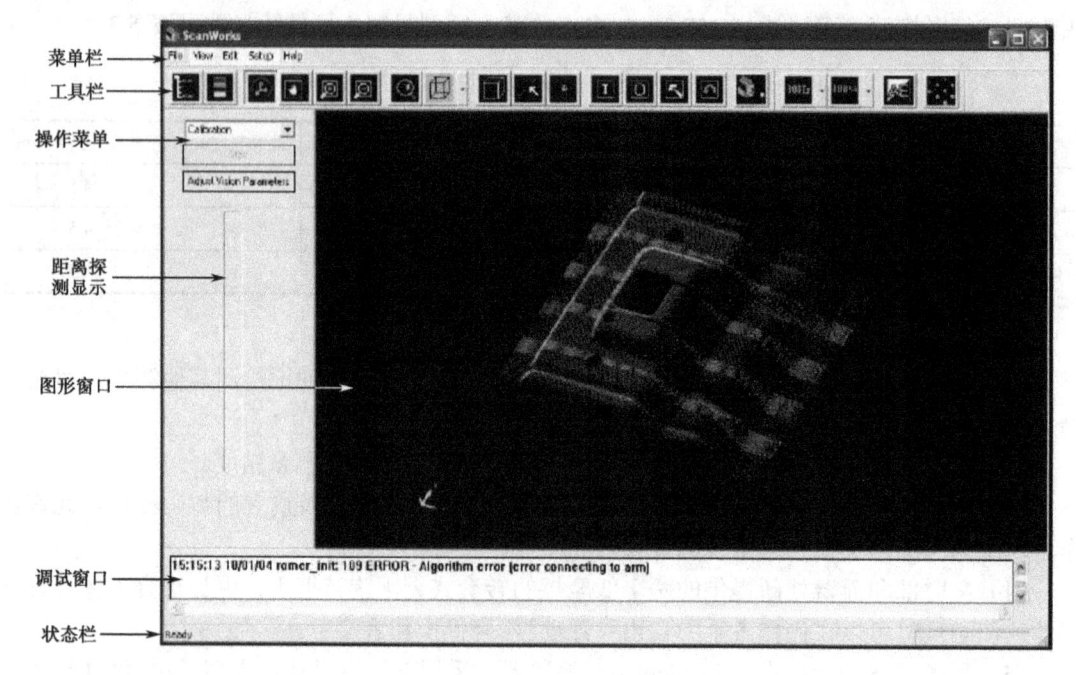

图 5.6 ScanWorks 软件的操作界面

（图中标注：菜单栏、工具栏、操作菜单、距离探测显示、图形窗口、调试窗口、状态栏）

ScanWorks 软件获得的数据点云能够同许多第三方软件产品兼容，使得测量数据信息可完成各种测量、逆向工程、CAD 比较或者其他各种应用。

ScanWorks 软件与其他软件有类似界面，从上至下分别是标题栏、菜单栏、工具栏、视窗及状态栏，软件启动后，可通过左侧对话框下拉菜单"Action menu"下的操作命令完成校准、扫描、追加、保存数据等操作。

5.2 关节臂式测量机的操作流程及方法

便携式关节臂式测量机 Infinte 系统可快速高密度地对各种特殊形状的物件进行表面数据采集，对柔软物体（如纸和橡胶制品）也可方便采集，死角少，柔性好。以下是对操作流程和扫描方法的说明。

（1）物件的表面处理和着色。产品在数据采集之前需要进行表面处理，清理干净所有要进行数据采集的表面。如果扫描的模型是反射效果较为强烈的塑料、金属等材质，CCD 无法正确捕捉到反射回来的激光，无法正常进行扫描。通过喷施着色剂可增强模型表面的漫反射，使 CCD 正常工作。ScanWork 采用的 660 nm 的线光源，过强的环境光对测量会有一定的影响。实验中可采用 DPT-5 着色渗透探伤剂型显影剂对产品进行均匀喷涂，如此处理会得到模型细节完整的数据。产品要用适当的夹具或平台（水平）支持在一个合适的位置，保证产品的所有特征都可以被激光扫到，而没有关节处于极限状态，这样才能使测量效果达到最佳。

（2）组配测量系统。将测量机主体安装在磁力座或者固定架上，按照系统规范用各种数据线（主机与电源连线、主机与数据盒连线、主机与计算机连线、数据盒与计算机连线）将主机设备、计算机、数据盒连接起来，如图 5.7 所示。各种数据线的接头和连接顺序要按照设备提供方的规范完成。连接完成后检查各种数据线，启动主机电源开关，发出蓝光。启动计算机和相关程序，按照通信接口设置网络连接的 IP 地址。启动数据盒开关进行预热 5 min 后，当激光头开关旁边的 ready 指示灯亮，就可以启动激光头开关，进入初始化阶段。

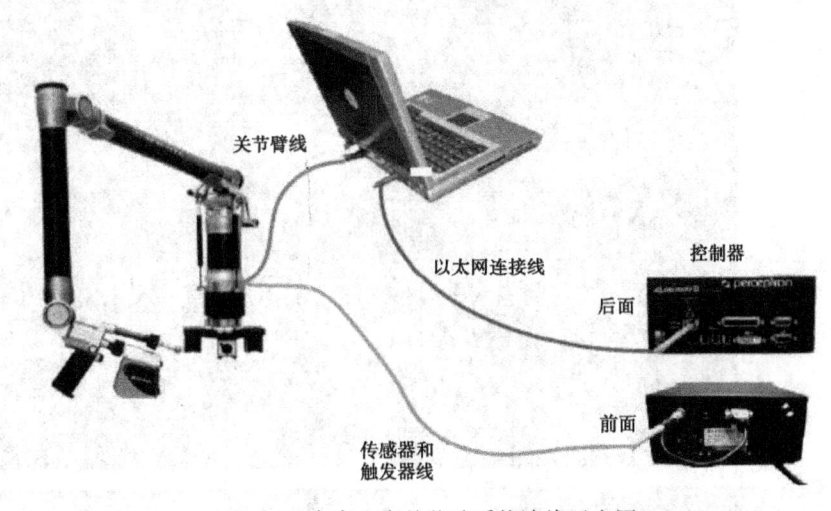

图 5.7　七自由度关节臂系统连线示意图

（3）关节臂的初始化。在启动扫描程序进行数据采集之前，需要对关节臂进行初始化操作。从"开始"→"程序"→"CimCore"→"WinRDS"→"CimCore Arm Utilities"或者单击桌面对应图标运行关节臂初始化程序，设备将进行整个系统的连接和初始化工作，从设备主机到各个关节的连接检测，检测 7 个关节的响应，保证数据传输正常，如图 5.8 所示。

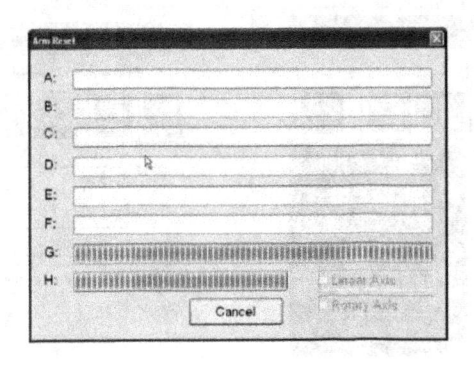

图 5.8　关节臂初始化程序界面

（4）启动扫描程序 ScanWork 进行扫描采集数据。从"开始"→"程序"→"ScanWork"或双击桌面对应图标，启动扫描程序。如图 5.9 所示。

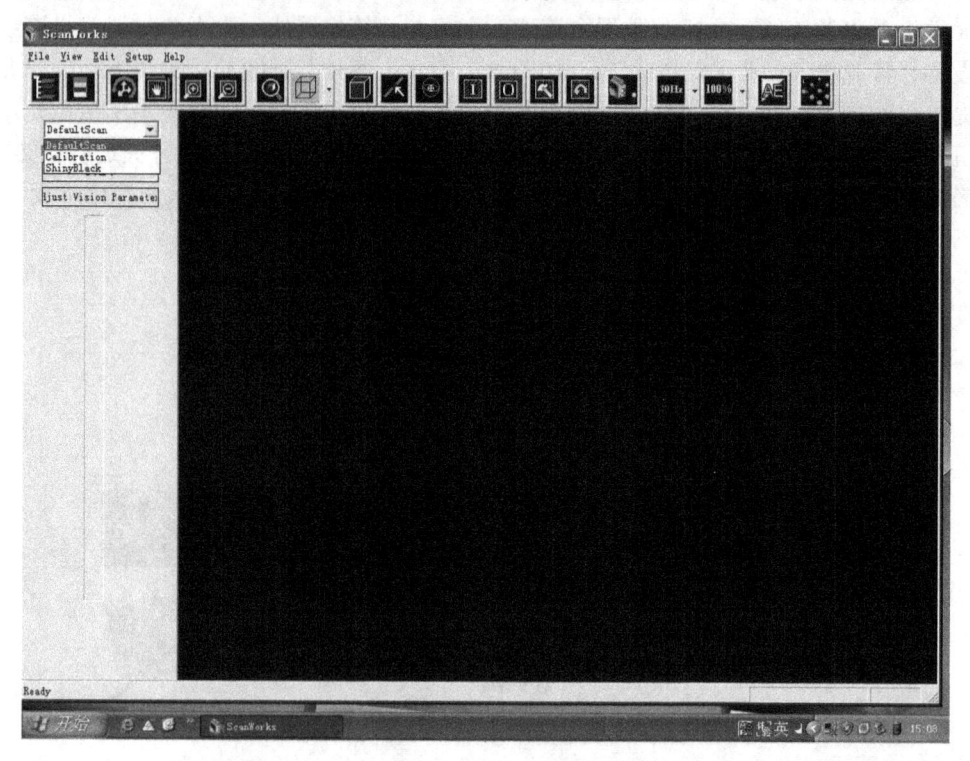

图 5.9 ScanWork 程序初始界面

一般情况下采用默认设置曝光度等参数，选择 DefaultScan 项，进行扫描操作，如图 5.10 所示。单击 DefultScan 项下的 Start 和 Stop，可以启动和停止激光扫描过程，如图 5.11 所示（当启动 Start 之后按钮自动变为 Stop 按钮）。

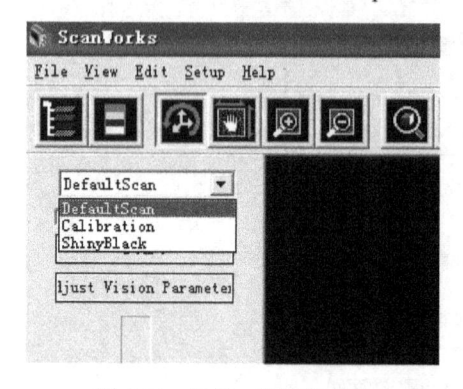

图 5.10 扫描、校准界面

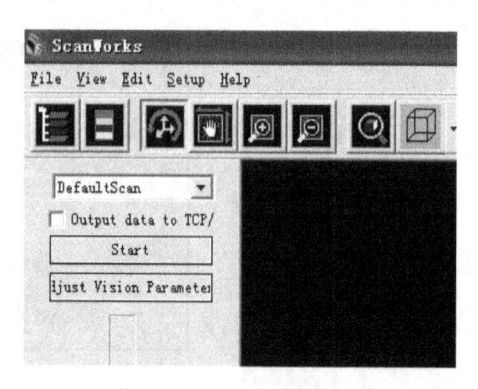

图 5.11 数据扫描开始界面

（5）扫描数据。把模型放置在可扫描范围之内，在扫描过程中不能移动物体，按下红色按钮，激光发射器将发出线激光到物体表面，激光返回到接收器，通过关节臂数据传感器传输数据到数据盒，然后传输到计算机界面，显示扫描的动态实时过程。图 5.12 为 Perceptron V4i 激光参数示意图。在扫描过程中，关节臂的激光发射器与相应零件区域保持在 150 mm 左右，使测量机达到最佳的数据输入状态。如果两者的距离过近或过远，系统将透过范围探测显示和声音来提示，蓝色指示条显示在 2/3 位置为佳，可以根据蓝色指示条位置和发出的声音来调整激光头和物体表面的位置，以得到最佳的扫描效果，如图 5.13 所示。

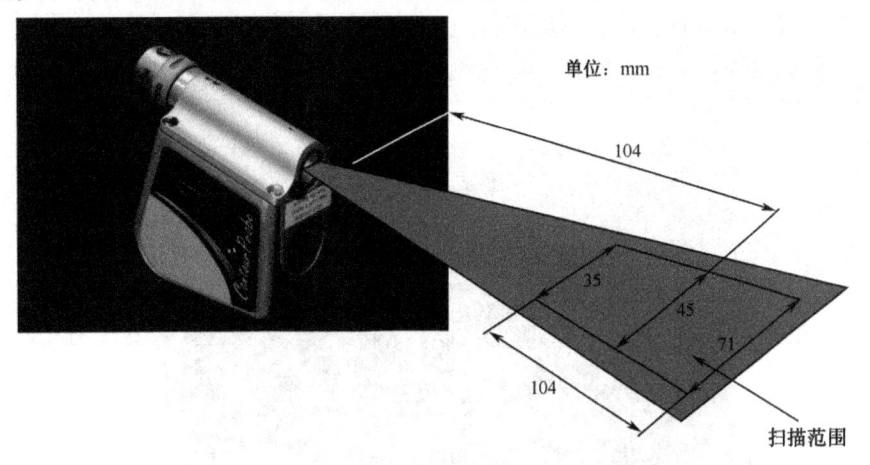

图 5.12　Perceptron V4i 激光参数示意图

扫描数据时一般遵循的原则：沿着特征线走，沿着法线方向扫。从曲率变化较小的面开始，扫描完一个面再转至相邻面。在完成整个零件大部分的数据点后，开始根据动态转动数据检查纰漏后对细节处进行补充扫描。一般需要暂停，查看界面中数据的采集质量，如疏密和完整程度，从各个方位翻转数据，如果有需要追加扫描，就单击 Append 按钮继续扫描，所得到的数据继续追加到前面完成的数据当中。通过在计算机界面显示屏上的观察，根据显示来判断扫描的质量是否符合要求，并且可以针对点云残缺的部分进行进一步的扫描。七自由度关节臂非常灵活，可以从各个角度和方向进行扫描，在扫描范围内的物件表面都能完全被采集。

（6）根据需要保存并输出数据。文档的保存分为四种形式，分别为 bin、swb、swl 和 *xyz* 格式。其中 bin 文件可以导入逆向软件（如 Geomagic studio 或者 Imageware）系统进行处理，*xyz* 坐标文件记录每个点的三维坐标值，可以提供底层数据处理支持。

图 5.13　范围探测显示

5.3 关节臂式测量机激光扫描实训范例

本节的实训案例选用微型摩托车的挡雨盖为对象,如图5.14所示,根据前面介绍的操作流程进行数据采集。

由于摩托车前后挡雨盖属于自由曲面产品,外形复杂而且没有规则,需要使用Infinte关节臂激光扫描设备进行数据采集。按照前面所介绍的操作流程对该模型进行数据采集操作。

(1) 由于模型是塑料制品,表面呈现蓝色,光洁度好,可以采用系统默认配置,塑料材质具有一定的反射效果,可以对模型进行着色处理和配置颜色,也可以不处理表面,但需要清理干净。

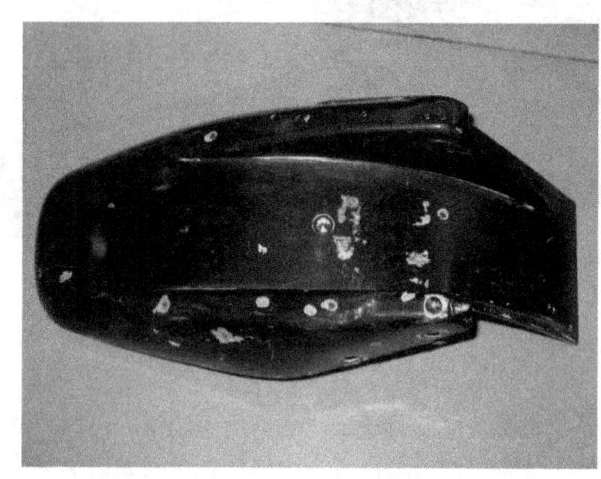

图5.14 微型摩托车挡雨盖模型

(2) 组配并启动Infinite硬件系统。按照5.2节的内容对硬件系统进行组配。用专用数据线将各个部件连接起来,检查各接口连接线路是否正确,设置网络连接的IP,确定连线无误后启动各硬件(主机、数据盒、计算机)开关,数据盒预热后,Ready按钮提示灯闪亮后开启激光器开关。

(3) 启动CimCore Arm Utilities软件,对关节臂进行初始化,转动各个关节直到所有的关节都有正常的响应,预备好可实施扫描的设备环境。

(4) 启动ScanWorks扫描软件并进行数据扫描。对扫描界面进行用户参数设置,如背景颜色设置、激光扫描线颜色设置(采集过程中)、激光扫描线颜色设置(采集之后)、拾取点颜色、阴影颜色、点云显示百分比、单位设置等,如图5.15所示。在软件界面左侧单击Start按钮启动激光扫描器,按动手持部位的红色按钮开始扫描,按照"顺着特征线走,沿着法线方向扫"的原则,从各个角度和方位完成对数据的扫描,一般来说,产品不能一次完成数据的扫描，期间需要暂停，然后继续追加数据。复杂的构件需要转换多个角度来完成数据的采集，然后再使用专业的软件进行数据注册，拼接成一个完整的模型数据。

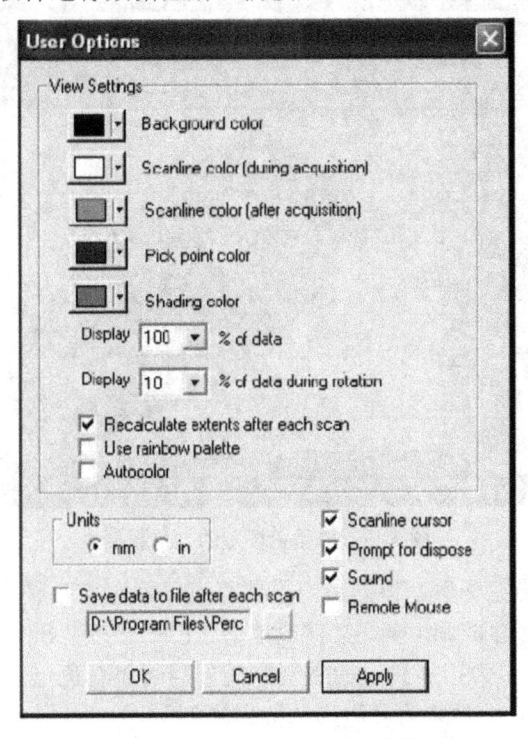

图 5.15　ScanWorks 软件用户参数设置

（5）追加扫描数据。扫描期间有暂停需要时按动红色按钮，检查软件显示区域的数据质量；需要追加数据，单击 Append 按钮，开启追加操作，如图 5.16 所示。此时再次按把手中的红色按钮，追加扫描数据至前面的数据中，直到将数据扫描完毕。

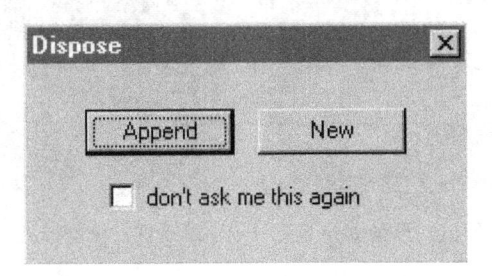

图 5.16　追加扫描操作

（6）结束数据扫描后，一般可以看到扫描过程中会把模型以外的数据也扫描进来，需要进行初步处理，对于多余的体外数据采用指定范围的删除操作，如图 5.17 所示为完整的扫描数据。

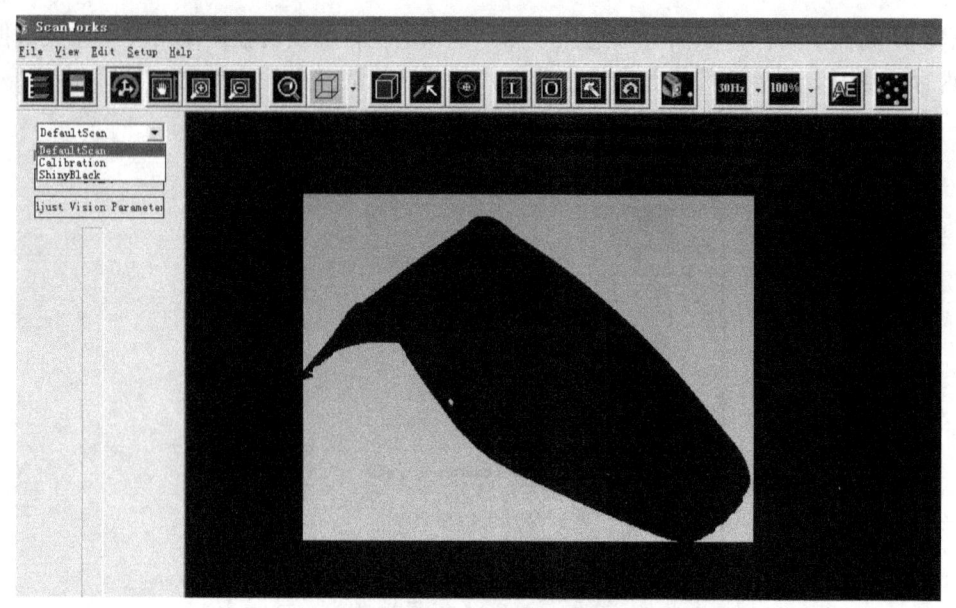

图 5.17 挡雨盖模型的扫描数据

（7）保存文件。扫描完毕后，根据用户需要将点云保存成各种数据格式，一般点云数据需要输入逆向软件，会保存成 bin 格式文件。单击"File"→"Save Facets"，保存文件格式为*.bin 格式。图 5.18 所示为扫描获得的微型摩托车挡雨盖着色点云数据，图 5.19 为在专业逆向软件 Geomagic studio 中封装为多边形的数据模型。

图 5.18 微型摩托车挡雨盖的点云数据 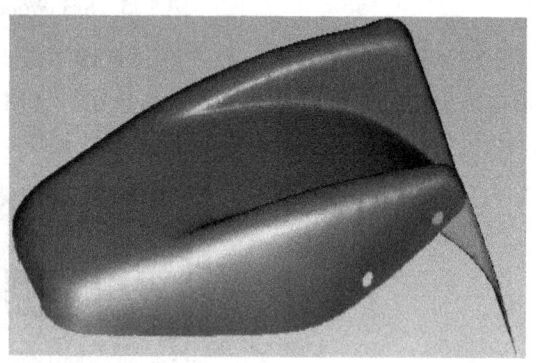　　图 5.19 微型摩托车挡雨盖多边形的数据模型

第 6 章　Imageware 逆向建模

6.1　Imageware 概况

6.1.1　软件简介

Imageware 由美国 EDS 公司出品，是最著名的逆向工程软件，被广泛应用于汽车、航空、航天、消费家电、模具、计算机零部件等设计与制造领域。该软件拥有广大的用户群，国外有 BMW、Boeing、GM、Chrysler、Ford、Raytheon、Toyota 等著名国际大公司，国内则有上海大众、上海 DELPHI、成都飞机制造公司等大企业。

Imageware 作为 UG 软件中专门用于逆向工程设计的模块，具有强大的测量数据处理、曲面造型和误差检测的功能，可以处理几万到几百万的点云数据。

Imageware 开创了自由曲面造型技术的新天地，它为产品设计的每一个阶段——从早期的概念到生产出符合产品质量的表面，直到对后续工程和制造所需的全三维零件进行检测，都提供了全面的解决方法。

Imageware 软件特别适用于以下几个方面。

（1）企业只能拿出真实零件而没有图纸，又要求对此零件进行修改、复制及改型。

（2）在汽车、家电等行业要分析油泥模型，对油泥模型进行修改，得到满意的结果后将此模型的外形在计算机中建立电子样机。

（3）对现在的零件工装等建立数字化图库。

（4）在模具行业，往往需要手工修模，修改后的模具型腔数据必须及时地反映到相应的 CAD 设计中，这样才能最终制造出符合要求的模具。

6.1.2　技术优势

1）为整个创建过程制定流程

Imageware 提供了一个很好的手段来扩展创建流程，用户可以利用熟悉的造型工具进行全新的设计，也可以利用物理模型对已有零件进行再设计。

2）有效地加强产品沟通

利用 Imageware，用户可以在屏幕上动态地研究不同的设计，以达到立即显现设计中所蕴涵的美学和工程信息的目的，同时还可以制定出一个设计方案。

通过实时更新的全彩色三维诊断和云图，可以使在对设计模型进行操作时的设计变化和修改变得很容易。

3）基于约束的造型

通过使用基于约束的造型方法，可以很容易地简化复杂的设计工作。所有的设计变更将实时地得到反映，有助于不同设计方案的评估。

4）扩展了基于曲线的造型

可创建相对更高质量的曲面和 Class A 曲面，直线和平面的无限构造能力有助于新几何体的精确创建。

5）模型的动态编辑

曲率和曲面的评估工具提供实时反馈，用户从一开始就可以创建更好的曲线和曲面，并在更短的时间内创建出更高质量的曲面。

将这些工具的详细反馈和 Imageware 的众多修改工具相结合，可容易地评估和动态地编辑模型并修改有问题的区域。

6）保存数据的兼容性

Imageware 提供了一个无缝的、介于领先的 CAD 系统和 Imageware 内部文件格式之间的中性 CAD 数据交换，它使数字设计能被一直保存下来。

通过提供协调的、直接的数据交换，Imageware 的这些接口避免了由于那些标准文件格式相互转换的许多潜在的错误。

6.1.3 包含的模块

1）基础模块

包含文件存取、显示控制和数据结构等功能。

2）点处理模块

包含处理点云数据的工具，主要功能：由测量设备中读取点云数据、抽样点云、点云排序、点云剖面、增加点云和切割/修剪点云等。

3）曲线、曲面模块

提供完整的曲线与曲面建立和修改的工具，包括扫掠、放样及局部操作用到的倒圆、翻边及偏置等曲面建立命令。几何的编辑可以用多种方法实现，首先就是通过直接编辑曲线及曲面的控制点。

Imageware 曲面模块提供了功能强大的曲面匹配能力，一般用户需要使用高质量的 Bezier 模型（汽车的 Class A 曲面）或高阶次的几何连续，在这个模块里均可实现。

4）多边形造型模块

Imageware 产品针对模型修补、基本特征构建及快速成型应用中对 STL 数据的处理工具，提供了一个综合的工具集。

这些工具通过一个可靠而又高效的方式将产品工程的设计意图传递到最终产品。基于多边形的创建、可视化、修改、布尔运算等工具保证了用户可以高效地从多种数据源中多次使用数据，以获得更加精练的产品设计。

5）检测模块

在作图过程中，常常需要一些检测工具来及时检查所作的图是否正确，Imageware 的检测模块有一个很大的特点，就是可以及时和动态地更新检测值和检测图。通过这个功能，可以很快了解目前所作图形的品质与正确性，若不符合标准可以直接去调整。

6）评估模块

包含定性和定量评定模型总体质量的工具。定量评估提供关于事物与模型精确的数据反馈，定性评估强调评价模型的美学质量。

6.2　Imageware 处理流程

Imageware 遵循了由点→线→面的数据处理流程，简单清楚，易于掌握。具体流程如图 6.1 所示。

1. 点处理阶段

1）点云信息和显示

当导入一个点云文件时，通常第一步是查看点云的对象信息，以获取一些相关的资料，比如点云数量，坐标等。

点云的显示有以下几种：以离散方式显示点云（Scatter），以折线方式显示点云（Polyline），以三角网格显示点云（Polygon Mesh），以三角网格的平光着色方式显示点云（Flat Shade）和以三角网格的反光着色方式显示点云（Gouraud Shade）。

2）去除跳点和噪声点

通常在对象表面数字化过程中，不可避免受到一些因素的干扰，产生杂点。对于大量的杂点，可用肉眼观察，然后通过 Circle-Select Points 的框选功能将其删除；对于少量的杂点可用 Pick Delete Points 命令逐个删除。

为保证结果的准确性，需要对点云进行判断，去除噪声点。方法有两种：点云平均和点云过滤。

3）对齐

通常通过扫描仪得到的点云数据，其坐标系与 Imageware 中的坐标系不一致，给点云后续处理工作带来麻烦，或者由于某些扫描仪不能一次获得一件物体各个面的点云数据，读入的文件为该物体各个侧面的点云数据，这时需要将点云数据对齐，以获得完整的点云数据。对齐的方法有 3-2-1 法、交互法、混合法、约束的混合法、逐步法、最佳拟合法、约束的最佳拟合法等。

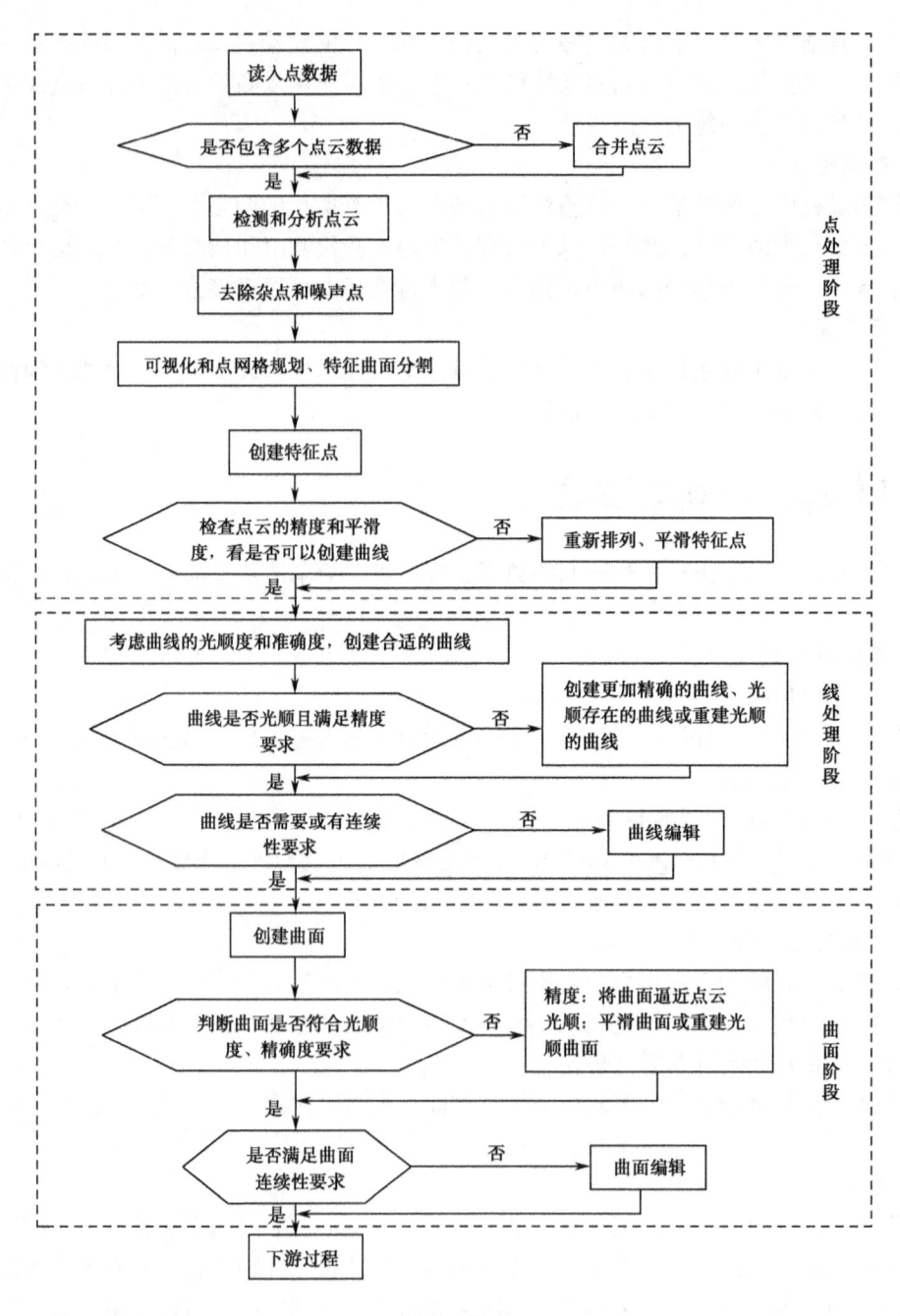

图 6.1　Imageware 数据处理流程图

4）采样

对目标点云进行采样可以适当降低其数据点的数量，提高计算机计算速度。采样方法有平均采样、弦高采样和距离采样等。

5）特征提取

特征提取方法包括弦偏差法、弦偏差采样和基于弦偏差的特征抽取。弦偏差用于识别具有高曲率的特征数据点，弦偏差采样通过减少数据点来修改激活的点云，基于弦偏差的特征抽取与弦偏差采样相同，但是产生一个新的点云。

2．线处理阶段

Imageware 软件中的曲线主要用 NURBS 表示，同时还包括 B-Spline 等，定义一条曲线的元素包括方向、节点、跨距、起始端点、控制点和阶次等。

1）创建曲线

创建曲线不需要其他元素作为基础，可通过 Imageware 本身具有的功能直接新建曲线，如折线、B 样条曲线和 NURBS 曲线等三维样条线，以及直线、圆、圆弧、长方体、椭圆等基本二维曲线。

2）构造曲线

构造曲线则是基于一定的实体类型来生成曲线，如由点云拟合曲线，由曲面析出曲线等。构造方法有拟合自由形状曲线、指定公差的拟合曲线、基本拟合曲线、基本构造曲线、基本曲面构造曲线等。由点云拟合曲线通常采用下面三种方式，它们分别是均匀曲线、基于公差的曲线拟合和插值曲线。这三种曲线构造方式的比较见表 6.1。

表 6.1 三种曲线生成方法比较

曲线类型	精确度	光顺	参数分布
均匀曲线	有一定的精度，曲线通过点云数据的平均位置	可以调节使曲线达到最佳光顺的控制点	控制点在空间上平均分布
基于公差拟合曲线	可以控制曲线的误差，曲线与点云的偏差不会超过用户指定的公差范围	允许在偏差范围内控制曲线光顺	具有节点和控制点，所以其精确度和光顺度是最佳的
插值曲线	百分百精确，曲线通过每一个点	只能和数据一样光顺	点云上的每个点在曲线上都有一个对应的控制点

3）曲线分析和诊断

曲线分析主要包括控制点分析、曲率分析和连续性分析。曲线诊断包括曲线-点之间和曲线-曲线之间的诊断，可以检测曲线和点或曲线和曲线之间的差异，参数设置包括公差、最大距离和最大角。

4）曲线编辑

曲线编辑操作有合并曲线、曲线修整、曲线重新参数化、曲线修改、曲线查询和曲线延伸等。

3. 曲面阶段

Imageware 软件中的曲面主要以 NURBS 表示,定义曲面的参数包括正负法矢、UV 方向、节点、跨距、控制点、阶次及剪裁恢复性质等。

1）曲面的显示

曲面的显示方式有曲线网格、光滑阴影、高中低分辨率。

2）曲面构建

曲面构建方式主要有四种：直接构建基本曲面、基于曲线的曲面构建、基于测量点直接拟合的曲面构建和基于测量点和曲线的曲面构建。

（1）直接构建基本曲面　通过此命令，可以直接在 Imageware 中创建平面、圆柱面、圆锥面和球面等一般解析曲面。

（2）基于曲线的曲面构建　由曲线构建曲面有两种方式：一种是通过指定构成曲面的四条边界线来构建曲面；另一种是由曲线通过特定的路径生成曲面，常见的有扫掠、旋转、拉伸等。

（3）基于测量点直接拟合的曲面构建　Imageware 提供由点云直接拟合曲面的一系列功能，包括均匀曲面、由点云构建圆柱面、插值曲面、平面及其他基本曲面。

（4）基于测量点和曲线的曲面构建　可以根据点云和指定的四条边界线来创建一个 B 样条曲面。

几种常用曲面构建方式及其适用情况见表 6.2。

表 6.2　曲面构建常用方式

曲面构建方式	理想模型特征	构建需求
边界曲面	形成 U、V 边界的交互曲线	四条形成封闭区域的曲线
U、V 方向曲线网格混合曲面	形成两条或两条以上的 U、V 边界的交互曲线	曲面 U、V 方向上的两条或两条以上的平行曲线
用曲线和点云拟合曲面	边界曲面和内部点云	四条形成四边封闭区域的曲线和区域内的单值点云
放样曲面	相同方向并接近平行的一组曲线	两条或两条以上的曲线沿曲面的 U、V 方向
扫掠曲面	生成曲线沿着路径曲线形成的曲面	两条定义曲面 U、V 方向的曲线
拉伸曲面	一条外形曲线沿拉伸方向形成曲面	一条曲线和拉伸方向
旋转曲面	外形曲线绕旋转轴旋转生成曲面	一条外形曲线和一根旋转轴
均匀曲面	平滑渐变的一片点云	单值点云

3）曲面编辑

曲面编辑包括曲面偏移、剪断、分割、修整、修改、合并、剪切，曲率半径计算，显示控制点网格，识别轮廓形状、缺陷的横切面图等。

4）曲面的分析和检测量

曲面分析是一个很关键的技术，包括曲面控制点、曲面连续性等。曲面检测包括曲面和点云，曲面和曲面间的差异检测。

6.3 Imageware 逆向建模实训范例

下面通过对鼠标外形进行反求重构的例子，简要说明 Imageware 中如何从点到线到面重构模型曲面。通过对鼠标点云形状的观察，确定对其进行建模的总体思路可以分为侧面、底面及顶面三部分。首先分别提取这三部分点云，根据其特点，分别采用合适的曲面建模方法对其进行拟合，然后对曲面进行延伸、修剪与创建倒角等操作，形成完整的曲面模型。

第一步：重构鼠标侧面。思路为首先创建侧面的截面点云，然后拟合出截面线，通过扫掠形成曲面。具体方法如下所述。

（1）打开鼠标点云，通过 File Management→Object Information，获取点云的相关信息，包括点云数量和坐标信息等。

（2）调整点云视图，通过 Construct→Cross Section→Cloud Interactive，创建侧面的截面点云；这里点云与 Imageware 中坐标系已经对齐，通过快捷键 F1～F8，可以快速调整点云视图，使其底面点云与坐标平面平齐。作截面线时按住 Control 键，可以作一条水平或竖直的截线来选取截面点云，如图 6.2 所示。

（3）通过 Modify→Extract→Circle Select Points，选择并删除一些不需要的杂点；杂点的存在会给拟合曲线带来很大干扰，可以通过肉眼观察并手动删除。选择时注意点选需要保留的点，如图 6.3 所示。

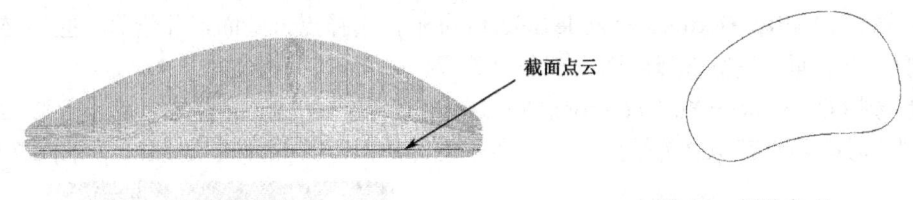

图 6.2　创建截面线

图 6.3　删除杂点

（4）选择 Construct→Curve From Cloud→Uniform Curve，创建截面线，如图 6.4（a）所示。为了获得最佳光顺度的曲线，选择均匀曲线的拟合方式。闭合曲线拟合时需要勾选 Closed Curve，手动调整 Span（s）的数量以获得最佳曲线，如图 6.4（b）所示。

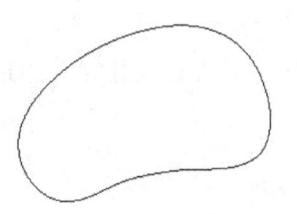

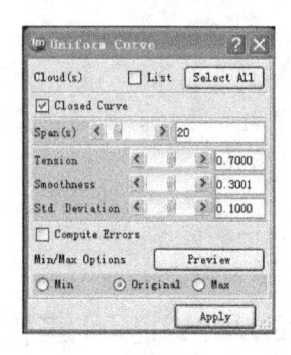

(a) 曲线拟合结果　　　　　　　　　　　(b) 参数设置

图 6.4　拟合均匀曲线

（5）选择 Construct→Swept Surface→Extrude in Direction，拉伸得到鼠标侧面，如图 6.5（a）所示。对齐后的点云，只需选择与拉伸方向一致的坐标轴，通过 Model 预览，并设置 Distance 来调整拉伸长度即可，如图 6.5（b）所示。

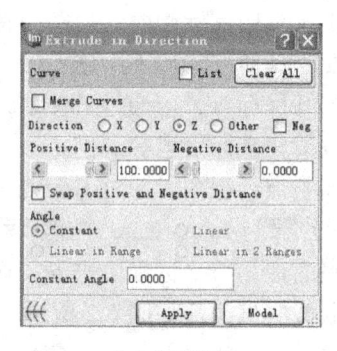

(a) 曲面拉伸结果　　　　　　　　　　　(b) 参数设置

图 6.5　拉伸曲面

第二步：重构鼠标底面。思路为提取底面点云，拟合成平面，并延伸使其与侧面相交。

（1）通过 Modify→Extract→Circle Select Points，选择点云底面，并删除一些不必要的杂点。对于拟合平面，只需选择底面上部分点就行，如图 6.6 所示。

（2）选择 Construct→Surface From Cloud→Fit Plane，创建一个平面。对于已知为平面的点云，拟合时必须将其拟合为平面，不能通过均匀曲面等其他方式来拟合，如图 6.7 所示。

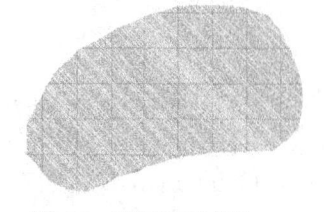

图 6.6　选取底面点云 　　　　　　　　　图 6.7　拟合底面

（3）选择 Modify→Extend，选取刚创建好的平面进行延伸，使其与上一步创建好的侧面相交，如图 6.8 所示。

第三步：创建鼠标顶部自由曲面。思路为提取顶面点云，拟合成自由曲面，通过检测精度调整控制点，得到满意的曲面，再延伸使其与侧面相交。

（1）通过 Modify→Extract→Circle Select Points，选择点云顶面，并删除一些不必要的杂点，如图 6.9 所示。

图 6.8　延伸曲面　　　　　　　　图 6.9　选取顶部点云

（2）选择 Construct→Surface From Cloud→Uinform Surface，创建均匀的自由曲面，如图 6.10 所示。

（3）选择 Evaluate→Control Plot，得到曲面的控制点，如图 6.11 所示。

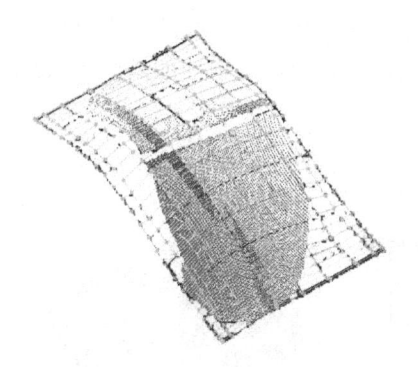

图 6.10　拟合自由曲面　　　　　　图 6.11　创建曲面控制点

（4）选择 Measure→Surface to→Cloud Difference，查看曲面与点云之间的误差，如图 6.12（a）所示。误差图显示方式有三种，根据需要可具体选择，如图 6.12（b）所示。

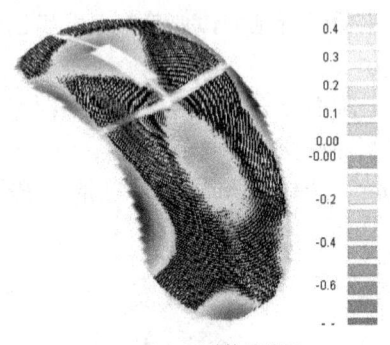

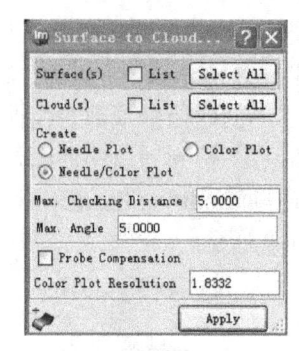

(a) 误差检测结果　　　　　　　　　　　　(b) 误差显示设置

图 6.12　误差检测

（5）通过 Modify→Control Points，调整控制点，以获得相对整齐精确的网格面。调整曲面时，可以勾选动态显示误差变化 Dynamic Update，即每调整一次控制点，误差也随之变化，但计算机也计算一次，影响调整效率，建议最好不要勾选，等全部调整完后再进行误差检测。

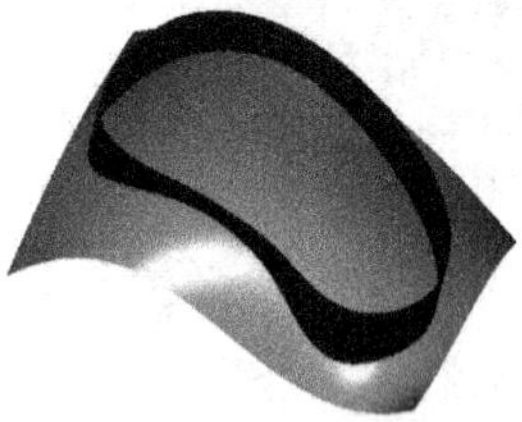

图 6.13　延伸曲面

（6）重复步骤（4）和（5），得到最终满意的曲面。

（7）选择 Modify→Extend，延伸曲面，使其与第一步创建的鼠标侧面相交，如图 6.13 所示。

第四步：添加倒角，修剪鼠标顶面和侧面。思路为创建顶部自由曲面和侧面之间的倒角，并由倒角与顶面的交线，修剪顶面。同理再修剪侧面。

（1）通过 Construct→Fillet→Surface，分别选择顶面与侧面，创建倒角，如图 6.14（a）所示。倒角直径可在 Base Radius 中直接输入。两个相交曲面间的倒角根据位置不同，有四种倒角方式，可以通过勾选曲面后面的 Reverse 选项来进行调整，如图 6.14（b）所示。

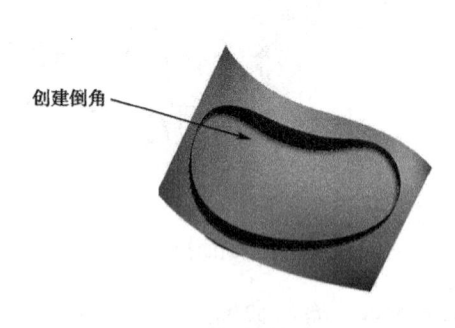

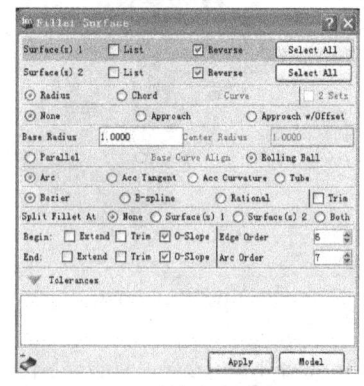

(a) 创建倒角　　　　　　　　　　　　(b) 倒角方式设置

图 6.14　创建曲面倒角

（2）通过 Modify→Trim→Trim w/Curves，选择倒角与顶面交线来修剪曲面，如图 6.15（a）所示，修剪后的结果如图 6.15（b）所示。

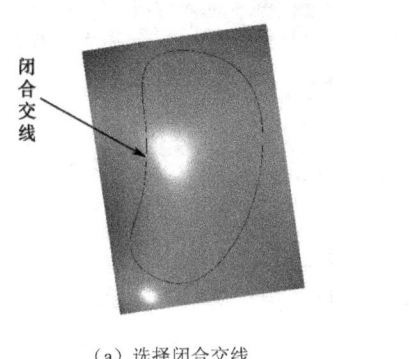

（a）选择闭合交线 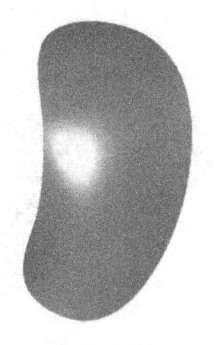　　　　　　　　（b）修剪后曲面

图 6.15　修剪曲面

（3）通过 Modify→Snip→Snip Surface，首先选择顶面与侧面之间的闭合交线，如图 6.16（a）所示，通过交线分割并除去不要的曲面部分，如图 6.16（b）所示。

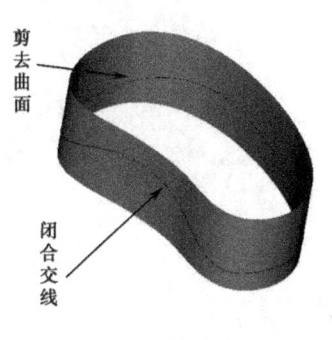

（a）选择交线 　　　　　　　　　　（b）分割后曲面

图 6.16　分割曲面

第五步：修剪鼠标侧面和底面。思路是由侧面和底面作相交线，由交线分别对侧面和底面进行修剪，得到最终结果，最后进行误差检测。

（1）通过 Construct→Intersection→With Surfaces，创建侧面与底面的交线，如图 6.17（a）所示。作交线时需要点选曲面/曲面的相交方式，误差可在 Curve Fitting Tolerance 中输入，如图 6.17（b）所示。

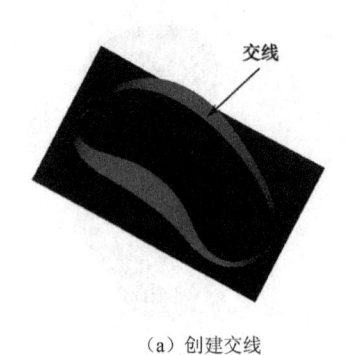

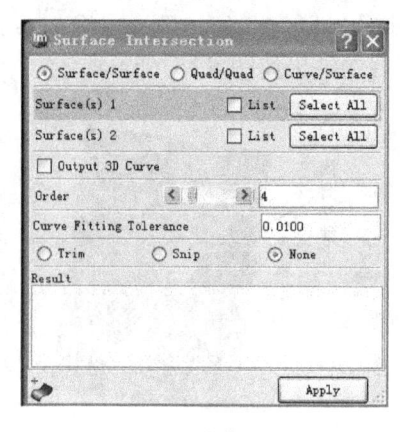

(a)创建交线　　　　　　　　　　(b)参数设置

图 6.17　创建相交曲线

（2）通过 Modify→Trim→Trim w/Curves，首先选择底面与顶面的闭合交线，如图 6.18（a）所示，通过交线来修剪底面，结果如图 6.18（b）所示。

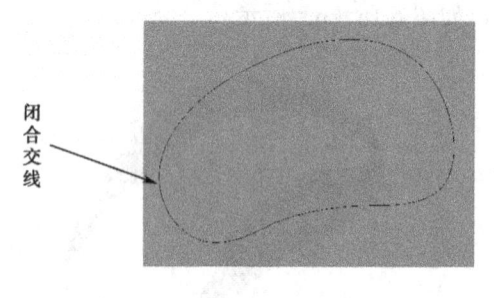

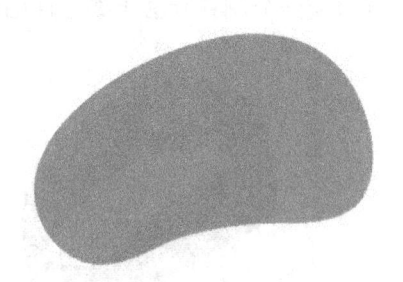

(a)选择闭合交线　　　　　　　　　(b)修剪后曲面

图 6.18　修剪曲面

（3）通过 Modify→Snip→Snip Surface，首先选择侧面与底面之间的闭合交线进行分割，如图 6.19（a）所示，并通过分割线除去不要的曲面部分，如图 6.19（b）所示。

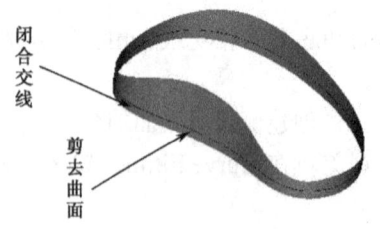

(a)构造分割线　　　　　　　　　(b)分割后曲面

图 6.19　分割曲面

（4）通过 Measure→Surface to→Cloud difference，查看曲面与点云之间的误差。整体误差检测时注意把所有已经创建的曲面（如图 6.20（a）所示）和原始点云都显示出来，结果如图 6.20（b）所示。

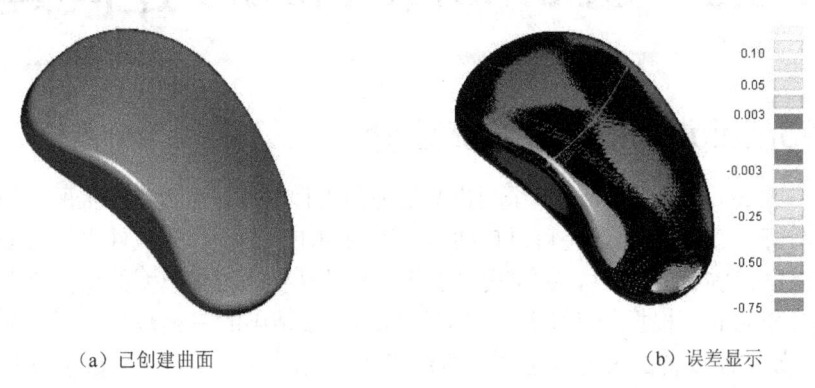

（a）已创建曲面 （b）误差显示

图 6.20　误差检测

（5）如果需要误差报告，可以在误差显示对话框中选择 Report，在弹出的对话框 Report File Setting 中进行相关的设置，最后导出 PDF 格式的误差检测报告文件，如图 6.21 所示。

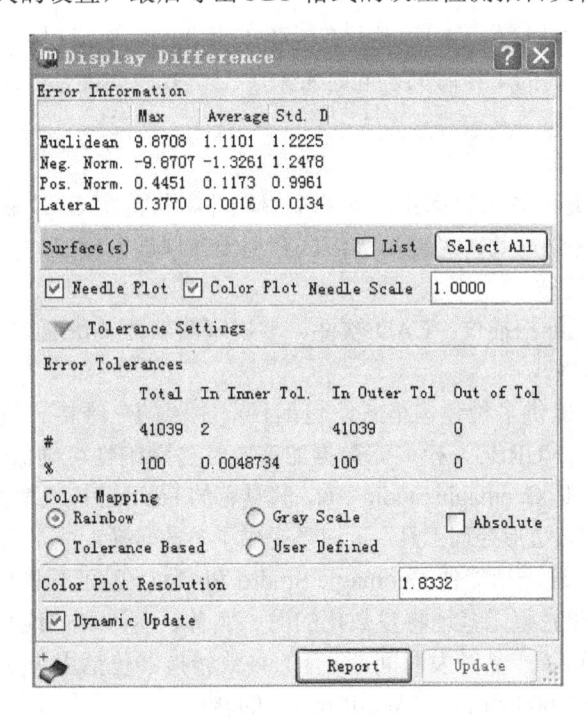

图 6.21　误差检测报告

第 7 章 Geomaigc Studio 逆向建模

7.1 Geomaigc Studio 系统简介

Geomagic Studio 是由 Geomagic 公司出品的逆向工程软件，可以从扫描所得的点云数据创建出完美的多边形模型和网格，并可以自动转换为 NURBS 曲面。该软件也是除 Imageware 以外应用最为广泛的逆向工程软件，并可提供实物零部件转化为数字模型的完全解决方案。

Geomagic Studio 可根据任何实物、零部件自动生成精确的三维数字模型，为新兴技术应用提供选择，如定制设备的大批量生产、即定即造的生产模式及无任何数字模型零部件的自动重建。此外，新开发的 Fashion 模块采用全新的构造曲面方法，大大提升了曲面生成质量。Geomagic Studio 已广泛应用于汽车、航空、制造、医疗建模、艺术和考古领域。

Geomagic Studio 具有以下特点。

1）简化工作流程

Geomagic Studio 软件简化了初学者及有经验工程师的工作流程。自动化的特征和简化的工作流程减少了操作人员的工作时间，同时带来了工作效率的提升，避免了单调乏味、劳动强度大的任务。

2）提高生产率

Geomagic Studio 是一款可提高生产率的实用软件。与传统 CAD 软件相比，在处理复杂的或自由曲面的形状时生产效率可提高数倍，有利于实现即时定制生产。

3）兼容性强

可与所有的主流三维扫描仪、CAD 软件、常规制图软件及快速制造系统配合使用。

4）支持多种数据格式

Geomagic Studio 提供多种建模格式，包括目前主流的三维格式数据：点、多边形及非均匀有理 B 样条曲面（NURBS）模型。数据的完整性与精确性可确保生成高质量的模型。

本章中使用的版本是 Geomagic Studio 10x，其具有的 Fashion 模块增强了功能强大的曲面处理功能，也改进了点和多边形处理工具，同时还提供了参数转换功能。主要改进包括如下所述。

（1）参数转换器：这一功能使 Geomagic Studio 和 CAD 之间不需要任何的中间文件（如 IGES 或 STEP），便能完整无缝地将参数化的面、实体、基准和曲线从 Geomagic Studio 传输到 CAD 软件中，缩短了产品开发时间。现有的参数转换器包括用于 SolidWorks 2008/2009、Autodesk Inventor 2008/2009 和 Pro/E Wildfire 3/4 的转换。

（2）自动曲面延长和裁剪功能：在相邻的曲面之间创造极佳的尖锐边缘，在 CAD 中使操作边缘和曲面更快速简单。无须在三角网格面阶段作出尖角（或锐边），在作面时直接获得尖角（或锐边），可以节省很多时间。

（3）改进的注册算法：改进的注册算法能从扫描数据中获得更精确的扫描点云，得到更精确的数字化模型结果。当用于拼接的扫描数据有很多重叠，在单个区域有多层数据时，此算法可拼接结果，获得理想的效果。

（4）多边形简化新方法：更有效地利用多边形，产生数据虽少但是依然精确的多边形模型。更多的三角网格面保留在高曲率区域（圆角和拐角等），同时小曲率区域（平坦区域）使用很少的三角网格面。

7.2 Geomaigc Studio 操作流程、目标及功能

Geomagic Studio 软件中完成一个 NURBS 曲面的建模需要三个阶段的操作，分别为点阶段、多边形阶段、曲面阶段（包含形状模块/Fashion 模块）。点阶段的主要作用是对导入的点云数据进行预处理，将其处理为整齐、有序及可提高处理效率的点云数据；多边形阶段的主要作用是对多边形网格数据进行表面光顺与优化处理，以获得光顺、完整的三角面片网格，并消除错误的三角面片，提高后续的曲面重建质量；曲面阶段分为两个模块：形状模块和 Fashion 模块。形状模块的主要作用是获得整齐的划分网格，从而拟合成光顺的曲面；Fashion 模块面的主要作用是分析设计目的，根据原创设计思路对各曲面进行定义曲面特征类型并拟合成准 CAD 曲面。图 7.1 是主要的操作流程及目标。

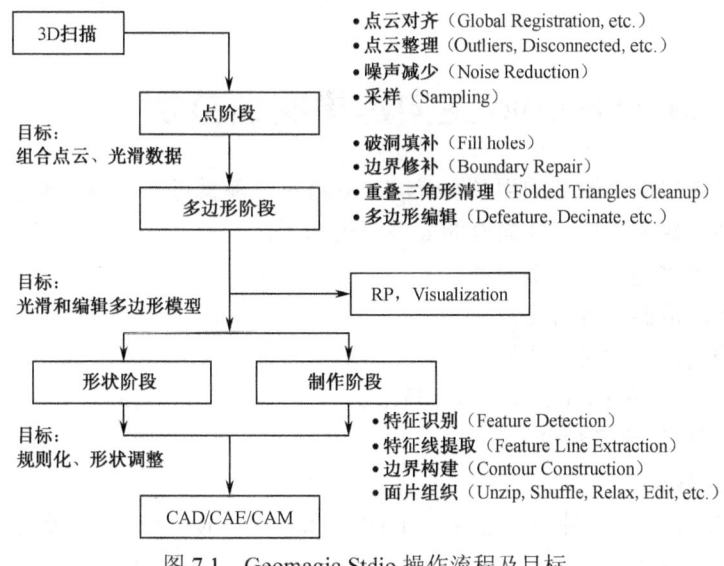

图 7.1 Geomagic Stdio 操作流程及目标

以下是对四个阶段所实现功能的简介。

1）点阶段
- 以各种格式（ASCII，TXT，IGES，etc.）载入现有点云；
- 以多种方式对点进行采样；
- 减少噪声。

2）多边形阶段
- 基本的多边形编辑工具；
- 多种边界修补工具；
- 基于曲率的孔填充；
- 加厚和偏移多边形模型。

3）形状阶段
- 自动探测轮廓线；
- 构造曲面片；
- 自动 U、V 参数化；
- 曲面片编辑和合并工具；
- 输出多种三维格式文件。

4）Fashion 阶段
- 自动探测区域；
- 曲面区域的自动分类或者手动分类；
- 提取裁剪或者未裁剪曲面；
- 输出多种三维格式文件。

7.3 Geomaigc Studio 逆向建模实训范例

为了让读者更好地了解及应用 Geomagic Studio 的建模过程，本节通过一个机械零件外壳的点云讲解整个建模流程，其简要的处理流程如下：

（1）从点云中重建三角网格曲面。
（2）对三角网格曲面编辑处理。
（3）模型分割，参数化分片处理。
（4）栅格化并 NURBS 拟合成 CAD 模型。

1．点阶段操作说明及命令

1）导入点云数据

Geomagic Stdio 支持多种导入格式，如 stl、asc、txt、igs/iges 等多种通用格式。

单击"文件"→"打开"，选择点云文件的位置，将点云进行着色，以便于更直观地观察，点云数据如图7.2所示。

2）去除噪点或者多余点云

由于扫描仪的技术限制及扫描环境的影响，不可避免地带来多余的点云或噪点，可手动选择这些点云进行删除，也可以执行命令"体外孤点"或在"非连接项"中选择尺寸上限对多余点进行删除。

单击"编辑"→"选择工具"→"套索"，对模型主体以外部分的多余点云手动删除。单击"点"→"减少噪声"，"参数选择"单选"棱柱形（积极）"，"平滑级别"滑动块选择中间，单击"应用"按钮，完成后单击"确定"按钮。

3）数据采样

如果从扫描仪中得到的原始点云数据很大，为提高效率，可以对点云数据进行采样。

系统显示当前点的数目是"888，219"，为了提高系统的处理效率，对点云数据进行采样。Studio 提供四种采样方式：曲率采样、等距采样、统一采样、随机采样。其中曲率采样是根据模型的表面曲率变化进行不均匀的采样，即对曲率变化越大的区域采样较多的点，曲率变化小的区域采样较少的点，这样不仅可以提高处理效率，同样可以更好地表达数据模型。

单击"点"→"曲率采样"，"百分比"填入数字"25.0"，即采样25%的点。采样完成后的点云数据是"222，055"。采样完成的点云数据如图7.3所示。

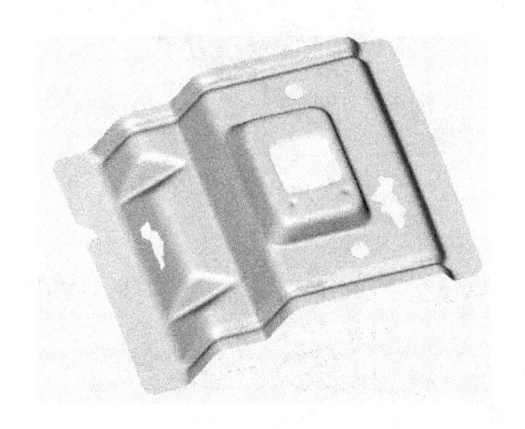

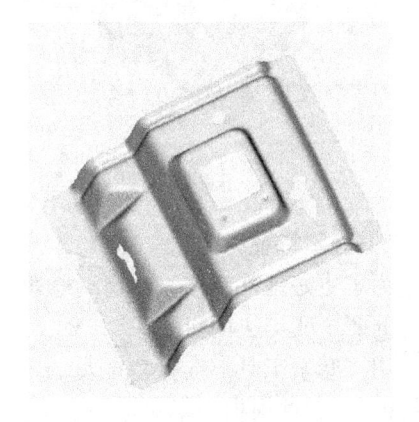

图7.2 导入的点云数据　　　　　　　图7.3 采样25%的点云数据

4）封装三角形网格

以三角形网格的形式铺满整个模型表面，模型从点处理模块进入多边形处理模块。

单击"点"→"封装"，"封装类型"选择"曲面"，"噪声的降低"选择"中间"，Step3已经采样过了，所以不需要重复采样；"目标三角形"数目一般是点数目的1/2，所以填入"111，000"；勾选"保持原始数据"和"删除小组件"，完成后单击"确定"按钮，如图7.4所示。

2. 多边形阶段操作说明及命令

封装三角形网格完毕后,系统自动转入多边形阶段。

1)填充内、外部孔

在多边形阶段,首先是完整化模型,该模型的内部有两个缺失的数据及边界部分有一个缺口,使用"填充孔"命令可对孔进行曲率填充,从而得到与周围点云数据比较好的连接效果。

单击"多边形"→"填充孔","填充方法"选择"填充",并勾选"基于曲率的填充",移动鼠标选择内部孔的边界,单击鼠标左键,软件自动填充;"填充方法"选择"填充部分的",首先定义外部孔的位置,在模型上单击边界缺口的一端定义"第一个点",单击边界缺口的另一端定义"第二个点",单击缺口的内部边界定义"第三个点",完成后单击"确定"按钮。完成填充命令后的模型如图 7.5 所示。

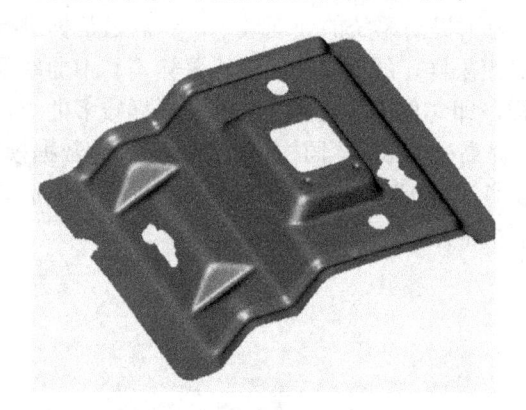

图 7.4　封装后模型　　　　　　　图 7.5　完成填充后的模型

2)去除特征

为了更好地建立模型或者对模型改进,可去除模型中部分特征,本次处理是去掉中间方孔旁的两个凹进去的点。

用"套索工具"选择特征及周围部分,注意不要选到边界部分,单击"多边形"→"去除特征",软件根据曲率对选中的部分进行特征消除,如图 7.6 所示。

3)拟合两个圆孔

对于比较规则的特征(比如孔或者圆柱)可直接拟合,此模型中有两个圆孔,可使用"创建/拟合孔"命令进行拟合,注意在拟合之前整理圆孔的边界,使之变得光顺而有利于圆孔的拟合。

单击"边界"→"创建/拟合孔",选择"拟合孔",半径设为"6.5mm",勾选"调整法线"和"切线投影"(有利于观察拟合效果),单击"执行"按钮完成后单击"确定"按钮,拟合后的圆孔如图 7.7 所示。

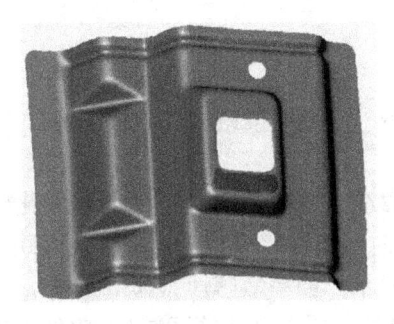

图 7.6 消除特征后的模型　　　　　　　图 7.7 拟合后的圆孔

4）松弛和编辑边界

一般原始点云数据的边界是不规则的，可使用相关边界编辑命令光顺边界。

单击"边界"→"松弛"，用鼠标左键单击选择整个外边界，单击"执行"按钮，完成后单击"确定"按钮；单击"边界"→"编辑"，用鼠标左键单击选择整个外边界，系统显示控制点数目为"320"，减少控制点数为原数目的1/3（即"100"），单击"执行"按钮，完成后单击"确定"按钮，如图 7.8 所示。

5）砂纸以及松弛

"砂纸"命令可进行局部松弛，"松弛"命令可进行整体松弛，先进行局部松弛然后进行整体松弛可获得较好的模型表面。

单击"多边形"→"砂纸"，"操作"选择"松弛"，选择合适强度，长按鼠标左键在模型表面进行打磨；单击"多边形"→"松弛"，"平滑级别"滑动至中间，"强度"选择"最小值"，勾选"固定边界"，单击"应用"按钮，完成后单击"确定"按钮。

6）删除钉状物、清除及修复相交区域

由于通常会存在多余的、错误的或表达不准确的点，因此，由这些点构成的三角形也要进行删除或其他编辑处理，进一步对模型表面进行光顺处理。

单击"多边形"→"删除钉状物"，"平滑级别"滑动至中间，单击"应用"按钮后单击"确定"按钮；单击"多边形"→"清除"，勾选"平滑"，单击"确定"按钮；单击"多边形"→"修复相交区域"，系统显示"没有相交三角形"，最终处理完成的效果如图 7.9 所示。

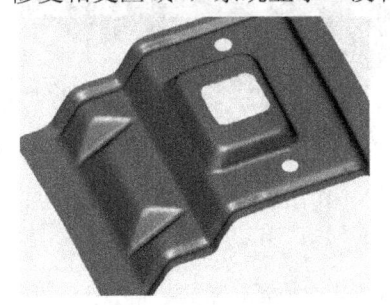

图 7.8 平顺边界　　　　　　　图 7.9 最终处理完成的效果

3. 曲面阶段（形状模块）操作说明及命令

1）进入曲面阶段

单击"编辑"→"阶段"→"形状模块"，单击"确定"按钮进入形状模块。

2）探测轮廓线

对模型曲面进行轮廓探测以获得该模型的轮廓线，首先探测到模型曲率变化较大的区域，通过对该区域中心线的抽取，得到轮廓线，同时轮廓线将模型表面划分为多块面板。

单击"轮廓线"→"探测轮廓线"，软件自动显示"曲率敏感性"为"70.0"，分隔符敏感度为"60.0"，最小区域为"237.3"，使用默认参数，单击"计算区域"，软件根据模型表面曲率变化生成轮廓区域，可在自动生成的轮廓区域的基础上进行增加、去除或者修复等编辑，同时勾选"曲率图"对手动编辑进行参考。探测轮廓线的效果如图7.10所示，单击"抽取"按钮完成后单击"确定"按钮。

3）编辑轮廓线

自动生成的轮廓线往往难以达到要求，需要操作人员对轮廓线进行手动编辑。

单击"轮廓线"→"编辑轮廓线"，在"转换"一栏设置"段长度"为"8.28mm"，勾选"均匀细分"，单击"细分"完成后单击"确定"按钮；"操作"一栏出现8个命令：绘制、抽取、松弛、分裂/合并、细分、收缩、修改分隔符、指定尖角轮廓线。绘制是手动绘制轮廓线，抽取是根据分隔符生成轮廓线，松弛是自动调整轮廓线的位置，如果增加或者去除轮廓线必须要修改分隔符，避免产生错误。在以上命令操作的同时，可勾选"分隔符"、"曲率图"和"共轴轮廓线"进行参考，或者指定轮廓线的同时按住Shift键查看曲率变化。该项操作最终是获得符合表面轮廓及平顺的轮廓线。完成后单击"检查问题"按钮，对出现的问题进行解决，直至出现的问题数为0后单击"确定"按钮完成。修改后的轮廓线如图7.11所示。

图7.10 探测轮廓线　　　　图7.11 生成轮廓线

4）延伸轮廓线并对延伸线进行编辑

延伸线根据轮廓线生成，延伸线在模型表面所占的区域即为曲面之间的过渡区域，使轮廓线所划分的各块面部相互连接，形成一个完整的曲面形状。

单击"轮廓线"→"细分/延伸轮廓线"，选择"延伸"后单击"全选"，单击"延伸"完成后单击"确定"按钮退出。延伸线如图 7.12 所示。单击"轮廓线"→"编辑延伸线"，可通过"编辑"、"松弛"、"弹力曲线"和"切面曲线"生成的延伸线进行编辑、修改，同时可勾选"分隔符"、"曲率图"、"共轴轮廓线"、"交叉标记"或者"彩色延长线"进行参考。因为延伸线所占的区域是生成的 NURBS 曲面之间的过渡面，所以获得的延伸线必须与轮廓线平顺贴切。完成之前单击"检查问题"按钮直至出现的问题数目为 0，单击"确定"按钮退出。

5）构造曲面片

根据划分完毕的轮廓线内的区域铺设曲面片。

单击"曲面片"→"构造曲面片"，"曲面片计数"可选择"自动估计"、"使用当前细分"和"指定曲面片计数"，此模型选择"使用当前细分"，可根据延伸线的细分情况构造曲面片，延伸线编辑越好得到的曲面片分布越好。

6）移动面板

根据轮廓线划分的区域称为面板，移动面板命令有助于使构造的曲面片根据曲面的形状划分均匀，从而可得到更光顺的曲面。

单击"曲面片"→"移动"→"面板"，首先根据面板形状按顺序进行"定义"，当出现路径不对称的情况，可选择"添加/删除两条路径"进行增加或者减少；可供选择的面板类型有格栅、条、圆、椭圆、套环及自动探测，为了更准确地表达曲面，在构造曲面片时尽量使面板定义在前五种定义范围之内。本节范例可选择从一侧至另一侧的顺序进行定义。当对边路径相等后单击"执行"按钮，完成后单击"下一个"按钮进行下一面板的定义。对于部分区域产生交叉或者不符合要求的面板可使用"松弛曲面片"、"编辑曲面片"修复曲面片的铺设效果。图 7.13 所示为均匀铺设曲面片的模型。

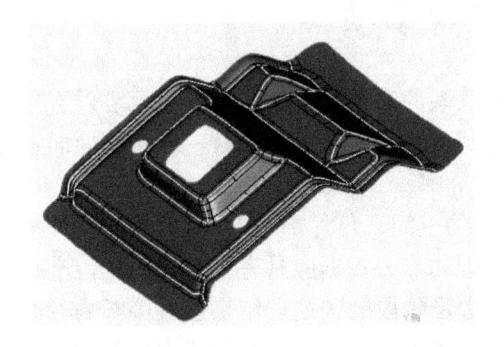

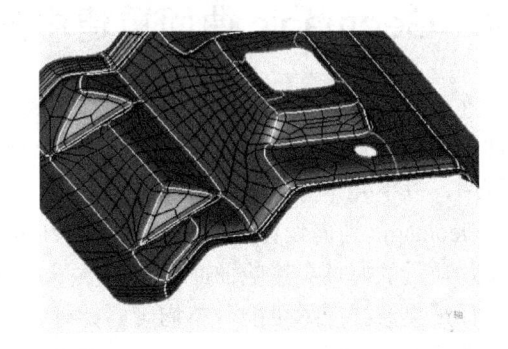

图 7.12　延伸线　　　　　　　　图 7.13　均匀铺设曲面片的模型

7）构造栅格

在每块曲面片内设置规定数目的栅格，栅格数目越大表现的细节越多。

单击"栅格"→"构造栅格"，"分辨率"设置为"20"，并勾选"修复相交区域"、"检查几何图形"，单击"应用"按钮完成后单击"确定"按钮。如果自动生成的栅格出现交叉错误，可使用同菜单下命令"松弛栅格"、"编辑栅格"进行修改，图 7.14 所示是完成后的栅格。

8）拟合曲面

单击"NURBS"→"拟合曲面"，"拟合方法"选择"常数"，"控制点"设置为"18"，表面张力为"0.25"，在高级选项内勾选"执行圆角处 G2 连续性修复"、"优化光顺性"，单击"应用"按钮完成后单击"确定"按钮。图 7.15 所示是生成的 NURBS 曲面图。

图 7.14　完成的栅格　　　　　　　图 7.15　生成的 NURBS 曲面

9）保存文件

将生成的 NURBS 曲面保存为 IGS、IGES、STP、STEP 等通用文件格式，导入到其他 CAD 软件中进行编辑。

7.4　Geomagic 曲面重建中的注意事项

在 Geomagic 中，曲面重建的进程分成紧密联系的三个阶段来实现，由此可以看出，决定曲面重建质量中人的因素要比传统曲面造型方式下小得多。具体而言，在实施曲面重建的过程中，以下几个方面必须引起注意。

Geomagic 逆向设计的原理是基于用许多细小的空间三角片来逼近还原 CAD 实体模型，三角片质量的好坏会影响曲面构建的质量，所处理的点云数据应具有较高的质量，产品的各个特征采集数据应尽可能分布均匀。此外，在多边形阶段的预处理结果也直接影响着曲面片的构建质量，所以应尽可能对多边形模型进行合理处理，以改善多边形模型的品质。

曲面阶段下的形状模块有两种处理方法：一种是根据自动探测的轮廓线对曲面进行网格划分；另一种是根据探测的曲率线对曲面进行网格划分。对于外形较规则的机械零件模型采用第一种方法效率和精度都较高，如本章所给出的实例，而对于外形复杂不规则的或者第一种方法无法处理的模型（如工艺品模型等），适合选择第二种方法进行处理，其示例如图 7.16 所示。

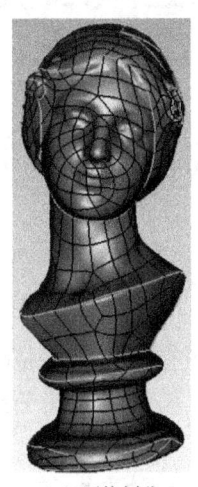

（a）生成曲率线　　　　　　（b）网格划分　　　　　　（c）生成曲面

图 7.16　基于曲率线的示例

Geomagic 中曲面片的划分是曲面重建的关键。曲面片的划分要以曲面分析为基础，曲面片不能分得太小，否则得到的曲面太碎；曲面片也不能分得过大，否则不能很好地捕捉点云的形状，得到的曲面质量也较差。划分曲面片的基本原则如下：

（1）使每块曲面片的曲率变化尽量均匀，这样拟合曲面时就能够更好捕捉到点云的外形，降低拟合误差。

（2）使每块曲面片尽量为四边域曲面。

（3）曲面片的划分可以分成两个层次来进行，首先将模型根据需要划分为几个大片的区域，其次再在这些大区域中分割出一定数量的曲面片，这样的处理有利于改善曲面片的分布结构。

（4）任意两个大区域之间的曲面片在 U、V 参数方向的分割数目应相等。

第8章 正逆向结合建模设计

8.1 正逆向结合建模设计及操作流程

8.1.1 正逆向结合建模设计

1. 正逆向结合建模的重要性

在逆向工程设计中,目前的软件还存在较大的局限性,集中表现为软件智能化低;点云数据的处理方面功能弱;建模过程主要依靠人工干预,设计精度不够高;集成化程度低等问题。

目前,单独采用Imageware、Geomaigc Studio等三维重构软件进行逆向工程应用,由于逆向软件针对性强,用途专一,系统工作速度较快,并且能较容易地进行点线的拟合。但通过Imagewear进行面的拟合时,软件所提供的工具及面的质量却不如其他的CAD软件(如Pro/E、UG等),对产品结构设计等方面不够灵活,很难做到类似于正向CAD软件的特征建模和参数化。很多时候,在Imagewear里做成的曲面,还需要到Pro/E、UG等软件中修改。

单独采用目前的诸如Pro/E、Ug、CATIA等三维重构软件进行逆向建模,由于开发商的重点不是逆向工程,导致在利用它们进行逆向工程设计时存在如下缺点:操作复杂、逆向功能弱、读取点云数据比较困难等。

所以,用户常常会利用高端CAD/CAM软件与逆向软件各自的优势,如利用Imageware进行产品的点云及外形逆向处理,再利用Pro/E、UG进行产品的参数化结构逆向设计,及产品模具结构设计。这样的选择会对产品逆向生产带来前所未有的快捷,因此采用逆向和正向技术互补的设计方法,即正逆向结合建模设计,已成为现代制造业设计方向的主流。

2. 正逆向结合建模设计的流程

正逆向结合建模设计,一般是采用三维激光扫描系统获取实物模型的外部点云数据,经Imageware、Geomaigc Studio、CoopyCAD等逆向软件处理成符合设计师所需要的点、曲线乃至曲面的IGES格式的数据,导入Pro/E、UG等正向软件中进行三维造型、装配结构及产品模具的设计,从而实现三维激光扫描系统、逆向软件和正向软件在产品开发及生产上的综合运用。设计流程如图8.1所示。

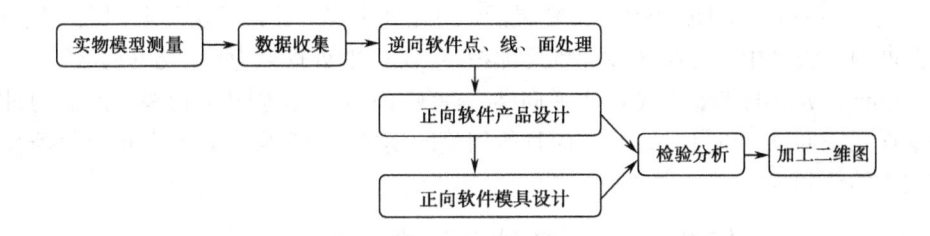

图 8.1　正逆向结合建模设计流程图

值得注意的是，由于每种工业设计软件的研制开发都产生于一定的历史背景及应用需求，使得软件开发商在开发软件时侧重点有所不同，因而不同软件在完成同一功能设计上会体现出各自的优缺点。目前，在逆向工程的各个设计环节上，还没有一种软件能集各种工业设计软件的优势于一身，故正逆向结合将是现在及未来建模设计的必然选择。

3. Imageware 与 Pro/E、UG 正逆向结合建模设计

Imageware 具有强大的点处理功能，由于点云数据的操作是逆向工程的首项任务，对整个逆向工程非常重要。用户可以借助 Imageware 的点处理功能完成清理、取样、过滤、合并、截取横截面、偏转、投射点集、提取点并且计算关键特征和边缘的尺寸，这在处理三坐标测量机、光学扫描仪等采集的数十万个甚至数百万个点时，尤其重要。

Imageware 的另一强大功能是线处理功能，根据需要，判断和决定生成哪种类型的曲线，可以改变控制点的数目及曲线的曲率来调整曲线的光顺性，还可以改变曲线与其他曲线的连续性（位置、相切、曲率连续），构造出满足后续复杂曲面造型设计要求的网格和特征轮廓线。

Pro/E 的造型模块，主要用于概念设计，其特点是可以非常方便地调整各条型线，从而得到设计师想要得到的结果。用于逆向时，可以用于测量数据比较少，仅有主要型线和边界线的情况。

Pro/E 系统的参数式设计，不仅可表示出物体的外观尺寸，而且可通过调整参数方便地对模型进行改型设计，此项参数式设计的功能不但改变了设计观念，并且将设计的便利性和灵活性推进了一大步。

结合 Imageware 与 Pro/E 进行建模设计时，特别要注意以下四点：一是 Imageware 的数据来自手工手板，由点云处理得到的线可以说是手工线，导入 Pro/E 中一般只作为参考用；二是 Pro/E 中创建的线与参考线有时重合、有时高、有时低，一般按照重合或低 0.05～0.1mm 来考虑；三是 Pro/E 中创建的线直接影响到后面的曲面和实体的质量，所以，每条样条曲线都应进行曲率分析；四是对于部分难度比较大、重要性不大的曲面，可以从 Imageware 中直接生成并导入 Pro/E 中使用，但在 Pro/E 中就无法进行参数化修改，所以，考虑到建模过程中随时都可能进行修改，以及建模结束后客户有可能提出再修改等情况，一般没有直接利用 Imageware 中的线或面。

在创建复杂曲面上，UG 不比 Pro/E 灵活，但在处理实体建模及实体分割上却比 Pro/E 方便，如凹凸模具设计中的分型面设计等局部细节，UG 的处理能力比 Pro/E 强大。

采用 Imageware 与 Pro/E、UG 正逆向结合建模设计，不仅创建几何模型所需的时间是单独采用逆向或正向软件的几分之一，而且所创建的模型，对后续的质量分析、数控编程加工会带来很大的便利。

8.1.2 Imageware 与 Pro/E、UG 结合建模流程

在 Imageware、Pro/E、UG 正逆向结合建模设计中，各软件执行的操作流程如图 8.2 所示。

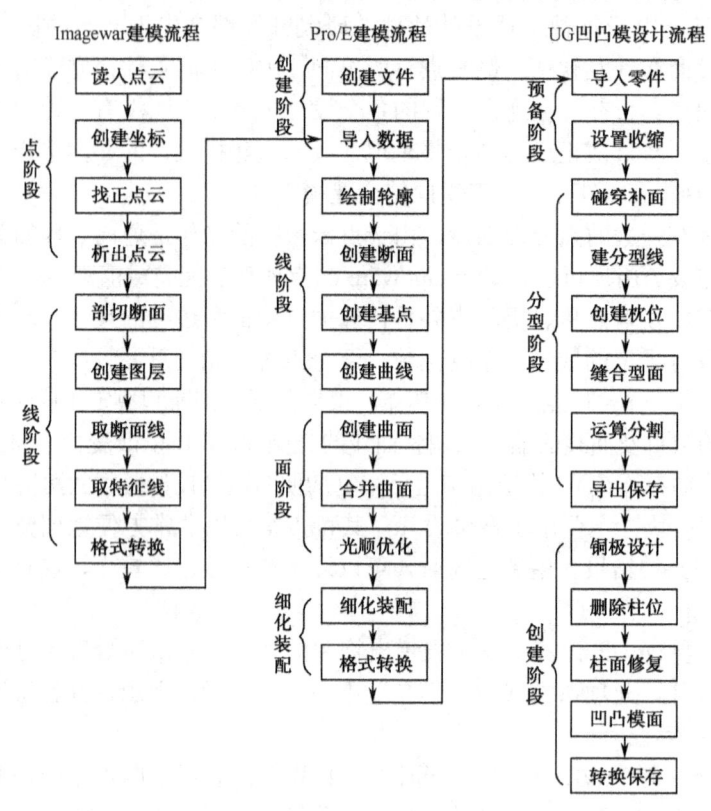

```
Imagewar建模流程              Pro/E建模流程              UG凹凸模设计流程

       ┌ 读入点云                    ┌ 创建文件                    ┌ 导入零件
  点   │                       创建  │                       预备  │
  阶   │ 创建坐标               阶段  │ 导入数据               阶段  │ 设置收缩
  段   │                             │                             │
       │ 找正点云                    │ 绘制轮廓                    │ 破穿补面
       └ 析出点云              线阶  │ 创建断面                    │ 建分型线
                                     │                       分型  │
       ┌ 剖切断面              段    │ 创建基点               阶段  │ 创建枕位
       │                             │                             │
       │ 创建图层                    │ 创建曲线                    │ 缝合型面
  线   │                             │                             │
  阶   │ 取断面线              面阶  │ 创建曲面                    └ 运算分割
  段   │                       段    │                             ┌ 导出保存
       │ 取特征线                    │ 合并曲面                    │
       │                             │                             │ 铜极设计
       └ 格式转换                    │ 光顺优化               创建  │ 删除柱位
                               细化  │ 细化装配               阶段  │ 柱面修复
                               装配  │                             │
                               配    └ 格式转换                    │ 凹凸模面
                                                                    └ 转换保存
```

图 8.2 Imageware、Pro/E、UG 结合建模流程

1. Imageware 取线建模阶段操作流程

1）Imageware 点建模阶段（Point Phase）

（1）导入点云数据：以各种格式（IMW，ASCII，TXT，IGES 等）载入现有点云。

（2）创建工作坐标系：以便与 Pro/E 中的坐标匹配。

（3）找正点云：旋转及平移点云使基准点与坐标原点重合。

（4）析出点云：删除杂点、点云分块及染色。

2）Imageware 线建模阶段（Curve Phase）

（1）剖切断面：主要功能为以截面切割点云，为提取断面线作准备。

（2）创建图层：对不同方向断面线及特征线进行分层。

（3）取断面线：依公差构造曲线。

（4）取特征线：生成规则曲线、特征曲线。

（5）格式转换：转换成 IGES 等格式文件，保存可见曲线。

2．Pro/E 三维建模阶段操作流程

Pro/E 建模主要包括曲线曲面建模、特征细化、组件装配等，由于篇幅限制，下面只就与 Imageware 建模密切相关的线面建模进行介绍。

1）Pro/E 预备阶段

创建文件：创建文件之前一般先设置工作目录及在模板中设置单位。

导入数据：导入经 Imageware 处理的 IGES 格式文件。

2）Pro/E 线阶段

绘制轮廓：以 Imageware 建模得到的线为参考，绘制产品外轮廓。

创建断面：类似于逆向建模中的剖断面，用于在断面上创建基准点和曲面线。

创建基点：用于创建曲面线。

创建曲线：用于创建曲面。

3）Pro/E 面阶段

创建曲面：用于创建产品外形曲面。

合并曲面：从"小面"到"大面"，从"简单面"到"复杂面"。

光顺优化：创建面与面之间的圆角及连接面。

4）Pro/E 细化装配阶段

细化装配：创建凹凸线条、孔、柱等细化特征及零部件装配。

格式转换：转换格式以便导入其他软件进行分析、分模、编程及快速成型等。

3．UG 建模模块凹凸模设计操作流程

逆向工程主要是通过模具来实现产品的生产，并且各种正向软件（如 Pro/E、Cimatron、UG 等）都集成了模具设计的功能模块，但由于零件的功能不同及客户要求的个性化等原因，模具设计的功能模块仍必须与曲面建模功能模块配合使用，因而，单独采用曲面建模功能进行模具设计仍是当前的首选。

1）UG 凹凸模设计预备阶段

导入零件：以 STEP 等格式导入零件。

设置收缩：扩大模具型腔，补偿产品收缩。

2）UG 凹凸模设计分型阶段

碰穿补面：用曲面缝补孔、槽等碰穿面。

建分型线：创建合模面与零件实体的相交线。

创建枕位：对分型面不在主分型面上的部件创建枕位，即创建异型面。

缝合型面：缝合主分型面及异型面，创建凹凸模分型面。

运算分割：零件与工件求差运算，再用凹凸模分型面把工件初步分割为凹凸模两部分。

导出保存：把凹凸模面分别保存，以便进一步分割出铜极及最终的凹凸模面。

3）UG 凹凸模设计创建阶段

铜极设计：对柱位、肋位、尖角等难加工部位，分割创建出铜极。

删除柱位：铜极设计后，删除柱位、肋位。

柱面修复：把柱位、肋位孔修复。

凹凸模面：创建出凹凸模型腔。

转换保存：转换保存成后续编程软件能读入的格式。

8.2　正逆向结合建模设计实训范例

为了让读者更好地了解及应用正逆向结合建模过程，本节以一架玩具飞机为例，讲解从产品外壳的点云到三维造型设计整个建模流程。玩具飞机手板模型如图 8.3 所示。

图 8.3　玩具飞机手板模型

1. Imageware 曲线建模阶段操作

1）Imageware 点阶段

（1）导入点云数据。Imageware 支持多种导入格式，如 imw，ascii，txt，iges 等多种通用格式。

单击"文件（File）"→"打开（Open）"，选择点云文件的位置，将点云进行着色，以便更直观地观察。点云数据如图8.4所示。

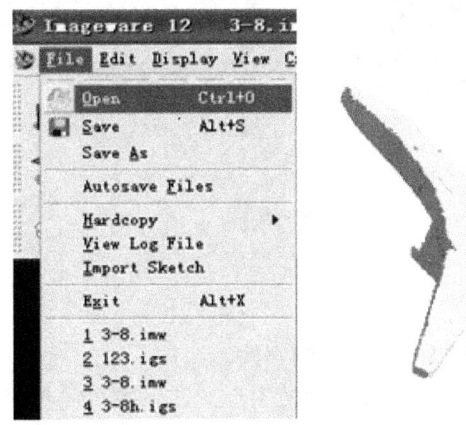

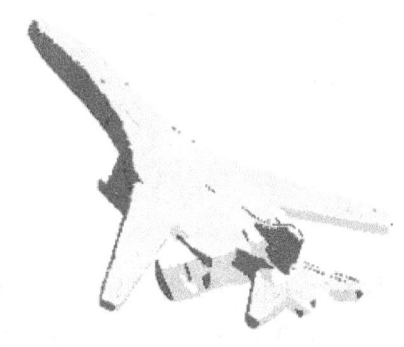

图 8.4　导入的点云数据

（2）创建工作坐标系。创建与 Pro/E 中匹配的工作坐标系。

单击"创建（Create）"→"坐标系统（Coordinate System）"→"创建（Create）"，选择原点位置→"应用（Apply）"→关闭，创建坐标系如图8.5所示。

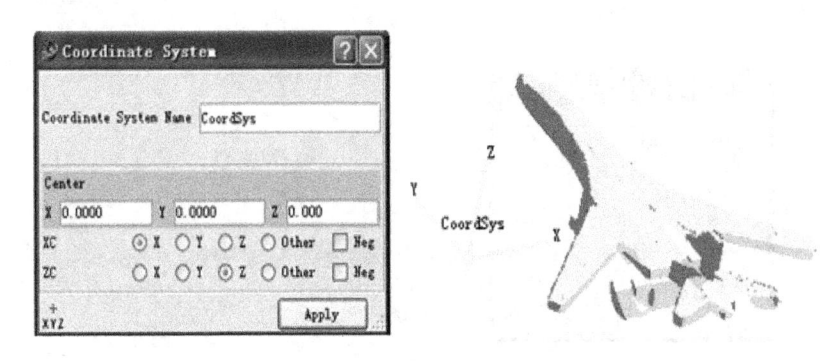

图 8.5　创建工作坐标系

（3）找正点云。旋转及平移点云使基准点与坐标原点重合。

单击"修改（Modify）"→"方位（Orient）"→"改变屏幕（Screen Transform）"，反复使用"旋转模式"、"平移模式"→关闭，找正点云结果如图8.6所示。

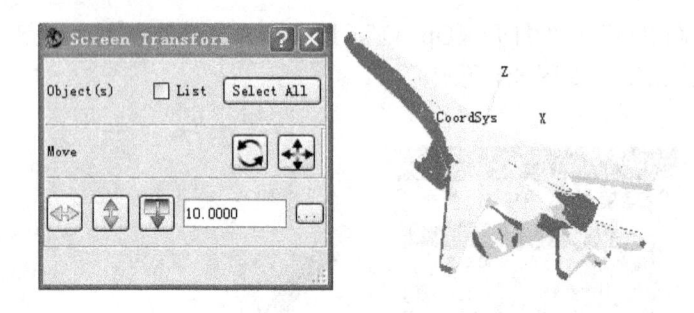

图 8.6　找正点云结果

【注意】

找正点云的常见操作步骤：

（1）在点云模型上画出三条两两"准"垂直的直线。

（2）以第（1）步三条直线为参考，平移及旋转图形，使三条直线与坐标重合。

（3）分别使用镜像功能，检查重合程度。

（4）析出点云。由于扫描仪的扫描技术限制及扫描环境的影响，不可避免地带来多余的点云或噪点，可采用立方体（可用游标卡尺测量出手板模型的长、宽、高，进而确定立方体对角点坐标）框选与手动选择相结合，对多余的点云进行删除。

单击"修改（Modify）"→"提取（Extract）"→"盒中的点（Point in Box）"，盒选析出点云如图 8.7 所示。

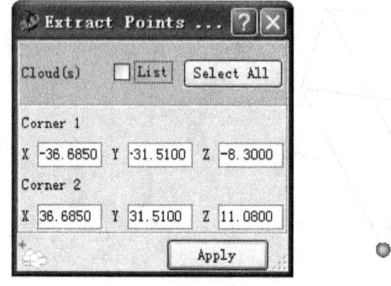

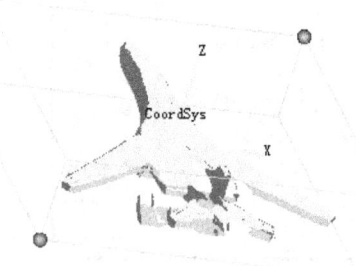

图 8.7　盒选析出点云

单击"修改（Modify）"→"提取（Extract）"→"圈选点（Circle-Select Point）"→"选择点（Select Screen Points）"，圈选析出点云如图 8.8 所示。

注意：（1）Keep Points 中 Inside、Outside、Both 各选项在去除噪点及点云分块中的作用。

（2）通过手动选择对点云分块是后面创建剖切断面的前提，如图 8.9 所示。

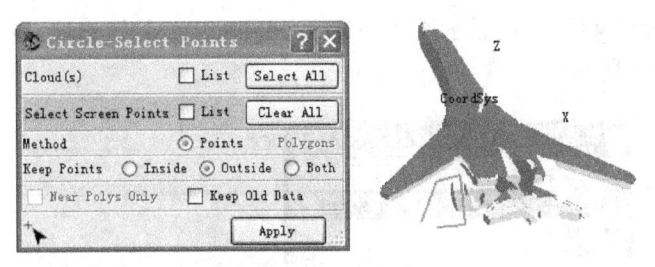

图 8.8　圈选析出点云

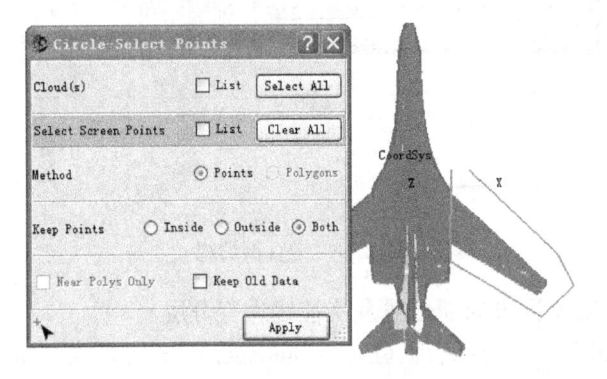

图 8.9　圈选进行点云分块

单击"编辑(Edit)"→"层管理(Layer Manager)"→选择新层的颜色。

2) Imageware 线阶段

(1) 剖切断面。在设计过程中,并不是所有的点都是要选取的,因此,在确定基本曲面的控制曲线时,需要找出哪些点或线是可用的。由于 Imageware 是将网格线导入 Pro/E,而剖切断面的主要功能为扫描点云,可为提取断面线作准备。剖切断面有"平行剖断面"、"放射状剖断面"、"交互式剖断面"、"沿线剖断面"四种,本例采用"平行剖断面"。

单击"修建(Construct)"→"横截面(Cross Section)"→"平行点云(Cloud Parallel)",平行剖断面如图 8.10 所示。

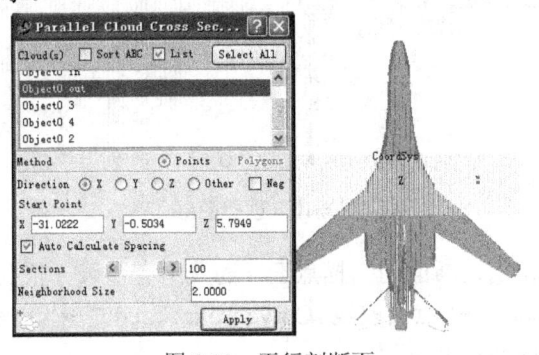

图 8.10　平行剖断面

单击"显示（Display）"→"仅显示所选（Show Only Selected）"，选取"Object0 out SectCld"，平行剖切线如图8.11所示。

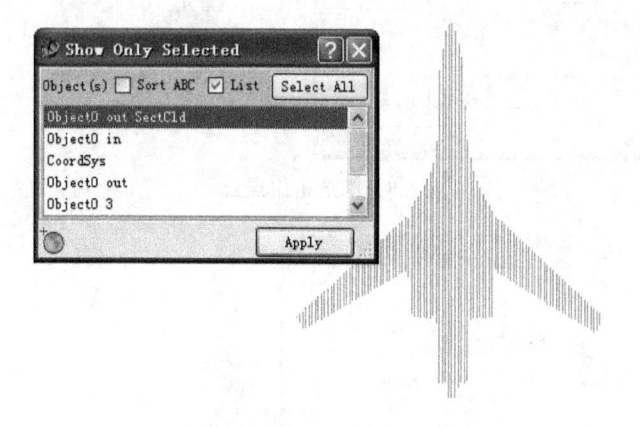

图8.11 平行剖切线

（2）创建图层。对不同方向断面线及特征线进行分层。

单击"编辑（Edit）"→"层管理（Layer Manager）"→"新层（New Layer）"，创建图层如图8.12所示。

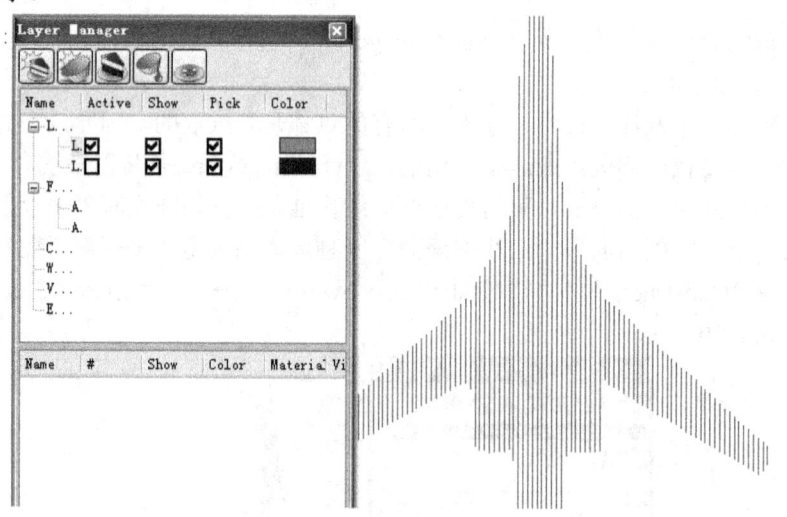

图8.12 创建图层

（3）取断面线。保留剖切断面的扫描点云，隐藏所有点云，依公差构造曲线。

单击"修建（Construct）"→"点云取线（Curve from Cloud）"→"公差线（Tolerance Curve）"，按公差构造曲线结果如图8.13所示。

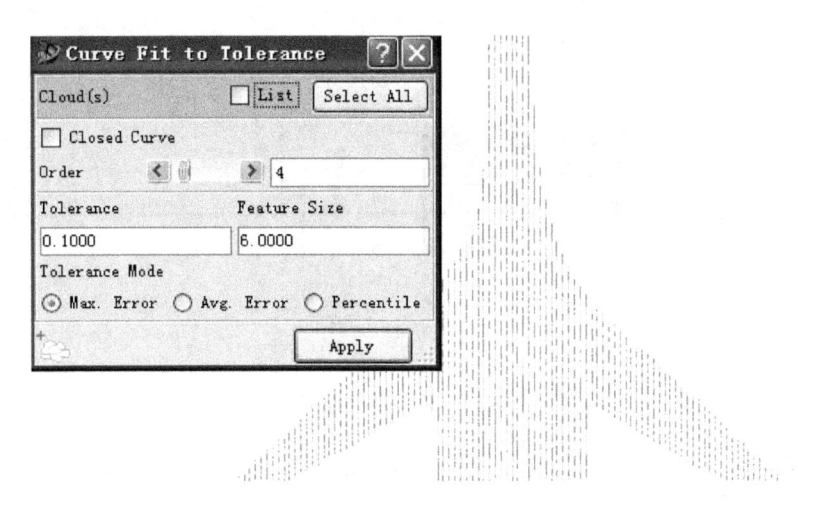

图 8.13　按公差构造曲线结果

单击"显示（Display）"→"仅显示所选（Show Only Selected）"，选取"Object0 out SectCld"，按同样方法取另一方向构造曲线，两方向构造曲线结果如图 8.14 所示。

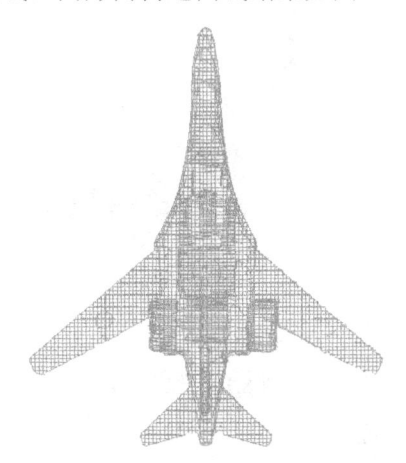

图 8.14　两方向构造曲线结果

（4）取特征线。一些圆柱、凸台等特征是在整体轮廓确定之后，测量实体模型并结合扫描数据生成的。同时应尽量选择一些扫描质量比较好的点或线，对其进行拟合，即生成规则曲线、特征曲线。提取规则曲线、特征线之前先分别创建图层。

依次提取规则曲线和特征线。

单击"构建（Construct）"→"从点云上取线（Cure from cloud）"→"在点云上的线（Curve on cloud）"，特征曲线结果如图 8.15 所示。

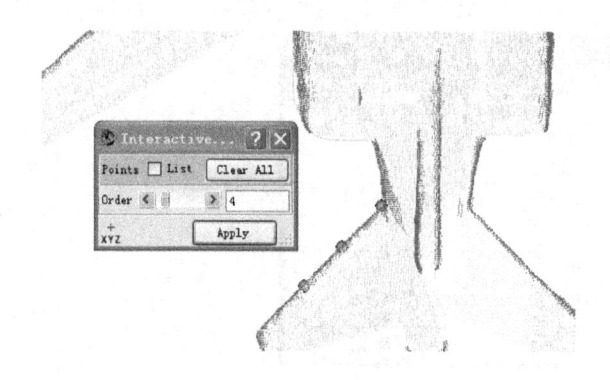

图 8.15　特征曲线结果

（5）格式转换。转换成 Pro/E 能读取的 IGES 格式，在视图中隐藏所有的点云，保留网格、特征曲线为可见。

单击"文件（File）"→"另存为（Save As）"→"另存格式（Write File As）""*iges"→"写入（Write）"→"可见的（Visible）"。保存结果如图 8.16 所示。

图 8.16　保存结果

2．Pro/E 三维建模阶段操作

1）Pro/E 预备阶段

（1）创建文件。创建文件之前一般先设置工作目录，并在模板中设置单位。Pro/E 一般对文件进行了默认定位，每次打开或保存文件时都需要用户重新选择目录，往往要打开多级目录才能找到自己需要的文件，因此，必须在创建文件之前设置工作目录。另外，创建新文件时必须在模板中设置公制单位，否则以默认的英制为单位。

（2）导入数据。插入经 Imageware 处理的 IGES 格式文件。

单击"插入"→"数据来自文件"→选择文件→"缺省"→"关闭"按钮，导入数据如图 8.17 所示。

图 8.17 导入经 Imageware 处理的数据

2）Pro/E 线阶段

（1）绘制轮廓。以 Imageware 建模得到的线为参考，绘制产品外轮廓线，外轮廓线是结合模型实际尺寸及抄数线绘制的样条曲线，是绘制产品图中的关键一步，常见的有分型面轮廓线及对称面轮廓线。本例先在对称平面上创建平整面，再在平整面上绘制外轮廓曲线。

单击"插入"→"曲面"→"平整"，选择"RIGHT"对称平面为草绘平面，草绘一个矩形→"继续操作当前截面"→"确定"按钮。

单击"插入"→"基准"→"草绘曲线"，选择刚绘制的平面为草绘平面，草绘一条样条曲线，在对称平整面上绘制平面及样条外轮廓曲线，如图 8.18 所示。

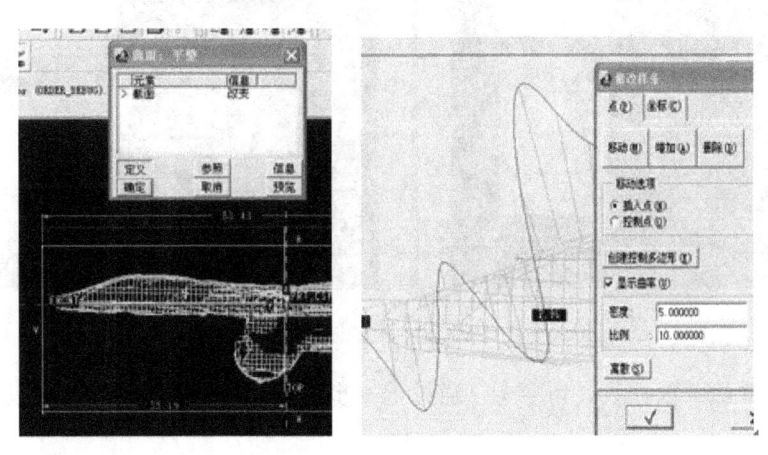

图 8.18 绘制对称平整面及样条外轮廓曲线

（2）创建断面。创建断面的目的是在断面上创建基准点和曲面线。

单击"插入"→"曲面"→"拉伸"→"双侧都"，选择"RIGHT"对称平面为草绘平面，在 FRONT 平面上草绘首尾连接的直线段，首尾连接的直线段及拉伸曲面结果如图 8.19 所示。

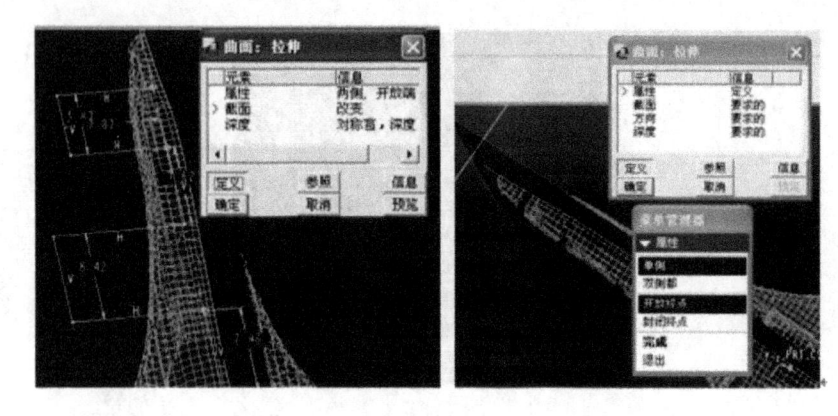

图 8.19　首尾连接的直线段及拉伸曲面结果

（3）创建基点。创建基点作为后续创建顶部趋势线的通过点。

单击"插入"→"基准"→"点"→"基准点"→"曲线×曲面"，选择刚绘制的曲线与上一步拉伸平面相交生成基准点，如图 8.20 所示。

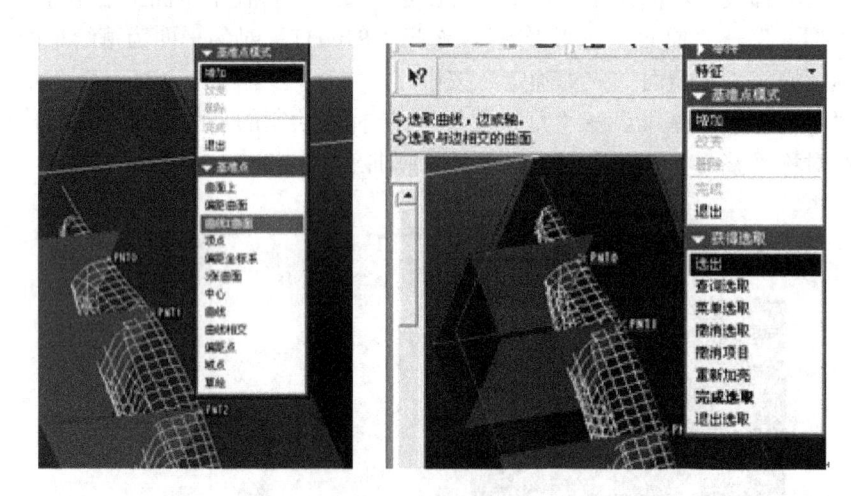

图 8.20　生成基准点

（4）创建曲线。以抄数线为参考，通过上一步生成的基准点绘制顶部趋势曲线，为建立顶部曲面准备。

单击"插入"→"基准"→"草绘曲线"，选择拉伸平面系列中的一个为草绘平面，并选择抄数线及基准点为参照，绘制样条曲线，每条样条曲线都必须进行曲率分析。绘制样条曲线，如图 8.21 所示。

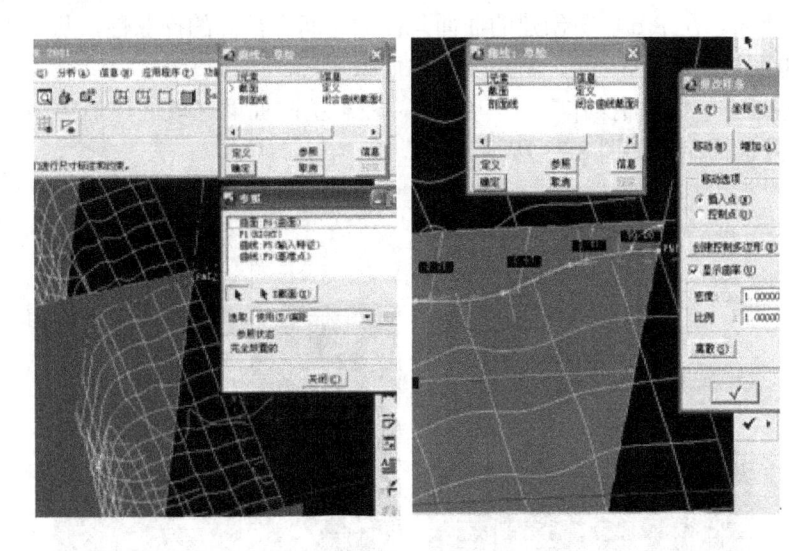

图 8.21 样条曲线

3) Pro/E 面阶段

对比较复杂的三维造型而言,仅使用实体特征来创建三维模型很困难,因此,一般先创建单一曲面,然后将许多单一曲面合并为完整封闭的曲面模型,最后再转换为实体。

(1) 创建曲面。曲面的创建方式除了拉伸、旋转、扫描外,也可以由点创建曲线,再由曲线创建混合曲面。

单击"插入"→"曲面"→"混合",依次选择第一方向,再依次选择第二方向,注意边界相切或法向等约束。创建产品顶部轮廓边界曲面,如图 8.22 所示。

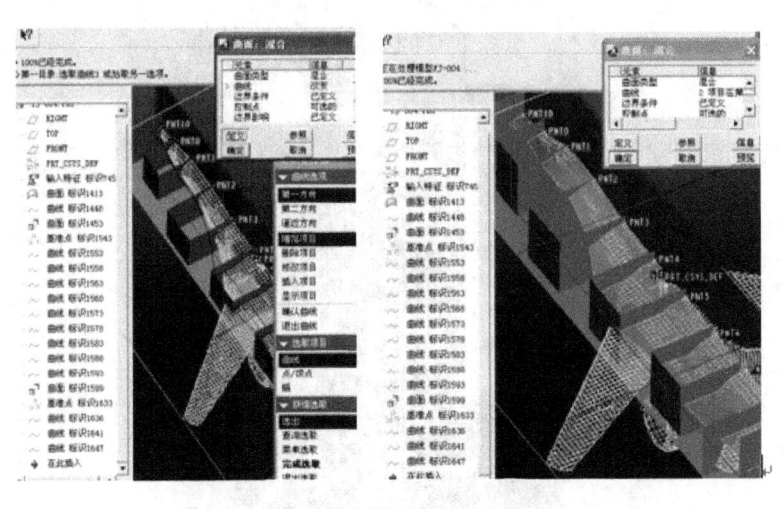

图 8.22 产品顶部轮廓边界曲面

（2）合并曲面。在 Pro/E 中创建的曲面与曲面之间有很高的操纵性，从"小面"到"大面"、从"简单面"到"复杂面"，常用合并曲面来实现。

单击"插入"→"曲面操作"→"合并"，注意主附曲面选取的先后顺序、合并类型及主曲面侧。合并曲面结果如图 8.23 所示。

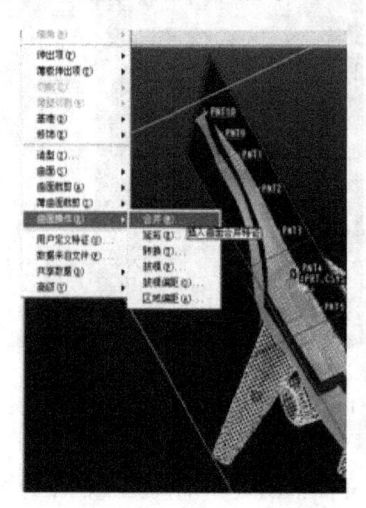

图 8.23　合并曲面结果

（3）光顺优化。创建面与面之间的圆角及连接面是光顺优化曲面的常用方法，当曲面有比较复杂的流线型要求时，常采用可变倒圆角及绘制中间相切边界面。

单击"插入"→"倒圆角"，注意倒圆角类型及属性设置。倒圆角结果如图 8.24 所示。

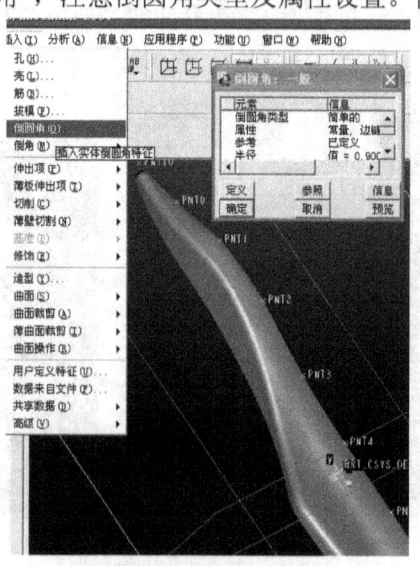

图 8.24　倒圆角结果

4）Pro/E 细化装配阶段

（1）细化装配。创建凹凸修饰台阶、孔、柱等细化特征及零部件装配，结果如图 8.25 所示。

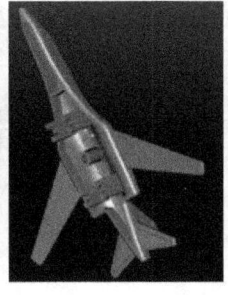

图 8.25　创建细化装配结果

（2）格式转换。转换格式以便导入其他软件进行分析、编程及快速成型。

单击"文件"→"保存副本"→"类型"→"输出"，注意选择选项。转换格式的选择操作界面如图 8.26 所示。

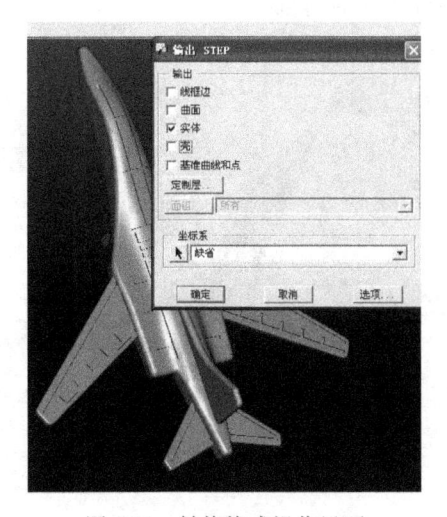

图 8.26　转换格式操作界面

3．UG 凹凸模设计阶段操作

1）UG 凹凸模设计预备阶段

（1）导入零件。以 Step 等格式导入零件。

单击"文件"→"打开"→"文件类型"→"*.step"。

（2）设置收缩。一般射出成型产品在出模后由于温度及压力变化会有收缩现象，为了修正收缩现象所产生的体积变小，在分模前应按比例放大产品尺寸，补偿产品射出成型时的收缩。

单击"编辑"→"变换"→选择产品→"比例"→"重置"→"确定"→"比例"→"1.005"→"确定"→"移动"→"退出"按钮,设置收缩界面,如图 8.27 所示。

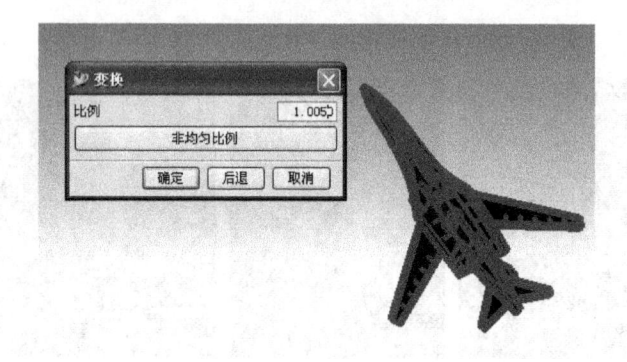

图 8.27　设置收缩界面

2）UG 凹凸模设计分型阶段

（1）碰穿补面。对于产品中的通孔、槽等部位,凹凸模面对碰,俗称"碰穿"。分模时,常用曲面或实体填补孔、槽等模面对碰部位。

（2）建分型线。先在 XY 平面上创建主分型面,如图 8.28 所示。

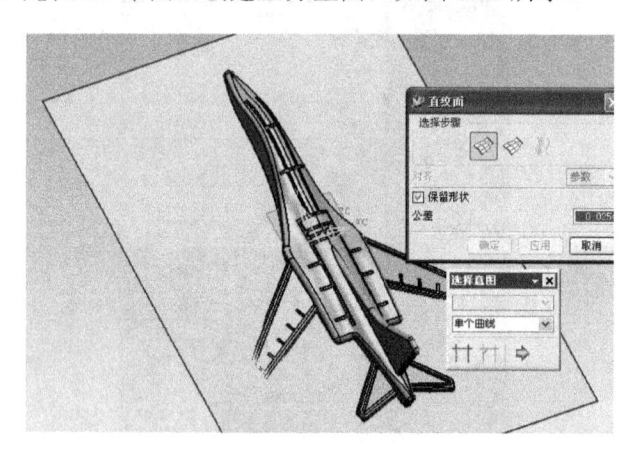

图 8.28　主分型面

再创建主分型面与零件实体相交线,把不在主分型面上的部位检查出来,以便进一步确定枕位。

单击"插入"→"曲线"→"相交曲线"→第一组选择意图"单个面"→选主分型面→第一组选择意图"体的面"→"确定"→"体的面"选择零件实体→"确定"按钮,创建曲线如图 8.29 所示。

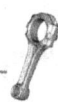

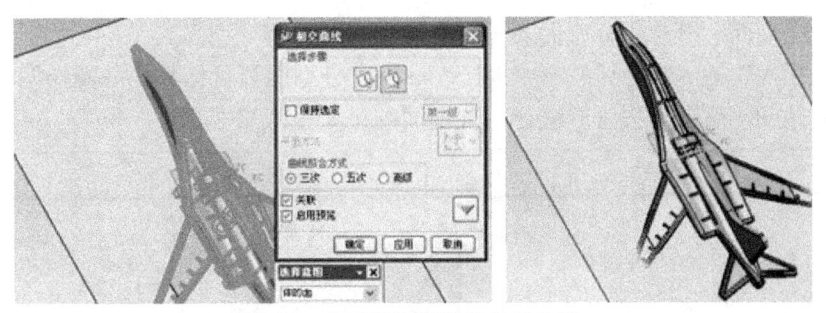

图 8.29 合模面与零件实体相交线

（3）创建枕位。若以产品的最大轮廓线直接投影到主分型面上作为凹凸模接触边缘，则造成产品异型面（分型面不在主分型面上）的部位凹凸模面加工困难及生产过程摩擦过大，因而影响模具寿命，故在产品异型面处常创建枕位。

单击"草绘"→"选 XY 平面"，绘制两个对称枕位线圈；单击"修剪的片体"→选主分型面→选两个对称枕位线圈→"确定"按钮，创建枕位轮廓线如图 8.30 所示，创建枕位如图 8.31 所示。

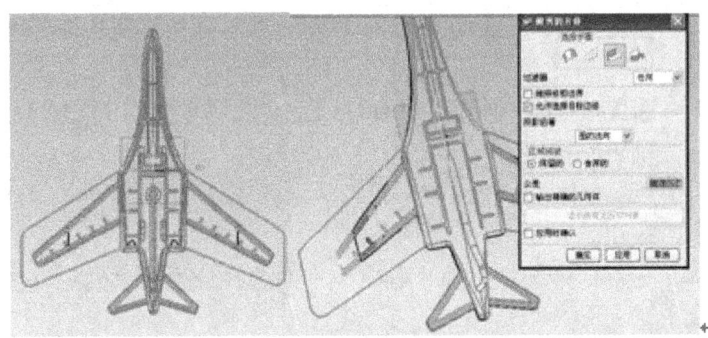

图 8.30 创建枕位轮廓线

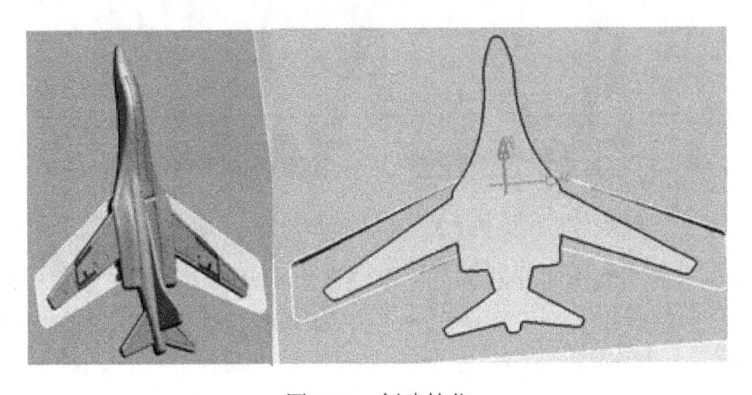

图 8.31 创建枕位

（4）缝合型面。缝合主分型面及异型面，创建凹凸模分型面。

单击"插入"→"联合体"→"缝合"→选主分型面为目标片体→圈选两个对称枕位线圈为工具片体→"确定"按钮，缝合型分型面结果如图8.32所示。

图8.32　缝合型分型面

（5）运算分割。先将零件与工件进行实体求差运算，再利用凹凸模分型面把工件初步分割为凹凸模两部分。

单击"拉伸"→选XY平面→画矩形→标注尺寸（长、宽为模仁尺寸）→完成草图→输入起始、结束值→"确定"按钮。

单击"插入"→"联合体"→"求差→目标体选择工件"确定"→工具体选择零件，"留工具体"→"确定"按钮。

单击"分割体"→目标体选择工件"确定"→面选择分型面"确定"按钮，运算分割结果如图8.33所示。

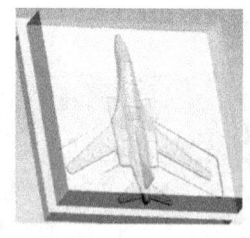

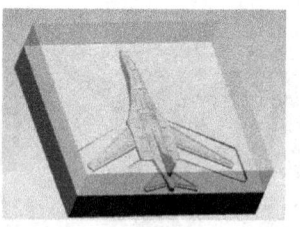

图8.33　运算分割结果

（6）导出保存。把凹凸模面分别保存，以便进一步分割出铜极及最终的凹凸模面。

单击"文件"→"导出"→"部件"→"指定部件"→输入部件名称→"确定"→"类选择"→选前模仁→"确定"按钮，重复上面操作导出后模仁，凹凸模面分开保存结果如图8.34所示。

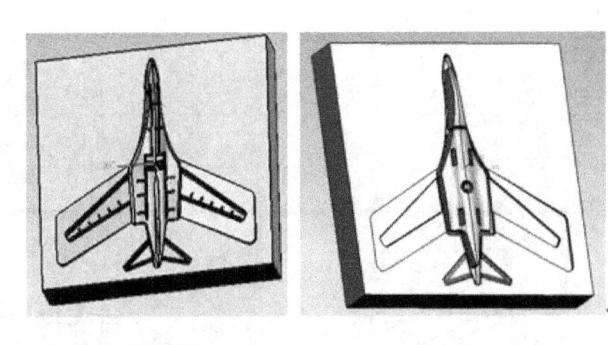

图 8.34　凹凸模面分开保存结果

3）UG 凹凸模设计创建阶段

（1）铜极设计。针对柱位、肋位、尖角等难加工部位，创建分割出铜极。在前模仁零件图中，单击"插入"→"关联复制"→"提取"→"面"→选择凹模面→"确定"按钮。

单击"文件"→"导出"→"部件"→"指定部件"→输入部件名称→"确定"→"类选择"→选刚提取的凹模面→"确定"按钮，凹凸模铜极设计如图 8.35 所示。

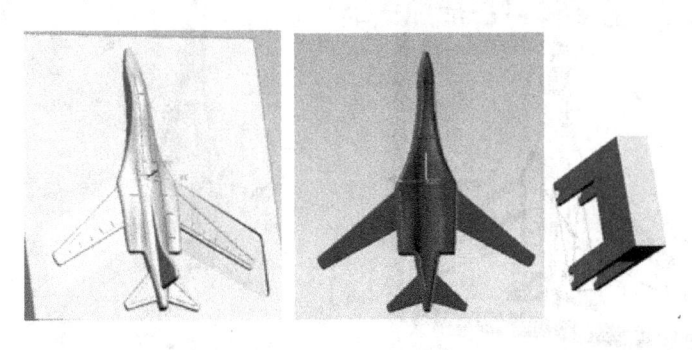

图 8.35　凹凸模铜极设计

（2）删除柱位。铜极设计后，删除柱位、肋位。

单击"编辑"→"删除"→选择柱位、肋位面→"确定"按钮，删除凹凸结果如图 8.36 所示。

（3）柱面修复。把柱位、肋位孔修复。

单击编辑曲面中的"扩大"→选肋位所在曲面。

单击"提取曲线"→"边缘曲线"→选肋位边缘曲线→"确定"按钮。

单击"修剪的片体"→选扩大曲面（注意选择保留部位）选刚提取的肋位边缘曲线→"确定"按钮，按同样方法修补其他破面，破面修复结果如图 8.37 所示。

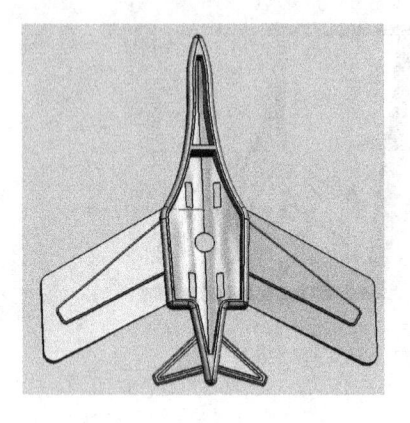

图 8.36　删除凹凸结果　　　　　图 8.37　破面修复结果

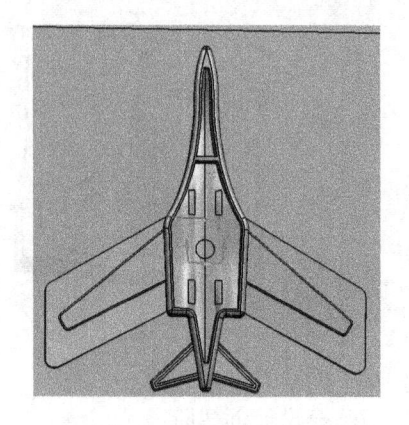

（4）凹凸模面。创建出凹凸模型腔，创建结果如图 8.38 所示。

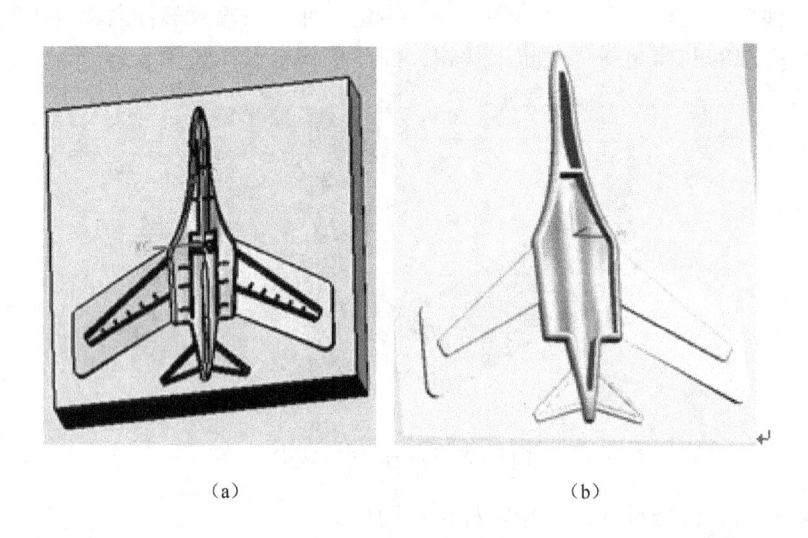

(a)　　　　　　　　　　(b)

图 8.38　凹凸模型腔

（5）转换保存。转换保存成后续编程软件能读入的格式，如 IGES 格式等。

第 9 章 Geomagic Qualify 质量检测

9.1 计算机辅助检测技术简介

1994 年，美国著名质量管理专家朱兰（J.M.Juran）在美国质量管理学会年会上指出：20 世纪以"生产力的世纪"载入史册，未来的 21 世纪将是"质量的世纪"。随着社会的进步，人民生活水平的不断提高，人们的思想也在发生变化，更加注重产品的质量，因此，只有提供高质量的产品，才符合社会的需求。质量可以反映一个企业，乃至一个国家的生产力水平和综合实力。为保持企业和国家的强大竞争力和不断向前发展，应当大力发展生产高质量的产品。然而，产品的质量判定来自检测的结果，产品的优质与否，是需要利用检测技术进行评定，所以在一个注重质量的社会，质量的检测技术也势必变得更加重要。

零件加工后，其几何量需要加以测量或检验以确定它们是否符合设计要求。就形位误差来说，检测就是将实际被测要素与其理想要素相比较，以确定它们之间的差别，根据这些差别（实际被测要素对其理想要素的变动量）来评定形位误差的大小。

生产过程的检测技术，作为现代制造技术中的重要组成部分，不但能够准确地判断生产环节中一系列质量性能指标和工艺技术参数是否已经达到设计的要求，即产品是否合格，更重要的是通过对检测数据的分析处理，能够正确判断这些性能指标和技术参数失控的状况和产生的原因。这一方面可以通过检测设备的信息反馈对工艺设备进行及时的调整以消除失控现象，另一方面也为产品设计和工艺设计部门采取有效的改进措施，消除失控现象提供可靠的科学依据，从而达到保证产品质量和稳定生产过程的目的。因此，形位误差检测是生产过程中不可缺少的重要环节，它不仅可以判断零件是否合格，而且也是提高产品质量的重要手段。

为了确保加工零件的尺寸、形状和位置等满足设计要求，需要通过一定的工具或量具，按照一定的方法进行检测。通过游标卡尺（如图 9.1 所示）、千分尺等量具可以手工进行尺寸的测量，实现一些简单零件的尺寸检测。经过数十载的发展，国内外的很多专家都在进行检测技术的研究，设计了许多专用的检验用具（如图 9.2 所示的汽车保险杠检具），实现了复杂大型零件的检测。但是，这些专用检具存在很多弊端，其制造过程需要大量的人力、物力和财力，特别是现在零件的外形越来越不规则，出现了大量的自由曲面，以满足人们对美学的要求，若是制作专用的检具来检测，不但增加了成本和产品的开发周期，而且不具有通用性，只能用来检验一种产品，这限制了专用检具在检测中的应用。

目前，三坐标测量机（如图 9.3 所示）使用比较广泛，这是由于它适用性好，不同于专用检具只可以检测一类零件,而且还具有很高的精度。但它的缺点也比较明显,由于每次只测量一个点,使得整个检测过程比较长,检测效率较低。此外,三坐标测量机无法用来对易碎、易变形的物体进行测量。基于上述检测中出现的弊端,本章主要介绍计算机辅助检测(Computer Aided Inspection,CAI)技术。作为一种新的检测方法,它具有适用性好,效率高等特点,可以有效地减轻操作者的劳动强度,提高生产效率,为企业带来巨大的经济利润。

计算机辅助检测是一种基于逆向工程的检测技术,逆向工程的发展为计算机辅助检测的实现提供了技术上的保证。逆向工程是一种通过三维扫描设备获取已有样品或模型的三维点云数据,利用逆向软件,对点云进行曲面重构的技术。在重构过程中,需要反复比较重构曲面与点云的误差,并指导曲面的反复修改,以确保曲面和点云的误差在许可的范围内。正是由于点云的获取和对比操作作为零件的检测提供了一条新的途径。计算机辅助检测是通过光学三维扫描设备获取已加工零件的点云数据,并将它与零件的设计 CAD 模型进行比较,从而得到已加工零件和设计模型之间的偏差。

图 9.1　游标卡尺　　　　　　　　图 9.2　保险杠检具

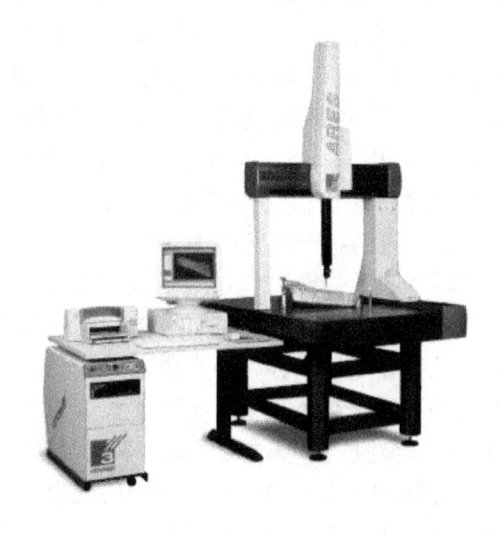

图 9.3　三坐标测量机

第9章　Geomagic Qualify 质量检测

计算机辅助检测可以归纳为三个步骤：
（1）实物模型的数字化。
（2）模型对齐。
（3）比较分析。

实物数字化是指通过三维扫描设备，将物体表面的轮廓信息离散为大量的三维坐标点云数据，它是计算机辅助检测中很关键的一步，点云数据能否精确地表示实物原型，直接影响到后面检测的结果。因此，在得到点云数据后，还应该对点云进行处理，包括删除噪点、点云采样等操作，这样点云数据才可成为"检验模型"。

模型对齐是指将实物的点云数据和 CAD 模型在同一坐标系统下进行匹配，这是由于点云与 CAD 模型可能不在同一个坐标系下。因此，需要先将两者统一到同一个坐标系下才可以进行后续的比较工作。比较分析是在对齐的基础上，根据点云与 CAD 模型之间的比较，进行具体的检测分析，操作过程如图 9.4 所示。

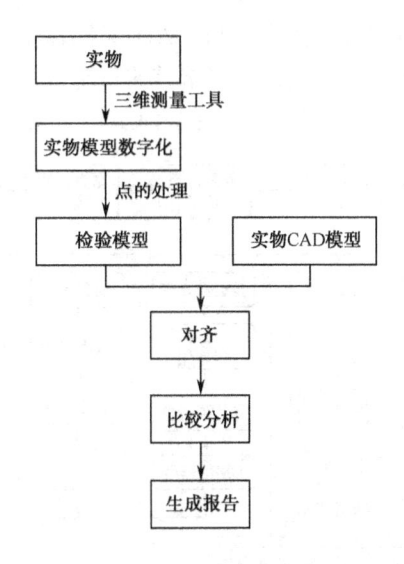

图 9.4　计算机辅助检测操作过程

通过计算机辅助检测技术的应用，使得检测方式发生了变化，以克服传统检测方式中的一些弊端。以三坐标测量为例，传统的检测方式操作流程如图 9.5 所示。

利用三坐标进行检测，精度固然很高，但只能检测一些主要的特征，因为所有特征都检测的话，势必需要一个漫长的操作过程，导致效率的低下。如果只对主要特征进行检测，则其他一些失败的特征便可能逃过检测，使我们得不到准确的检测结果；如果主要特征都在公差范围内，而我们却花大量时间进行检测，结果是浪费了大量时间。这一系列在传统检测方式中是很棘手的问题，随着计算机辅助检测技术的应用，都可迎刃而解。

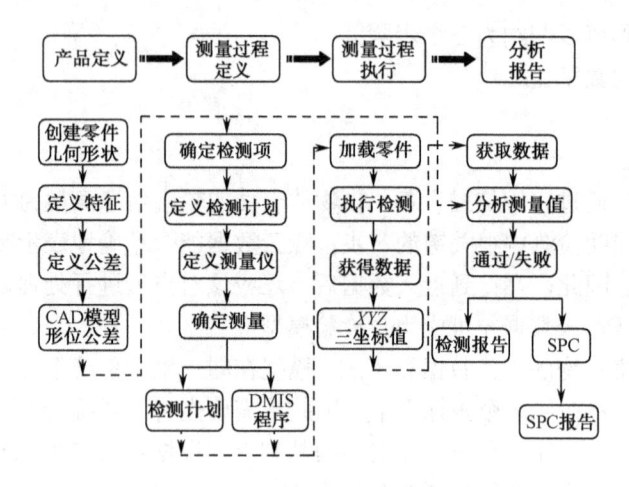

图 9.5　传统检测方式操作流程

计算机辅助检测技术通过将实物的点云与 CAD 对比，快速知道失败区域，再利用具有高精度的 CMM，只检测这些失败区域，测出偏差的精确值。从而缩小了检测范围，使检测所需要的时间大大缩短，提高了检测的效率。结合 CAI 的检测操作流程如图 9.6 所示。

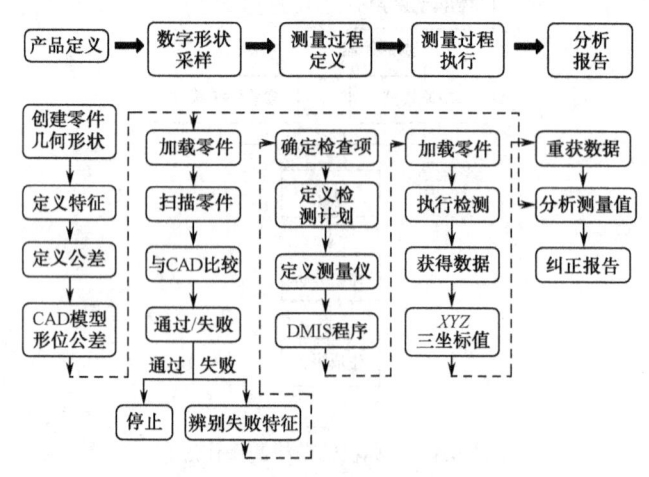

图 9.6　结合 CAI 的检测操作流程

9.2　Geomaigc Qulify 软件系统

9.2.1　Geomaigc Qulify 系统简介

Geomagic Qualify 是由美国 Geomagic 公司提供的计算机辅助检测软件，通过在 CAD 模型与实际生产零件之间快速、明了的图形比较,可对零件进行首件检验、在线或车间检验、趋势分析、2D 和 3D 几何测量及自动化报告等,从而快速并准确地完成检测任务。

Geomagic Qualify 软件的主要优点有:

(1) 显著节约了时间和资金。可以在数小时(而不是原来的数周)内完成检验和校准,因而可极大地缩短产品开发周期。

(2) 改进了流程控制。可以在内部进行质量控制,而不必受限于第三方。

(3) 提高了效率。Geomagic Qualify 是一种为设计人员提供的易用和直观的工具,设计人员不再需要分析报告表格,检测结果直接以图文的形式显示在操作者眼前。

(4) 改善了沟通。自动生成的、适用于 Web 的报告改进了制造过程中各部门之间的沟通。

(5) 提高了精确性。Geomagic Qualify 允许用户检查由上万个点定义的面的质量,而由 CMM 定义的面可能只有几十个点。

(6) 使统计流程控制(SPC)自动化。针对多个样本进行的自动统计流程控制可深入分析制造流程中的偏差趋向,并且可用来验证产品的偏差趋势。

Geomagic Qualify 的自动化操作可以使从对齐到生成检测报告的过程一步完成,针对同一产品的多个零件检测时,通过记录第一个零件的检测过程,其他零件则可重复第一个过程,自动完成检测,大大减少检测时间。

利用 Geomagic Qualify 可以快速地完成检测过程,加快产品上市时间,大大降低成本,使企业在市场竞争中处于优势地位。Geomagic Qualify 已经通过德国标准计量机构 PTB 认证,符合领先的汽车和航空航天制造商确定的严格质量标准,这确保了它可以得到广泛的应用。此外,随着技术的不断发展,Geomagic Qualify 还扩展了叶片检测模块,它是根据涡轮叶片行业的领先企业的特定要求而开发,可用在包括汽车和航空航天发动机、水轮机、汽轮机和涡轮机的叶片检测和分析。

9.2.2　Geomaigc Qulify 系统操作流程及功能介绍

用 Geomagic Qualify 进行质量检测,先需要进行辅助性的操作,这包括删除噪点和点云拼接等,待得到完好的点云数据再进入检测过程。其操作过程可简单归纳为:点云处理、对齐、比较、分析和生成报告四个阶段。

Geomagic Qualify 基本流程图如图 9.7 所示,从中可以大致掌握 Geomagic Qualify 的操作过程与比较分析功能。

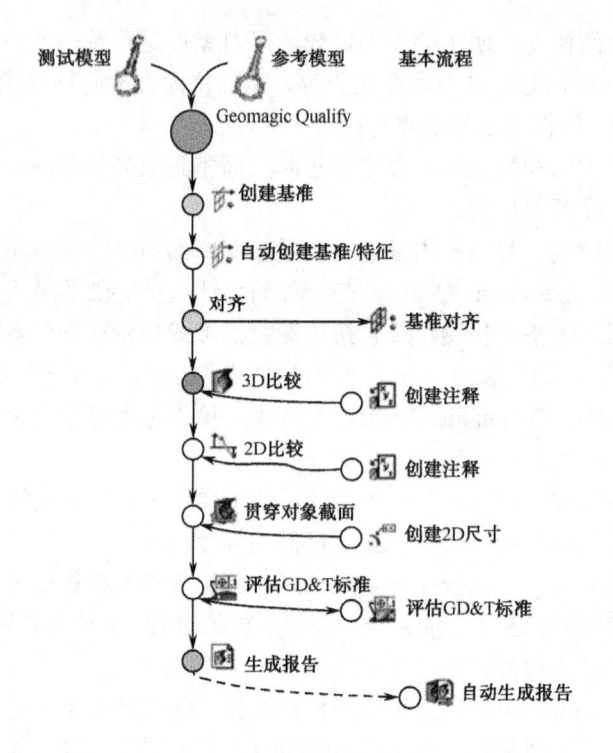

图 9.7　Geomagic Qualify 操作流程

以下就从四个阶段分别介绍 Geomagic Qualify 的主要功能。

1）点云处理

点云处理包括删除噪点、数据采样和点云拼接等操作。使用三维扫描设备得到实物的点云数据时，难免会引入一些杂点，这将对检测结果带来影响。因此，在将扫描所得到的点云数据导入到 Geomagic Qualify 后，应将多余的点删除。操作时可通过手选将一些多余的点删除，也可利用"非连接项"、"体外孤点"命令让软件自动选择多余的点，通过手动将其删除。"数据采样"通过简化点云数据，可以在保持精度的同时加快检测过程。点云拼接是将零件的各部分点云数据拼接成一个完整的点云数据。当扫描设备不能将整个零件一次全部扫描时，可在零件上贴上标志点，把零件分成几个区域分别扫描。导入软件后再组合成完整的零件点云数据。

2）对齐操作

经过处理后的点云数据在与 CAD 模型比较前，应将它们尽可能重合在一起，这样就可以通过对比看出各处的偏差，所以，应该首先通过坐标变换把两者统一到同一个坐标系下。对此，Geomagic Qualify 提供了多种对齐方法，常用的主要有以下三种。

（1）最佳拟合：该方法主要用在由自由曲面组成零件的对齐，因为这类零件比较难创建一些基准和特征，其原理是基于点的对齐。对齐过程可以分为粗对齐和精确对齐两个阶段进行，粗对齐是在点云数据上先选取一定数目的任意点，与 CAD 模型进行反复匹配。精确对齐就是在粗对齐的基础上再通过选取更多的点云，进一步提高对齐的质量。

（2）基准/特征对齐：该方法多用于有规则外形的零件，通过创建在 CAD 模型和点云上对应的基准或特征的重合，达到 CAD 模型和点云的对齐。对齐时应当约束模型的 6 个自由度，这样可使对齐实现完全约束，若是所创建的基准或特征达不到完全约束，可通过"最佳拟合"功能，完成对齐操作。使用该方法时，应先在 CAD 模型上创建基准或特征，再利用自动创建命令在点云上创建对应的基准或特征。

（3）RPS 对齐：RPS 是基于参考点系统的对齐方式。对齐过程包含两个操作：CAD 模型和点云上的各对参考点方向的对齐，所有参考点对的最佳拟合。参考点所确定的方向依赖于创建基准或特征的类型，以常用的"点目标"和"圆"为例。"点目标"确定的方向为其所在曲面处的法线方向，"圆"确定的方向为圆所在的面。

要利用 RPS 对齐得先有参考点，当建立特征或基准为平面，就不可以进行 RPS 对齐，而应建立如圆、椭圆、长方形这些包含有参考点的特征。

RPS 对齐和基准/特征对齐相同的地方在于都要先创建基准或特征，不同之处是，基准/特征对齐是按基准或特征对的前后顺序进行对齐，首先满足第一对特征或基准，而 RPS 对齐则没有对齐的前后之分。此外，它们的对齐原理也不相同，下面结合图来简单说明。

图 9.8 中创建了 Circle 2 在 CAD 模型和点云上，Circle 2 所在的平面为 XZ 面。利用基准/特征对齐时，其原理是使该对圆尽量贴合，以达到对齐的目的。而用 RPS 对齐，是通过 XZ 平面的对齐和圆心的最佳拟合来实现。

RPS 方法比较适合具有定位孔、槽等特征的零件的对齐。

在针对实际问题时，应根据具体情况选择一种最佳的对齐方式。相对而言，人为因素对对齐结果有较大的影响，而且后面的检测又是在对齐的基础上进行的，对

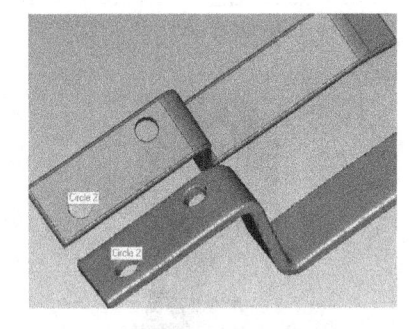

图 9.8 金属板与特征

齐的质量直接影响检测的结果，所以对齐操作是非常关键的一步，对操作者要求比较高，只有精确的对齐才能检测出零件的真实情况。

3）比较分析

比较分析是质量检测的中心，可以对零件点云数据实行具体的检测操作。前面所做的工作都是为比较分析作准备的，其目的是得到一个更能反映零件实际情况的结果。使用 Geomagic Qualify 可以实现零件的二维分析、三维分析及误差评估操作，具体包括以下几项。

二维分析：可以对模型的指定截面进行质量分析，进行尺寸标注或生成偏差图。

三维分析：通过 3D 比较，生成彩色的偏差图，结果显示为 CAD 模型或点云上的整体偏

差，编辑偏差色谱，通过/不通过分析，偏差和文本标注，对预定义的位置设置检测等。通过边界比较可分析边界处的偏差情况，在钣金件的回弹分析方面有较大的用途。

评估：通过创建特征和基准对零件进行三维尺寸分析。评估形位公差可分析平面度、圆柱度、面轮廓度、线轮廓度、位置度、垂直度、平行度、倾斜度和全跳动等。

4）生成报告

Geomagic Qualify 可以自动生成包括 HTML 格式，PDF 格式，Word 和 Excel 格式的多种报告，其中适用于 Web 的报告可以让各部门共享检测结果，改善了部门间的沟通。

9.3 Geomaigc Qualify 质量检测实训范例

下面以连杆零件的检测为例进行说明。

1. 辅助阶段

（1）导入点云数据　运行 Geomagic Qualify 后　单击"文件"→"打开"，找到连杆的点云数据"link rod.igs"，单击"打开"，得到连杆的点云数据，如图 9.9（a）所示。

（2）删除多余的点　用鼠标选中图 9.9（a）中两个小的黑点，单击"删除"按钮，结果如图 9.9（b）所示。

（3）点云着色　在视图中右击→"着色"→"着色点"，将点云染色，这样容易看清点云的形状，如图 9.9（c）所示。

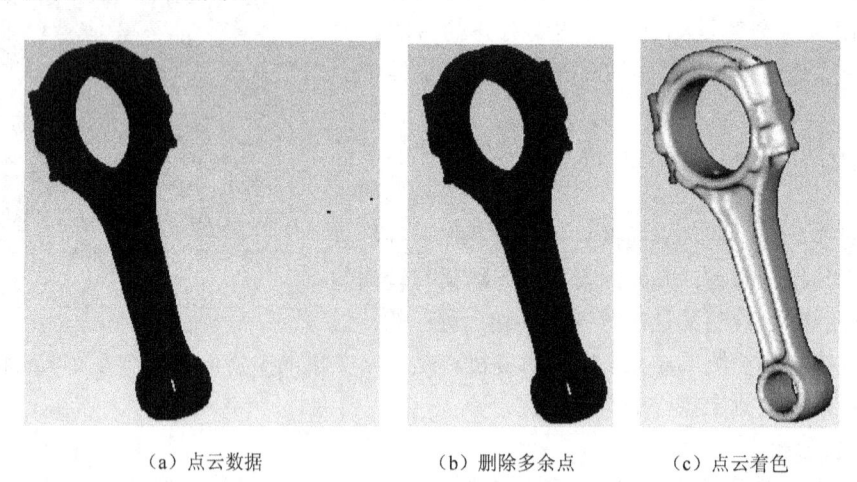

(a) 点云数据　　　(b) 删除多余点　　　(c) 点云着色

图 9.9　点云阶段

（4）导入参考模型　单击"文件"→"导入"，找到连杆的 CAD 模型"link rod .wrp"，单击"打开"按钮。图 9.10 中，左上是点云，右下是 CAD 模型。

2. 对齐操作

由于该连杆具有明显的特征，因此使用"基准/特征对齐"方式将模型对齐。该连杆的两个圆柱孔及螺纹孔比较重要，因为它们需要和别的零件进行配合，所以可以在这些地方创建基准和特征用于对齐。在大小两圆柱孔处分别创建两根轴，螺纹孔处创建圆特征。

（1）在 CAD 模型上创建基准　首先在软件左侧一栏中选择 CAD 模型，此时屏幕中只显示 CAD 模型。单击"工具"→"基准"→"创建基准"，在"基准类型"中选择"轴"，在轴方法中选择"CAD 圆柱/圆锥"，再选择 CAD 模型上的一个圆柱面，系统自动创建好一根轴（见图 9.11 轴 3），单击"下一个"，根据同样的方法，选择另一个圆柱面，创建另一根轴（见图 9.11 轴 4）。

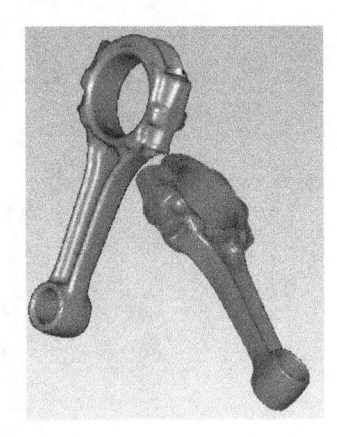

图 9.10　导入参考模型

（2）在 CAD 模型上创建特征　单击"工具"→"特征"→"创建特征"，在类型中选择"圆"，在方法中选择"CAD"，在 CAD 模型上选择圆边界，创建圆 1（见图 9.12）。

（3）在点云上自动创建基准和特征　单击"工具"→"自动创建基准/特征"→"应用"→"确定"，在 CAD 模型上创建的轴和圆自动创建到了点云上，如图 9.13 所示。

（4）将点云与 CAD 模型对齐　单击"工具"→"对齐"→"基准/特征对齐"，在"基准/特征输入"一栏中先选"基准"→"自动"，再将"基准/特征输入"一栏选为"特征"→"自动"，软件自动创建点云和 CAD 模型上对应的基准和特征。点云与 CAD 模型对齐前如图 9.14 所示，单击"确定"按钮后，对齐效果如图 9.15 所示，对齐误差和约束状态统计数据如图 9.16 所示。

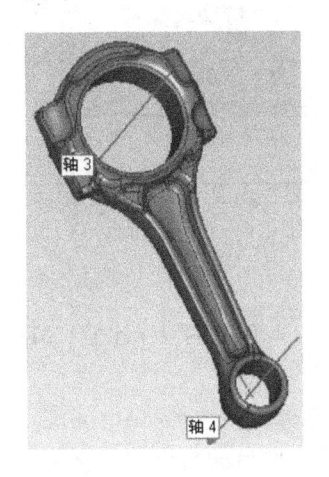

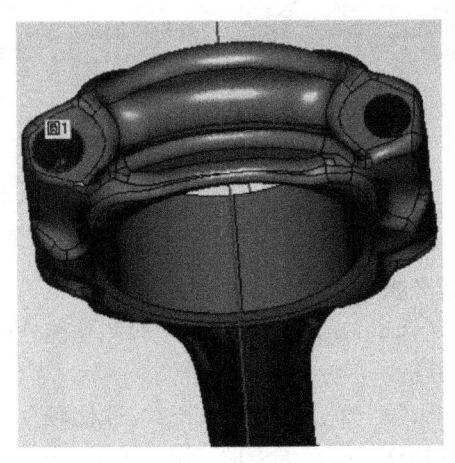

图 9.11　创建轴　　　　　　图 9.12　创建圆 1

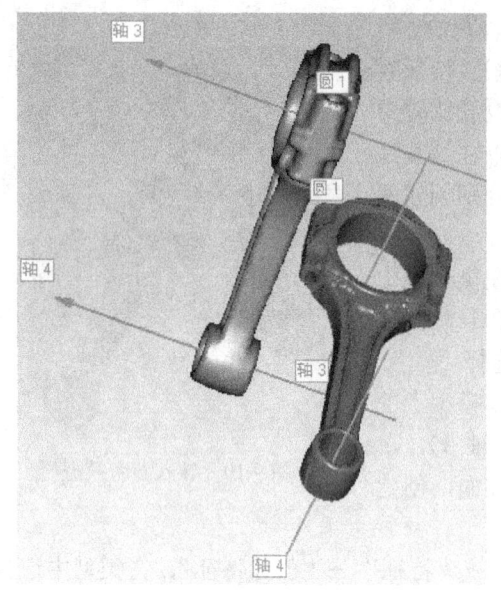

图 9.13　自动创建基准/特征

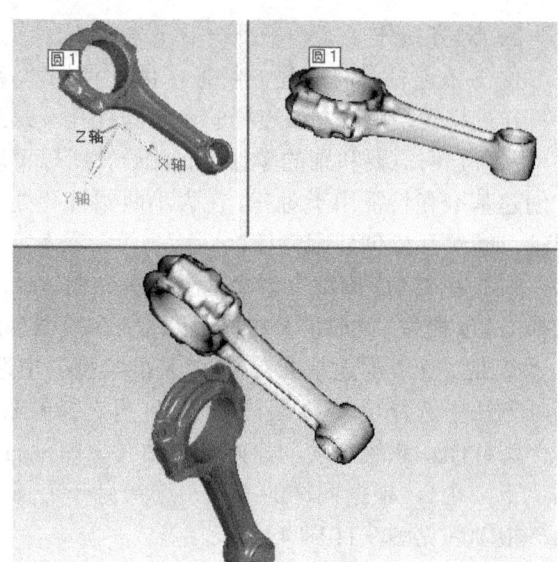

图 9.14　对齐前

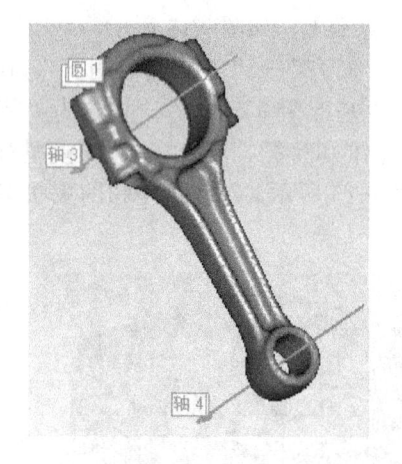

图 9.15　对齐后

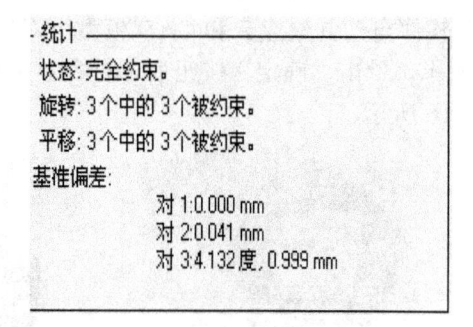

图 9.16　对齐后统计数据

3. 比较分析

下面主要介绍 Geomagic Qualify 检测功能的操作方法，包括有 2D 比较、3D 比较、创建注释、尺寸分析，形位公差评估等。

（1）3D 比较　单击"分析"→"3D 比较"，在偏差类型中选择"3D 偏差"→"应用"，生成点云与 CAD 模型的偏差图（见图 9.17（a））。由于软件自动给出的设置可能不能很好地反映实际偏差情况，需要重设"最大临界值"、"最大名义值"、"最小名义值"、"最小临界值"。

在"最大临界值"中输入 5，回车确认，在"最大名义值"输入 0.5，回车确定认，上述四个值分别为 5 mm、0.5 mm、-0.5 mm、-5 mm，更改后显示结果如图 9.17（b）所示。

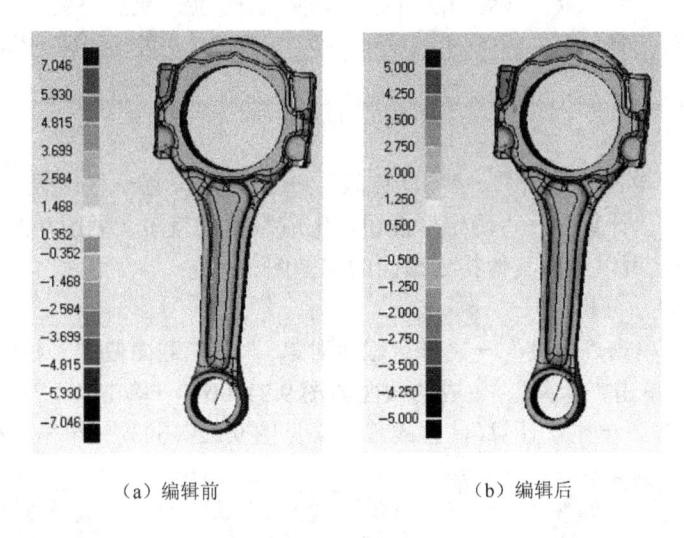

（a）编辑前　　　　　　　　（b）编辑后

图 9.17　3D 比较

（2）创建注释　单击"结果"→"创建注释"，将上下公差分别设为 0.5、-0.5，在模型上选择不同的注释区域→"确定"。在模型上显示每一处的具体偏差值如图 9.18 所示，图 9.19 显示出注释的具体情况。在单击"确定"之前，可以单击"编辑显示"，勾选需要显示的项，从而改变注释显示结果。图 9.18 中只勾选名称、颜色框、偏差 Dx、Dy、Dz 和偏差大小。

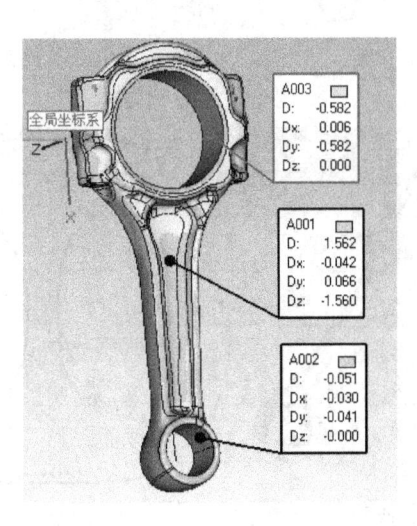

图 9.18　创建注释

名称	偏差	状态	上公差	下公差	参考X	参考Y	参考Z	偏差半径	偏差X	偏差Y	偏差Z	测试X	测试Y	测试Z	法线X	法线Y	法线Z
1	A001	1.562	失败	0.500	-0.500	53.743	-38.397	-14.011	1.000	-0.042	0.066	-1.560	53.701	-38.331	-15.571	-0.027	0.042	-0.999
2	A002	-0.051	通过	0.500	-0.500	128.899	-46.500	-14.394	1.000	-0.030	-0.041	-0.000	128.868	-46.542	-14.394	0.593	0.805	0.002
3	A003	-0.582	失败	0.500	-0.500	0.228	-62.498	-8.729	1.000	0.006	-0.582	0.000	0.234	-63.080	-8.729	-0.011	1.000	0.000

图9.19 注释结果

（3）2D比较 单击"分析"→"2D比较"→在截面位置一栏中设置截面的位置（见图9.20（a））→单击"计算"→"确定"按钮，生成截面偏差图（见图9.20（b））。通过调整截面的位置和方向，可以生成其他指定截面的偏差图。

（4）点云2D尺寸分析：

① 创建截面 单击"工具"→"贯穿截面对象"→在截面位置一栏中设置截面的位置（见图9.21（a））→单击"计算"，生成的截面如图9.21（b）→单击"下一个"→调整截面位置（见图9.22（a））→单击"计算"，生成截面（见图9.22（b））→单击"确定"按钮。

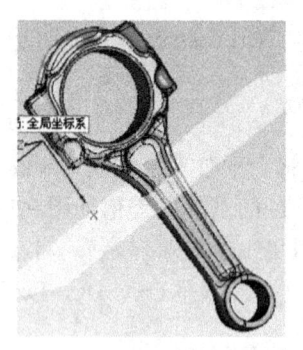

(a) 确定截面位置 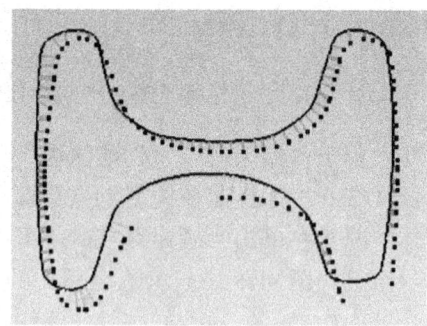　　　　(b) 比较结果

图9.20 2D比较

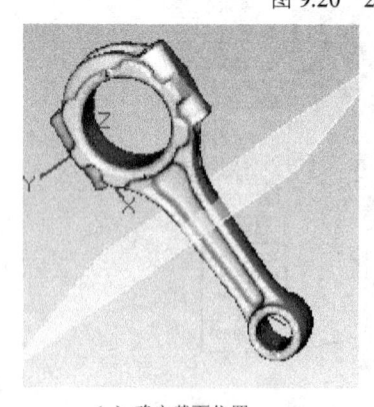

(a) 确定截面位置 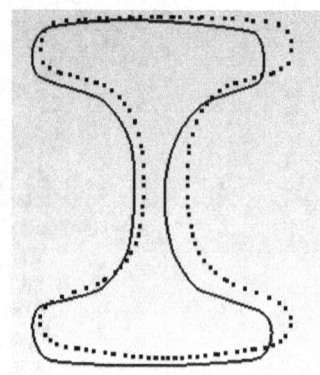　　　　(b) 生成截面

图9.21 创建截面1

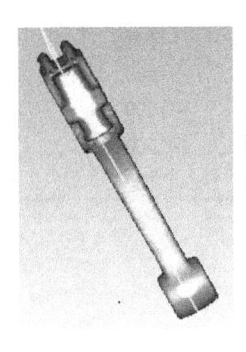

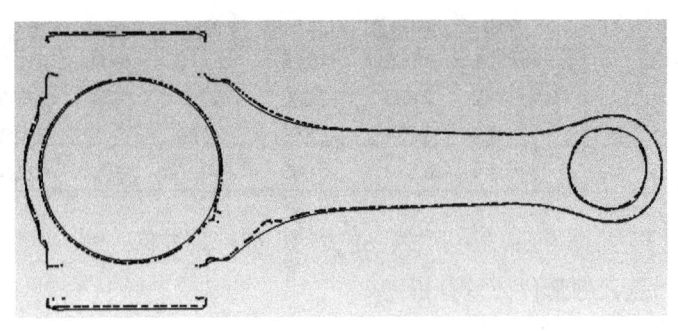

（a）截面位置　　　　　　　　　　　（b）生成截面

图 9.22　创建截面 2

② 参数设置　在左侧顺序树中单击"点云"→"横截面"→"横截面 1",屏幕中显示见图 9.21（b）,单击"分析"→"创建 2D 尺寸",进入创建 2D 尺寸菜单栏,单击"选项",在尺寸选项菜单栏中勾选"自动探测名义值",当对点云进行标注时,软件自动探测出对应在 CAD 模型上的值。此外,将上下公差分别设为 0.5 mm 和-0.5 mm。

③ 尺寸标注　在尺寸类型中依次有水平、垂直、半径、直径、角度、平行、2 点、文本 8 个类型。选择"垂直",在拾取方法一栏中选择"测试"（表示对点云测量）。用鼠标在图中选择区域,创建尺寸 1（如图 9.23（a）所示,长方形框中为选择区域）,单击"下一个",如此反复操作可以创建多个尺寸（如图 9.23（b）所示）,图 9.24 显示每个尺寸的具体偏差情况,包括有名称、测量值、名义值、偏差、状态和上下公差,其中上下公差是自己设置的值,其他数值和结果由软件自动探得。

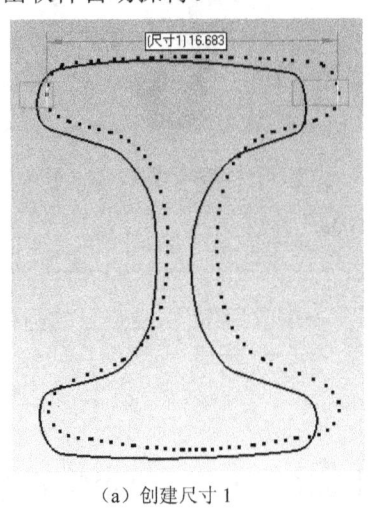

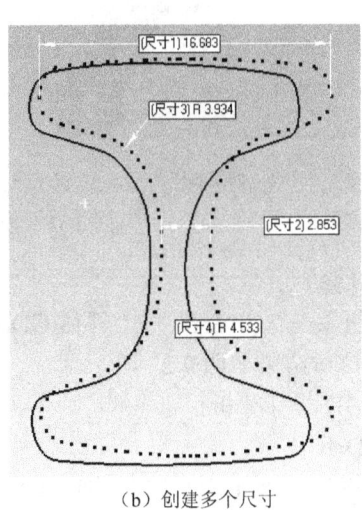

（a）创建尺寸 1　　　　　　　　　　　（b）创建多个尺寸

图 9.23　生成 2D 尺寸

	名称	测量值	名义值	偏差	状态	上公差	下公差
1	尺寸1	16.683	15.265	1.418	失败	0.500	−0.500
2	尺寸2	2.853	2.096	0.757	失败	0.500	−0.500
3	尺寸3	3.934	3.669	0.265	通过	0.500	−0.500
4	尺寸4	4.533	5.865	−1.331	失败	0.500	−0.500

图 9.24　尺寸值

（5）点云的形位公差分析：

● 创建 GD&T 标注

① 单击"分析"→"GD&T"→"创建 GD&T"，从类型中可知，可以创建的形位公差有平面度、圆柱度、面轮廓度、线轮廓度、位置度、垂直度、平行度、倾斜度和全跳动。

② 选择"圆柱度"→选择大圆柱面，圆柱度误差设为 0.5 mm，创建大圆柱的圆柱度（见图 9.25（a）圆柱度 1）→单击"下一个"→选择小圆柱面，同样将圆柱度误差设为 0.5 mm，创建小圆柱的圆柱度（见图 9.25（b）圆柱度 2）。

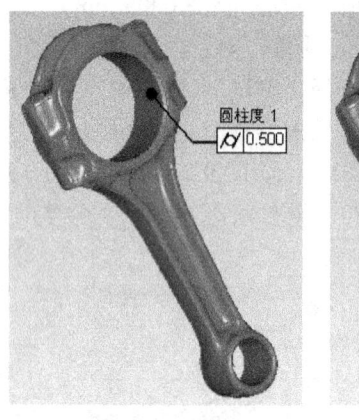

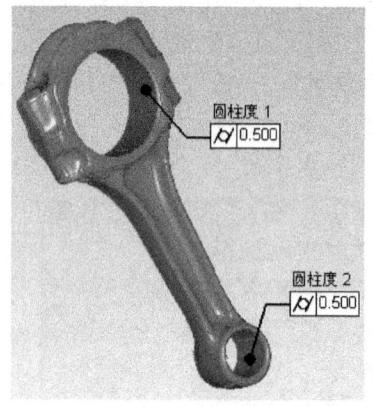

　　（a）创建圆柱度 1　　　　　　（b）创建圆柱度 2

图 9.25　创建 GD&T 标注

● 评估 GD&T

单击"分析"→"GD&T"→"评估 GD&T"→"应用"，生成点云的圆柱度，如图 9.26 所示，评估的具体结果如图 9.27 所示。

（6）点云 3D 尺寸分析：

● 创建 3D 尺寸

单击"分析"→"3D 尺寸"，在尺寸类型中选择"平行"和"3D"，在拾取方法中选择"基准"→在屏幕中依次选择 CAD 模型中的两根轴→生成两根轴的距离（见图 9.28）→单击"确定"按钮。

● 自动创建 3D 尺寸

单击"分析"→"自动创建 3D 尺寸"→"应用"→"确定"按钮,在左侧顺序树中单击"点云"→"尺寸视图"→"尺寸视图 1",便可看到在点云上自动创建的 3D 尺寸(见图 9.29),检测的结果如图 9.30 所示。

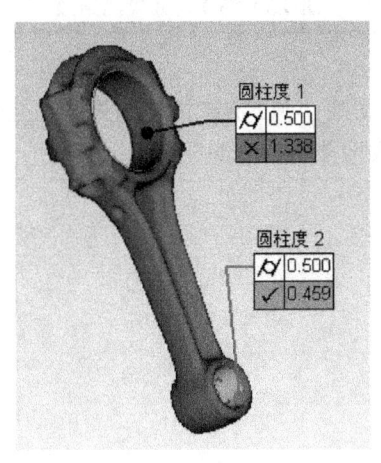

图 9.26 评估 GD&T

	名称	公差	测量值	#点	#体外孤点	#通过	#失败	最小值	最大值	公差补偿	注释	状态
1	圆柱度 1	0.500	1.338	15 942	106	15 632	204	−0.669	0.669	0.000		失败
2	圆柱度 2	0.500	0.459	4339	66	4273	0	−0.229	0.229	0.000		通过

图 9.27 评估结果

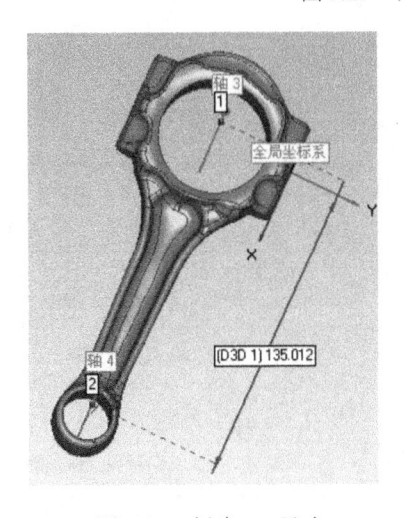

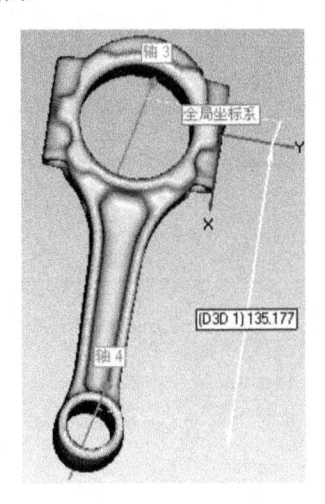

图 9.28 创建 3D 尺寸   图 9.29 自动创建 3D 尺寸

	名称	测量值	名义值	偏差	状态	上公差	下公差
1	D3D 1	135.177	135.012	0.165	通过	0.500	−0.500

图 9.30　3D 尺寸检测结果

4．输出报告

单击"报告"→"创建报告",可以定制报告的格式及更改报告的输出目录等,设置完后单击"确定",软件自动生成检测报告(见附录)。

第 10 章　FreeForm 触觉造型系统

多年来，在人机交互领域的研究中，人们主要关注视觉和听觉，而忽略了其他感觉形态。随着计算机性能的大幅提升，计算机交互途径的局限已越来越突出，其他感觉形态的研究和应用也变得越来越重要，触觉交互作为一种新兴的人机交互手段应运而生。

触觉交互设备开辟了多种可能的应用领域，包括产品设计和制造、医疗领域应用、工作培训等。SensAble Technologies 公司的 Phantom 系列产品采用电子笔式的力反馈触觉交互设备，在医学、艺术等领域已经得到广泛的使用。Force Dimension 公司的 Omega 和 Delta 系列产品则由于采用了独特的 Delta 结构，能够实现较高的作用力输出和再现精度。针对游戏娱乐领域，Logitech 和 Microsoft 公司分别推出了名为 Force 3D 和 Sidewinder 的游戏杆，它们能够在电子游戏中获得较为真实的力反馈感觉。

作为人机交互领域的最新技术，触觉交互技术最引人注目的应用是计算机辅助设计（CAD）。通过触觉交互界面，设计师不仅能看到模型，还可以"触摸"模型，产生更真实的沉浸感。SensAble Technologies 是世界领导级的三维（3D）触觉设计系统公司，一直致力于为制造业提供有效的设计方案，于 1999 年推出了 FreeForm 触觉式设计系统，充分考虑了生产和应用的需要，大大减少了设计师在产品设计过程中可能遇到的困难。

10.1　FreeForm 系统简介

FreeForm 采用取得了世界专利的 3D Touch 技术，能够将创意、灵感、目的和意图直接表现在数字模型中，如图 10.1 所示。3D Touch 技术由机械部分 PHONTOM，软件系统 GHOST 与处理对象数字黏土 Virtual Clay 三部分构成。其中 PHONTOM 是一个硬件接口，带有一个 6 自由度的操作杆，它提供了精确的坐标输入和力反馈输出，让操作者感受到对象表面的硬度、纹理和摩擦力，达到触觉和力量反馈的目的。GHOST 是一个类似"触觉引擎"的软件系统，它可以经由复杂的计算，处理由简单到高阶的触觉运算，再由 PHONTOM 硬件接口输出力量，让操作者感受到力量反馈。数字黏土是 FreeForm 系统处理的体素对象，结合使用者所用的力、移动位置、材质属性等因素，将运算结果反映为屏幕上数字黏土的变化。

图 10.1　FreeForm 系统

10.1.1　系统操作界面

启动 FreeForm 系统，可以看到如图 10.2 所示用户操作界面，界面主要分为 5 块：标题栏、菜单栏、工具模块、状态栏和视图区域。

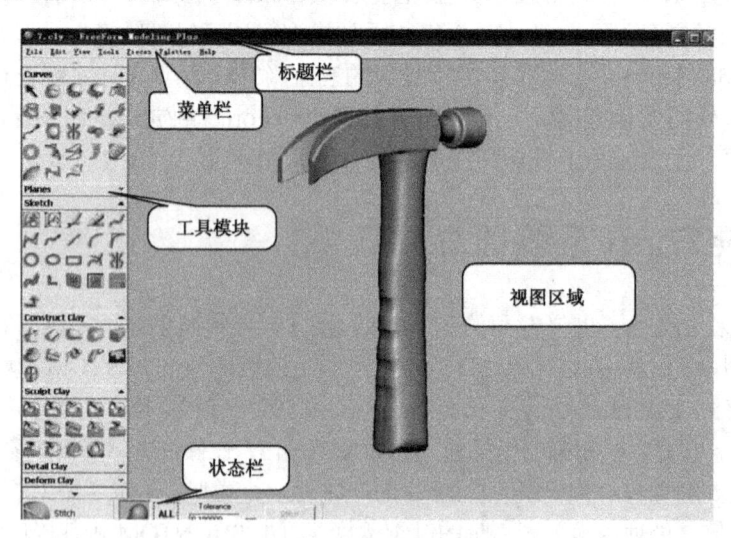

图 10.2　FreeForm 操作界面

1）标题栏

标题栏位于 FreeForm 操作界面的左上角，显示软件当前部件的名称。

2）菜单栏

菜单栏位于操作窗口的左上方，由 7 个下拉子菜单组成，它们分别是文件（File）、编辑（Edit）、视图（View）、工具（Tools）、组件（Pieces）、工具板（Palettes）和帮助（Help）菜单。

文件（File）：包括打开或创建新的模型、存储、输入和输出模型等功能。

编辑（Edit）：包括取消上次操作、复制、粘贴、删除和插入黏土等命令。

视图（View）：可以调整对象不同角度的各个视图，通过对象列表（Object List）查看处理对象的信息等。

工具（Tools）：可以调整黏土粗糙度（Clay Coarseness），通过尺子命令（Ruler）可对黏土进行测量等。

组件（Pieces）：包含创建新组件、激活组件、分割组件和合并组件等命令。

工具板（Palettes）：显示或隐藏某个子工具模块。

帮助（Help）：可以查看某些命令的快捷键和帮助信息。

3）工具模块

工具模块区位于软件操作窗口的最左侧，囊括了 FreeForm 所有的功能命令，包含 13 个子工具模块，它们分别是：构造 3D 曲线（Curves）、创建平面（Planes）、草图设计（Sketch）、构造黏土（Construct Clay）、雕刻黏土（Sculpt Clay）、黏土细节造型（Detail Clay）、变形黏土（Deform Clay）、选择/移动（Select/Move）、曲面/实体（Patches/Solids）、出模（Mold）、渲染（Rendering）、着色（Paint Clay）和实用工具（Utilities）等模块。

4）状态栏

状态栏位于操作窗口的左下角，用于显示当前使用的工具，包含当前操作下的一些辅助命令。

5）视图区域

创建、显示和编辑修改当前处理对象的区域。

10.1.2　力反馈设备 PHONTOM

如图 10.3 所示，PHONTOM 力反馈设备由以下几个部分构成：

（1）金属基架；（2）工作指示灯；（3）电子笔；（4）手腕支撑垫；（5）连接计算机的并行端口；（6）连接第二台力反馈设备的并行端口；（7）电源接口。

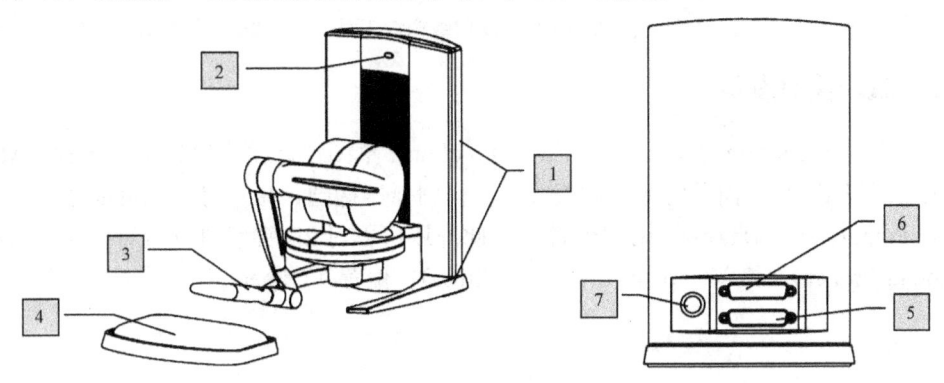

图 10.3　PHONTOM 的组成部分

10.2 主要功能模块介绍

10.2.1 构造 3D 曲线

像其他 CAD 软件一样，FreeForm 也能在三维空间中自由地构造 3D 曲线，可以对曲线进行打断、合并、镜像、偏置和复制等操作，如图 10.4 所示。不同的是，FreeForm 的 3D 曲线构造工具还可以根据已有的黏土造型构造曲线。Draw Curve 命令可以直接在黏土表面构造 3D 曲线，Fit Curve 命令则可以让 3D 曲线紧贴黏土表面。Slice Clay 命令可以通过选择一个与黏土相交的平面进行相交来获取黏土表面的 3D 曲线。Copy Form Sketch 命令可以从绘制好的 2D 草图中复制得到 3D 曲线。

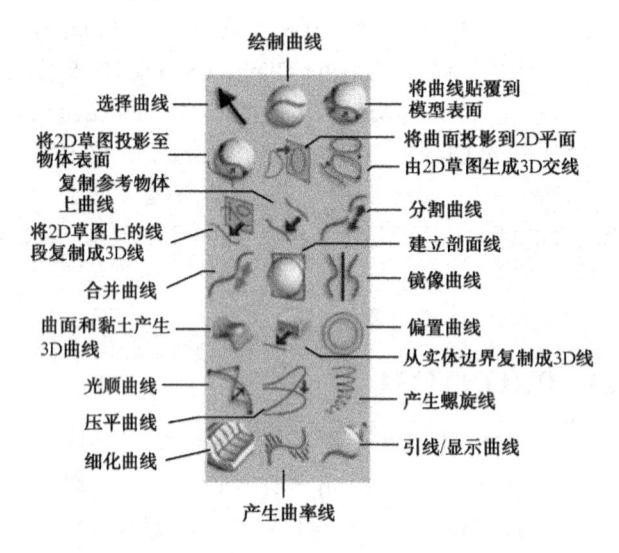

图 10.4　3D 曲线构造工具

10.2.2 2D 草图设计

图 10.5 为 FreeForm 的草图设计工具。FreeForm 草图设计模块也具备了一般 CAD 软件所有的常用绘图工具，简单的如绘制直线、圆、圆弧、椭圆、矩形等，也可以通过作控制点（Control Point Curve）来绘制 NURBS 曲线。此外还可以对 2D 曲线进行编辑操作，比如倒圆角（Round Corner）、修剪（Trim）、镜像（Mirror）、偏置（Offset）等。

第 10 章　FreeForm 触觉造型系统

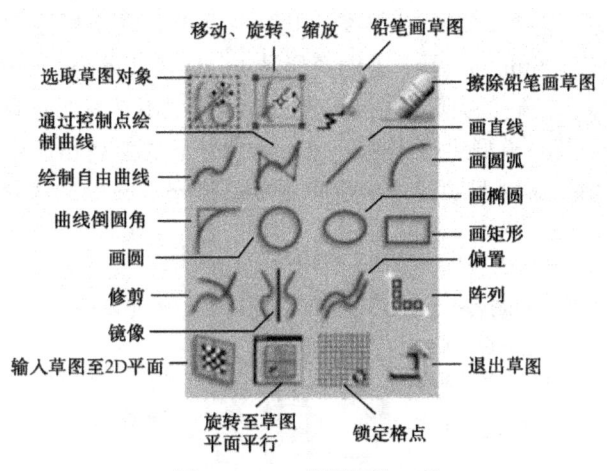

图 10.5　2D 草图设计工具

10.2.3　构造黏土

构造黏土工具可在 FreeForm 造型中快速生成各种形状的黏土，如图 10.6 所示。增加黏土（Add Clay）是 FreeForm 造型软件中常用的典型工具，使用 Add Clay 造型可以设计新增黏土的外形，如球形、柱形或锥形等。膨胀（Inflate）可以构造一些薄壁件。如其他 3D 造型软件一样，FreeForm 也能完成常见的拉伸成型（Wire Cut）、旋转成型（Spin）和扫掠成型（Loft）等。但 FreeForm 也提供了更多工具以实现特殊的外形，如 Toothpaste 工具的造型过程就像挤牙膏一样，按照设计者的意图移动手中的操作杆塑造外形，可实现不规则外形的造型，如蚂蚁的触须等。

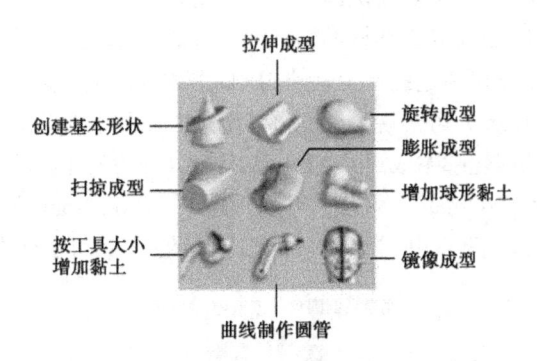

图 10.6　构造黏土工具

10.2.4　雕刻黏土

FreeForm 富有创新性的特点主要体现在雕刻黏土工具上，它好比一个完整的雕刻工具箱，提供了多种功能用来实现黏土外形的雕刻，如图 10.7 所示。雕刻工具（Sculpt Tools）可

143

选用不同的雕刻刀对黏土进行雕刻,当雕刻刀接触黏土时,黏土反馈的阻力可感受到黏土的真实存在。球形挤压工具 Smudge 用于压缩变形黏土,吸附工具 Attract 可通过有吸引力的球形雕刻刀,在黏土上吸出凸起的外形。由于 FreeForm 造型不是参数化设计,因此在造型过程中可以使用 Smooth 工具对模型进行平滑处理,达到外形的美观和连接的自然,平滑工具有线平滑和面平滑,分别针对模型的转角部位和主体面部分。

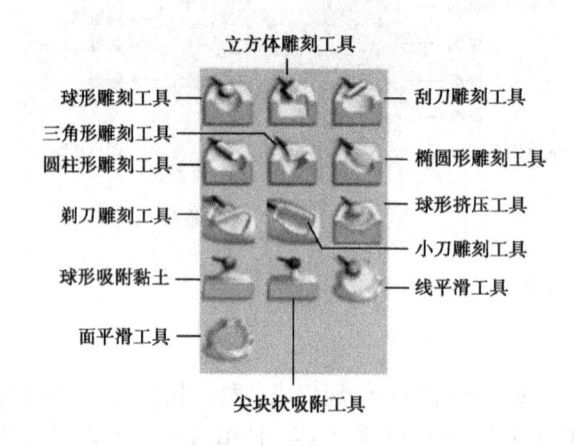

图 10.7　雕刻黏土工具

10.2.5　黏土细节造型

在产品的造型过程中,尤其是对于玩具、鞋业和汽车内部设计等,各种细节特征在传统 CAD 建模技术下不容易实现,FreeForm 创新性的黏土细节造型工具,弥补了上述的不足,如图 10.8 所示。按曲线雕刻工具 Groove 可通过黏土上画的 3D 曲线生成凹槽或隆起变半径倒圆角。变半径倒角工具(Variable Round Edge)可实现半径变化的倒角。在黏土细节造型工具中,还有四种浮雕(Emboss)工具,分别为曲线轮廓生成浮雕(Emboss with Curve)、区域浮雕(Emboss Area)、贴材质浮雕(Emboss with Wrapped Image)和图片映射浮雕(Emboss Image),如图 10.8 所示。当产品的表面要设计出凹凸的花纹图案或贴材质时,合理选用浮雕工具可实现不同形式的浮雕造型。

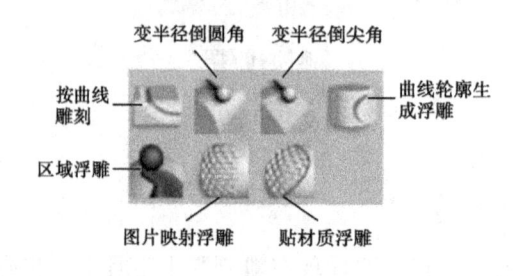

图 10.8　黏土细节造型工具

10.2.6 变形黏土

FreeForm 变形黏土主要利用拖拉工具和变形工具实现黏土的外形变化，如图 10.9 所示。拖拉（Tug）工具利用雕刻球的球心拖出或推入黏土，区域拖拉（Tug Area）则是利用在黏土上画出轮廓线，以限制对黏土进行拖拉的区域。区域变形工具 Shape Clay 利用对黏土上的轮廓线和控制点的操纵，实现模型的多样化变形。而整体变形工具 Deform 通过一个盒状的控制网格包围黏土模型，利用对网格控制点的操纵实现模型的整体变形。

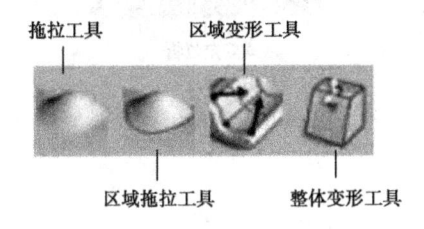

图 10.9 变形黏土工具

10.2.7 选择/移动

FreeForm 的选择/移动工具模块主要包括选择和移动两部分：利用选择工具可以将单一的黏土对象分割为几个不同的部分，方便对黏土进行局部处理；利用移动工具可以将外部数据与 FreeForm 的坐标系进行对齐。

FreeForm 的选择工具包括五个选项，如图 10.10 所示，通过球形工具 Ball Select 在黏土表面需要选取的区域进行染色来选择；矩形工具 Box Select 可以在三维空间中作一个 3D 的立体箱来选择被包含在内的黏土；Profile Select 是通过 2D 图形来选取，先绘制 2D 草图，选取时，垂直于草图方向且被包含在所绘制文件内的区域将被选取；选择独立黏土 Lump Select 通过一个球形工具来选择，与球形工具接触且与其他黏土没有接触的独立黏土将被选取；平面选择黏土 Plane Select 通过选择一个与黏土相交的平面来选择。

保护黏土 Mask 命令与球形选择工具相类似，只不过被选取的区域将被保护，而不能再对其进行修改，要修改的话可以在 Mask 的状态下将受保护的区域解除。在需要对黏土进行局部修改时这个命令是很有效的。

曲线分割黏土（Separate with Curve）可以通过在黏土表面作一个闭合的 3D 曲线来将黏土分割。在处理比较复杂的黏土造型时，可通过此命令将黏土分割为几个不同的文件进行修改。重新定位文件（Reposition Piece）可以通过平移或旋转来改变黏土的空间位置和坐标值。

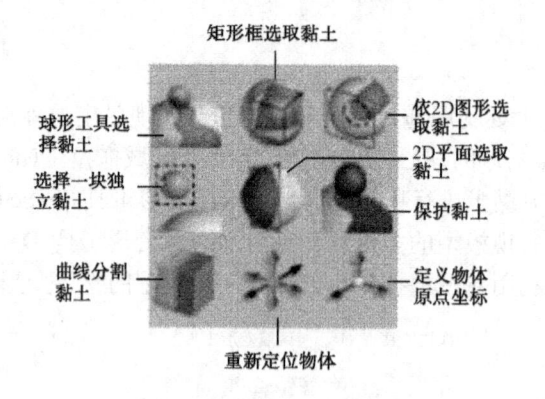

图 10.10　选择/移动工具

10.2.8　曲面/实体

FreeForm 也具有简单的曲面造型和实体造型功能，可进行曲面或实体的建构和曲面修剪等操作，还可以将实体转化为黏土进行雕刻等操作，对实体造型进行再设计，如图 10.11 所示。

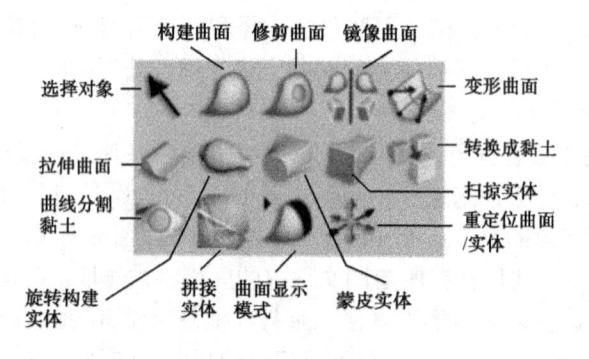

图 10.11　曲面实体/工具

除了上述几个主要的模块，FreeForm 还包含有出模（Mold）、渲染（Rendering）、着色（Paint Clay）等辅助功能模块。

出模（Mold）：可通过产生分模线（Parting Line Curve）、修改拔模角度（Fix Draft Angle）、产生薄壳（Shell）及定义分模等对设计好的黏土造型进行出模设计。

渲染（Rendering）：可通过改变材质（Material）、背景（Background）、灯光（Lighting）或其他属性对黏土或实体造型进行渲染来获得更自然更真实的模型。

着色（Paint Clay）：只能对黏土进行着色，可通过球形着色工具或喷漆工具（Airbrush）在黏土表面涂上任意的颜色。

平面（Planes）：用于创建和编辑平面。

实用（Utilities）：用于改变使用者的视觉效果，如透视（Perspective）、缩放到合适大小（Fit to View），对黏土、曲线、实体等对象进行显示和隐藏处理等。

10.2.9 系统特点

（1）更真实的沉浸感。传统 CAD 造型设计软件只包含视觉或者听觉形式，因此在建模过程中缺少设计师对模型的触感。FreeForm 具有独有的力反馈技术与虚拟触觉技术，填补了 3D 造型软件的空白，让设计人员在设计过程中不仅能看，还能"触摸"模型，可以感受到模型表面的形状变化。

（2）丰富的表现形式。在设计者进行构思时，往往会考虑绘图及模型生成难度等因素，这会限制设计者的想法。而 FreeForm 的可塑性及丰富的表现模式等特性，可以使设计人员不再需要考虑几何参数和操作界面等问题。

（3）方便控制材料属性。大部分实体模型都需要加热剂或激活剂，才能够改变材料的软硬程度和材料属性，而使用 FreeForm 软件进行设计时，只需要进行简单操作便可以控制材料的硬度及曲面的平滑度。

（4）数据交换方便。FreeForm 可通过*.stl、*.igs 等数据格式与其他正逆向 CAD 软件进行数据交换。在逆向工程中，可利用 FreeForm 的优势与 Geomagic Studio、Imageware、CATIA 或 UG 等正逆向 CAD 软件进行数据交换，进一步缩短产品开发周期，实现产品快速创新。

10.3 基于 FreeForm 的数据修复实训范例

光学扫描是目前逆向工程中表面数字化的主要方法，使用光学扫描仪测量时，由于模型表面反光、遮挡和操作人员操作水平等因素影响，模型一些细节特征扫描结果不太理想，容易造成部分特征的丢失，导致无法进行最后的重建工作，或者得到的三维模型失真。通过 FreeForm 对模型表面数据点云进行快速修复，可得到完整的模型表面数据，有利于进行下一步的曲面反求建模工作。

测量数据在导入到 FreeForm 时，系统会提示将其自动转换成数字黏土形式，结合系统命令可以很方便地对数字黏土进行雕刻和修改。操作者可以直接对数字黏土进行雕刻，就好像自己拿着雕刻刀在真实的环境中对真实的黏土进行雕刻一样。当雕刻刀碰到黏土时，系统会及时给予连续的力反馈，就好像真触摸到黏土表面一样。和其他软件不同的是，在导入数据时，系统会自动将一些体外孤点删除。但是仍然会有部分体外孤点不能被自动删除，这时可以使用选择工具，选择"所有"，然后反选模型主体，最后单击 Delete 键，即可删除所有的体外孤点。

FreeForm 提供了类似于大多 CAD 软件都具备的指令，如拉抻（Wire cut）、旋转（Spin）、放样（Loft）、镜像（Mirror）、扫掠（Sweep）、凹槽（Groove）、凸台（Emboss），也有自己独特的命令，如膨胀（Inflate）、变形（Deform）、平滑（Smooth）等，可以直接对特定的数字黏土区域进行修改。FreeForm 还提供了对点云数据的复制粘贴功能，如果模型上有相同的形状，就可以在修复完成其中一个之后，选择系统提供的复制、粘贴功能，对选定的数字黏土区域直接进行复制，从而避免重复的操作。

完成修复后的数据可以通过 .stl 格式文件直接输入快速成型机，加工出精确的产品实物模型，大大提高了快速成型效率。由于在数据修复方面独特的功能，以及在自由曲面设计方面的随意性和创造性，FreeForm 也可以被很好地应用于基于点云数据的曲面造型再设计。

下面以一架飞机模型为实例，说明如何利用 FreeForm 进行模型表面数据的修复。

（1）导入*.stl 格式文件。通常将外部文件导入 FreeForm 时，需要将其转换为黏土格式，并选择黏土的精度。黏土类型主要有实心和空心两种，而精度则可以自定义。精度越高，模型越精确，但精度的高低一方面取决于模型的类型，另一方面取决于计算机的配置。表面细节多且需要将其保留时精度选择高一些，会造成计算量增大，计算机处理速度相对变慢。实际处理时可将精度适当调低，方便进行数据修复，等数据修复完后再将精度适当提高。如图 10.12 所示，导入飞机模型文件，选择实心黏土，精度为 0.5 mm。

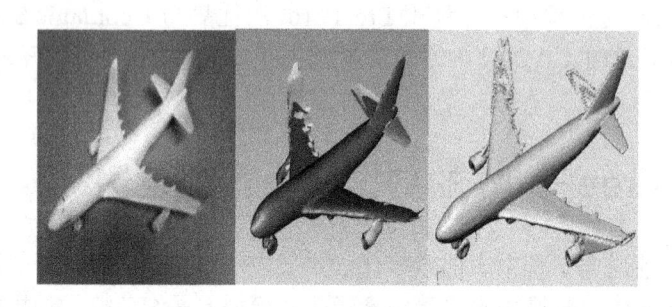

图 10.12　初始模型

（2）分割黏土。对于飞机等对称模型，只需对其一半进行修复，最后进行镜像操作即可。对于飞机模型等形状复杂的黏土，在逐步修复的过程中，往往希望对其某一部分进行单独操作，以免破坏其他部分的形状，或者不希望受到周围黏土的影响，这时需要对黏土进行分块。当需要修复的区域完成以后，再将其合并到主体中。可以依平面整齐分割，也可以依 3D 曲线随意分割。在需要分割的地方作一条封闭的 3D 曲线，然后选择"以三维线段分割黏土"命令即可，如本例中，将机翼、机轮等部分分割后如图 10.13 所示。

图 10.13　分割黏土

（3）膨胀黏土。对于一些薄壁件，如飞机模型中的机翼部分，可以用"膨胀"（Inflate）生长黏土的方式进行修复。首先在模型上对照黏土边界描出机翼的轮廓线，如图 10.14（a）所示。FreeForm 提供了全面的绘图工具，操作者手握电子笔，可以很方便地绘制出准确的 2D 图形。当电子笔的"笔尖"接触到绘图平面时，系统会传递一个反馈力，就好像拿着笔在纸面上绘画一样，然后执行"膨胀"命令。当光标接触到机翼轮廓线时，会出现一只"手"，这时只需要移动电子笔轻轻的拖拉，使轮廓线生长出一定的厚度，如图 10.14（b）所示。参照原模型的机翼反复调整该黏土的厚度和位置，使其尽量重合，再将原模型的该部分删除。

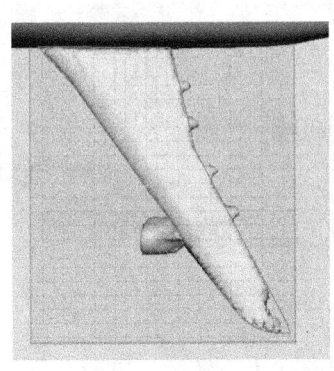

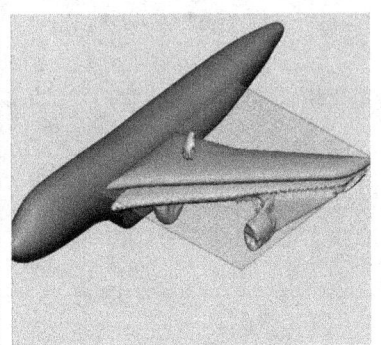

（a）机翼的轮廓线　　　　（b）膨胀

图 10.14　以"膨胀"方式长出黏土

（4）变形。运用变形（Deform）的方法对于平面和自由形体区域的修复极其有效，比如机身的平面区域。首先在需要修复的平面区域定义四条边界线，然后执行变形下的成形（Shape）命令，系统会自动地将其修复平滑。如图 10.15（a）所示，机身侧面平面局部有明显的凹凸不平，利用 Deform 修复后结果如图 10.15（b）所示。可以看到，使用 Deform 方法可以快速修复模型表面，且得到的表面光滑度很好。

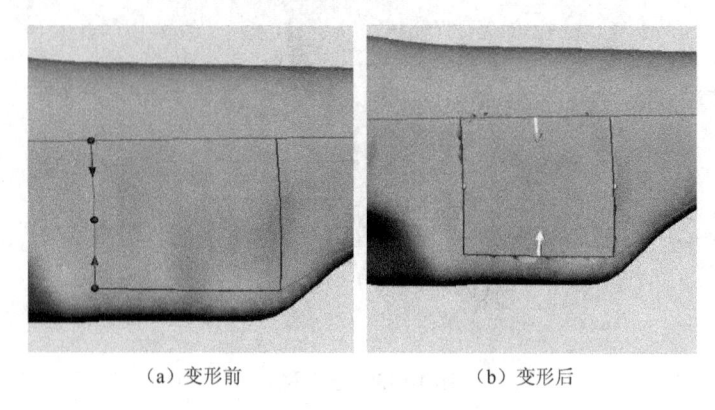

(a) 变形前　　　　　　　　(b) 变形后

图 10.15　用变形的方法进行修复

（5）平滑。运用平滑（Smooth）可以让模型表面更加光顺和美观，如图 10.16 所示。修复任何形体都需要用到这个指令，平滑又分为局部平滑和全局平滑。平滑还受到精度的影响，精度越低，平滑时黏土模型受到的影响越大。因此在精度较低，且黏土模型细节较多，曲率变化较大时不宜用平滑。对图中飞机模型尾翼和机体连接处进行局部平滑操作，得到更为光顺的表面。

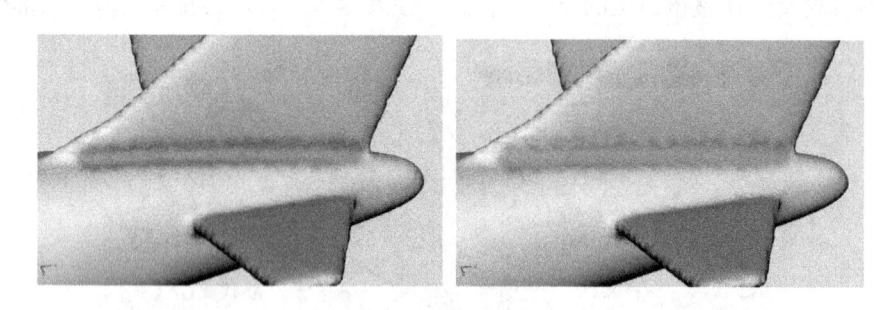

图 10.16　局部平滑

（6）旋转、拉伸。对飞机模型中像机轮、探照灯等旋转体，可像其他 3D 造型设计软件一样通过旋转、拉伸等操作得到。

最后进行镜像操作，得到一个飞机黏土模型的完整模型，将其精度提高为 0.1mm，再进行适当的全局平滑，得到最后的黏土模型，如图 10.17 所示，保存为 .stl 格式文件。

(a)修复前模型　　　　　　　　　(b)修复后模型

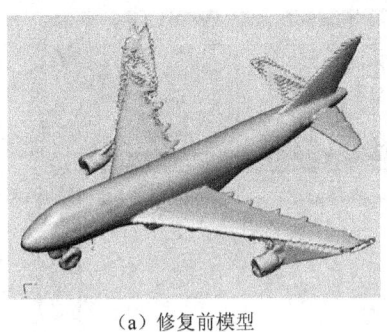

图 10.17　修复模型效果

10.4　基于 FreeForm 系统的造型设计实训范例

FreeForm 系统不仅能作为一种辅助手段应用于逆向工程，还可以直接作为一个重要的反求建模手段。FreeForm 反求建模过程大致为：点云数据→黏土造型→曲面构造→输出曲面/实体数据。即首先将测量好的模型表面点云数据导入 FreeForm 系统中，将其转换为黏土造型进行数据修改/修复，或直接在 FreeForm 中构造特定造型的黏土，然后在黏土表面铺面，最后将曲面缝合，输出曲面或实体。

拟合曲面需要的边界线通常为 3~4 条，可直接在黏土表面由 3D 曲线构造工具模块中的 3D 曲线命令来构建。需要注意的是，利用 FreeForm 进行反求建模时，为使重构的曲面误差尽量小，构建的边界线必须使其贴附于黏土，此时只需结合使用 3D 曲线构造工具模块中的贴附曲线（Fit curve）命令，或在状态栏中选中"贴附曲线"即可。同样，在利用上述方法得到的边界线进行曲面反求重构时，必须在状态栏中选中"贴附黏土"（Fit clay）辅助命令，使曲面贴附于黏土。

FreeForm 系统还提供了一种曲面反求重构的方法：自动曲面重构（Auto Surfacer），但此命令并不包含在 FreeForm 操作界面中，而是在文件输出（Export Model）时弹出的对话窗口选项中，如图 10.18 所示。具体操作为"文件"→"输出模型"→"保存类型"→"Autosurfacer"。

Autosurfacer 的过程为自动的，不需要人工干预，用户只需在自动铺面之前定义曲面的数量和控制点即可，图 10.19 所示为 Autosurfacer 得到的铁锤外表面。此方法的优点是全过程自动化，缺点是构建的曲面不是很规则，适用于比较复杂的模型（如工艺品）。

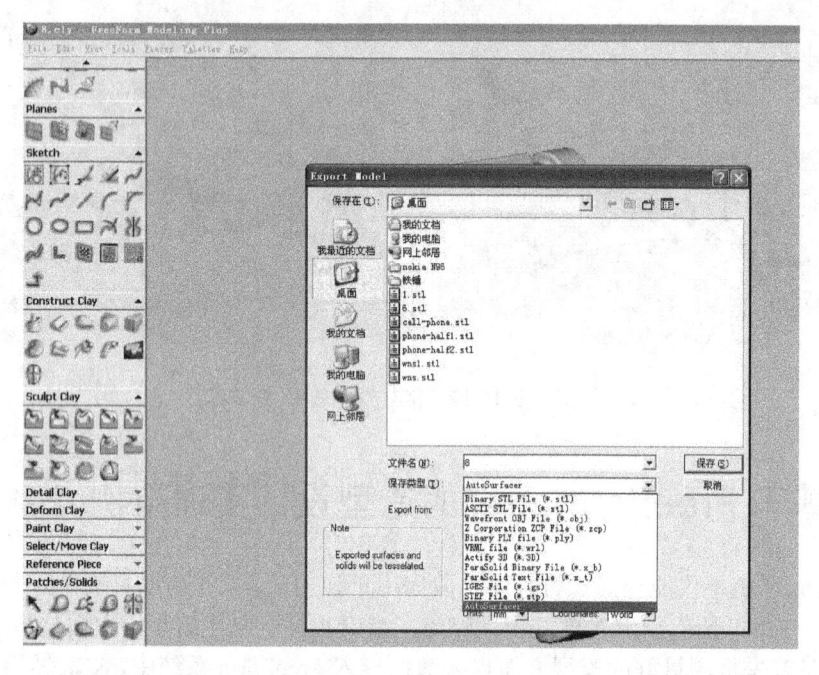

图 10.18　文件输出窗口

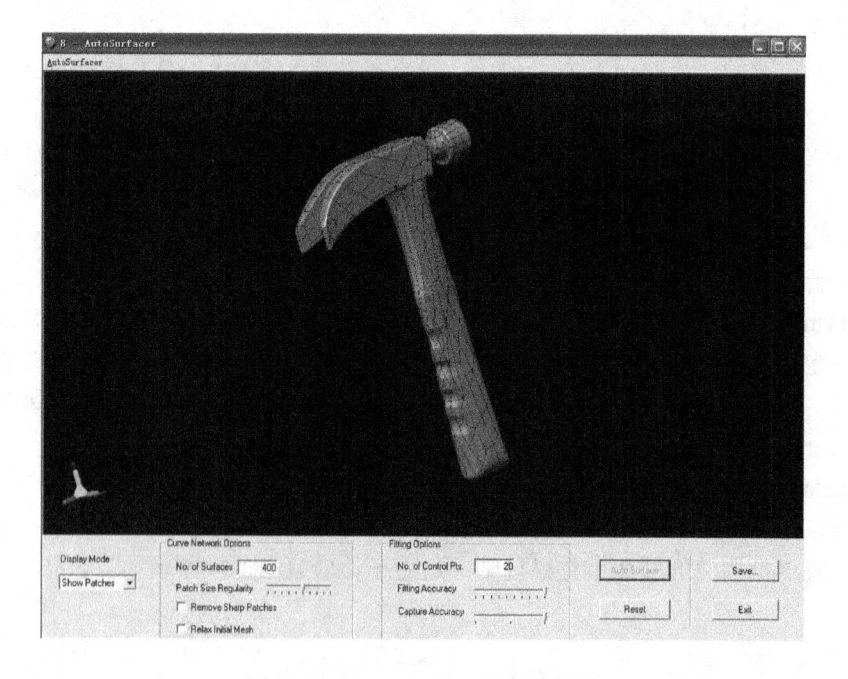

图 10.19　Autosurfacer 得到的曲面

第 10 章　FreeForm 触觉造型系统

目前传统的 CAD 软件（像 CATIA、UG、Soliworks 等）具有非常强大的实体和曲面造型设计功能，大多数机械产品都是经过这些软件设计得到的。但是一些形状比较复杂的实体，通常是由多个简单的部件和一些复杂的部件构成，而比较复杂的部件又通常是一些造型奇特或表面不规则的自由形体，使用上述软件设计进行设计时要花费较多的时间和精力。

尤其对于目前市面上很多比较更注重人性化而不是参数化的产品，比如鼠标、铁锤手柄等，还需要考虑到使用的舒适度，过多考虑参数的问题会限制设计师的设计灵感。

FreeForm 最大的特点就是"自由"，可以对黏土造型进行任意的雕刻和修改，使用 FreeForm 系统代替/结合传统的 CAD 造型设计软件进行产品的概念设计，不仅能缩短产品开发周期，还能充分发挥设计师的想象力，轻易设计出比较复杂或不规则的形体。

本章以铁锤为实例，说明如何在 FreeForm 上进行黏土造型和曲面反求建模设计，再与其他 CAD 软件上设计的部件进行合并，得到一个完整的实体。设计总体思路：对于需要精确设计的锤头，可在 CATIA 或 UG 等软件中进行参数化设计；对不需要严格设计的参数，而是更多考虑使用舒适度的锤柄部分，可以在 FreeForm 中设计好黏土造型，再进行曲面的反求建模；最后将两部分进行合并，输出一个完整的曲面/实体造型。

具体过程如下，对于正向设计中的锤头部分，这里不再详细描述。

（1）在 CATIA 中设计铁锤的锤头部分，如图 10.20 所示，并将该实体以 *.step 格式导入 FreeForm 系统中。

（2）进行铁锤手柄的设计。作手柄的轮廓线，然后使用"膨胀"命令，将其膨胀，如图 10.21 所示。

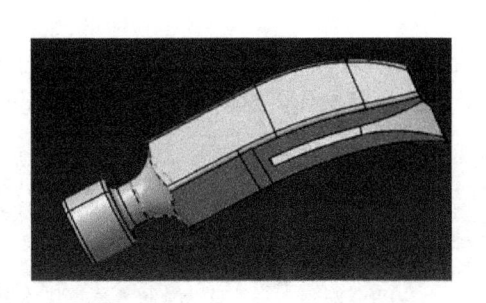

图 10.20　CATIA 中设计好的锤头部分　　图 10.21　膨胀

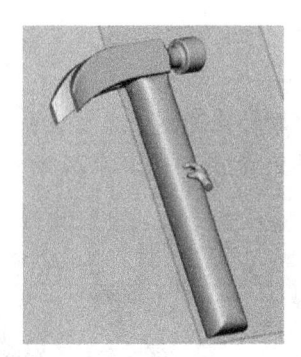

（3）使用变形（Deform）命令，调整手柄整体的大小和形状，然后将变形箱缩小到原来的一半，对手柄的上半部分进行调整，如图 10.22 所示。

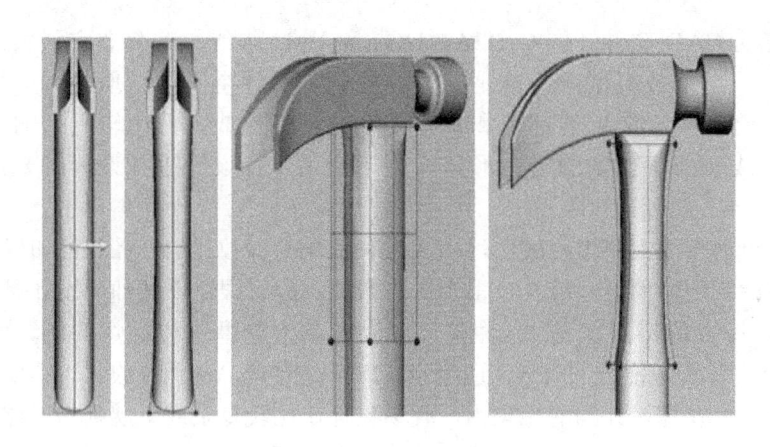

图 10.22 Deform 变形调整

（4）作一闭合的轮廓线，将锤头中与锤柄相接触的部分转化为黏土，如图 10.23 所示。

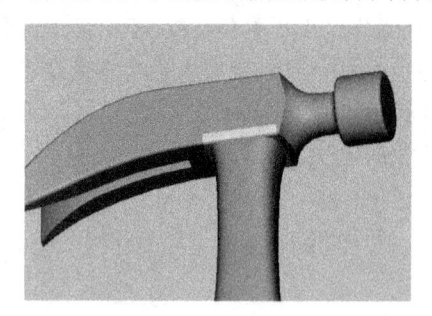

图 10.23 实体转化为黏土

（5）将新转化的黏土部分与手柄进行合并，成为一个黏土，并对结合处进行平滑和形状调整，让其更光滑，如图 10.24 所示。由于只对手柄操作，这时可将锤头隐藏起来。

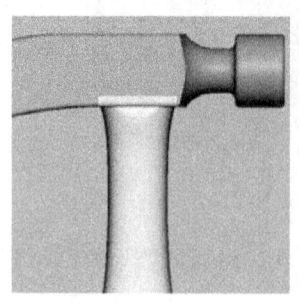

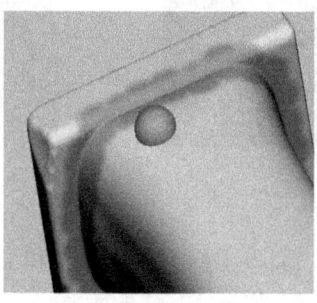

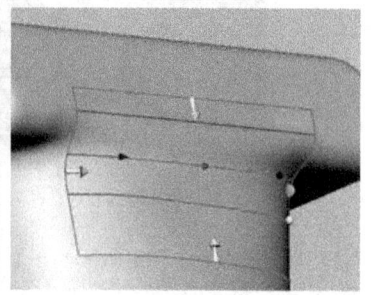

图 10.24 平滑连接处

（6）为了在使用铁锤时，手柄部分握着更舒服，且不易滑出，通常在手柄下半部分设计出符合手指的凹槽。在 FreeForm 中这个部分设计更简单更快速，只需作一组闭合的轮廓线，再使用区域变形功能，反复调整到需要的形状即可，如图 10.25 所示。

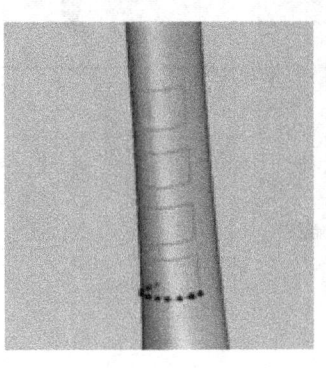

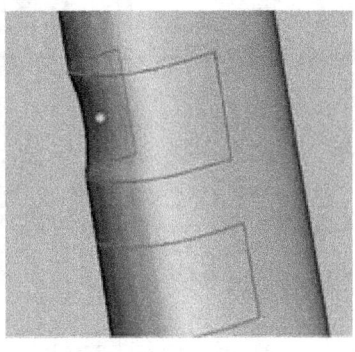

图 10.25 局部变形

（7）由于手柄部分是对称的，因此在对其铺面时，只需要铺一半，再进行镜像操作即可。提取锤头和手柄相结合部分的边界轮廓线以及手柄的对称中心轮廓线，将多余的线打断并删除，如图 10.26 所示。

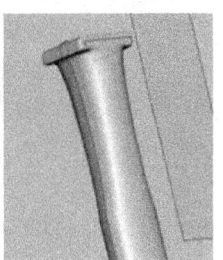

图 10.26 作边界轮廓线

（8）在黏土表面作边界线，为了使下一步的铺面效果更好，边界线的划分应合理布局。以一个面的边界线为 4 条，相邻边界最接近 90°为最佳。曲率变化小的区域，曲面可以适当大一些，曲率变化较大的区域，应当作更多的曲面，如图 10.27 所示。

（9）检查所作的边界线没有问题之后，开始自动铺面，然后将作好的面镜像到另一半，如图 10.28 所示。

（10）将锤头调出，开始缝合一个完整的实体。在 FreeForm 中，缝合曲面时系统会自动将多个曲面连接而成的封闭的曲面组转化成实体，因此这一步只需将所有的曲面进行缝合。单击"缝合曲面"（Stitch Patch），选择所有曲面，将缝合精度设为 0.1 mm，最后结果如图 10.29 所示。

图 10.27　在黏土表面作曲面边界线　　　　图 10.28　镜像曲面

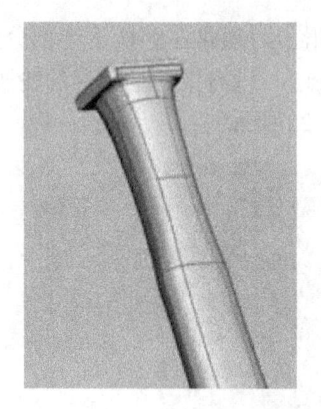

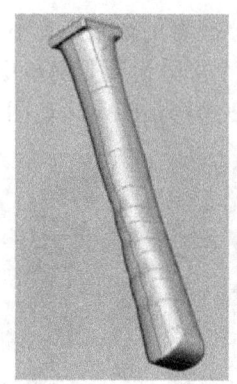

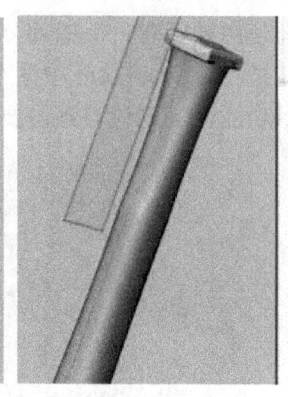

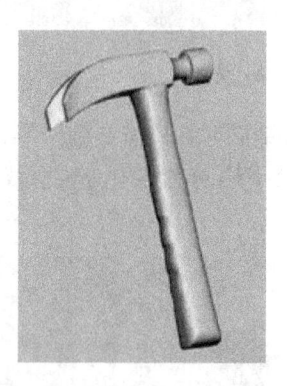

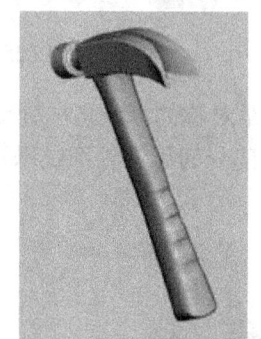

图 10.29　缝合曲面

（11）将 FreeForm 中的文件通过*.igs 和*.step 格式输出，并导入 CATIA 中，查看模型的曲面和实体状态，如图 10.30 所示。

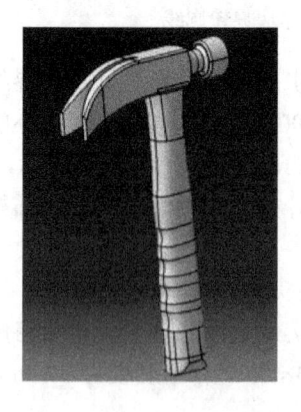

图 10.30　CATIA 中曲面和实体显示

第11章　交互式数控编程加工

数控加工是逆向工程得以实现的关键技术环节，可由模型曲面生成加工路径，直接制作出用于反求模型评估的样件，更多的是通过产品 CAD 模具模型，加工出用于制造产品的模具，进行大批量生产。所以，计算机辅助设计与数控加工技术是实现逆向工程的两大关联模块，而图形交互式数控编程则是实现数控技术的主要方式。

11.1　刀具路径与交互式数控编程

11.1.1　自由曲面刀具路径

1) 曲面加工刀具路径的点和面

（1）刀位点：刀位点是 NC 程序中指定刀具位置的参考点。一般来说，刀具在工件坐标系中的准确位置可以用刀具中心点和刀轴矢量进行描述，其中刀具中心点可以是刀心点也可以是刀尖点。球刀、圆鼻铣刀、平刀的刀心点和刀尖点如图 11.1 所示。

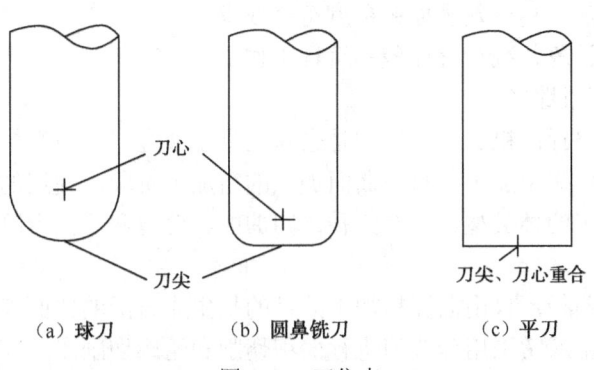

图 11.1　刀位点

（2）刀触点：刀触点是零件表面上的一点，在加工过程中刀具在该点处与零件表面切向接触。从曲面加工的几何学角度来看，不论采用什么刀具，刀具与曲面的接触关系均为点接触。

（3）零件曲面：三维 CAD 模型中的零件理想曲面。

（4）刀位曲面：当刀具扫过整个零件曲面时，由刀心点或刀尖点轨迹所定义的曲面。圆鼻铣刀刀具路径的点和面如图 11.2 所示。

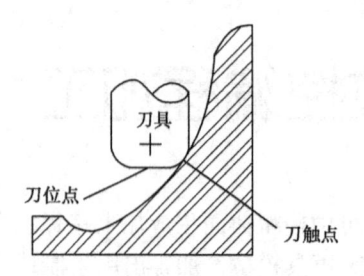

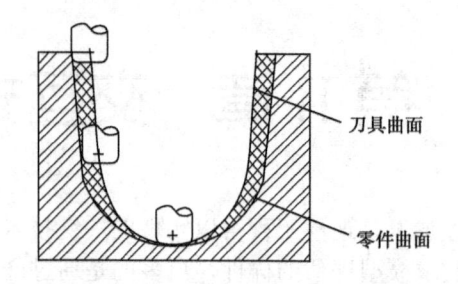

图 11.2　圆鼻铣刀刀具路径的点和面

（5）刀具半径补偿：编程常是按刀位点来定义运动的轨迹，而实际上刀具总有一定的刀具半径或刀尖的圆弧半径，所以在零件轮廓加工过程中刀位点运动轨迹并不是零件的实际轮廓，它们之间相差一个刀具半径，为了使刀位点的运动轨迹与实际轮廓重合，就必须偏移一个刀具半径，这种偏移称为刀具半径补偿。

2）选择加工路径的注意事项

刀具加工路径的选择不但取决于零件曲面的几何特征，还与铣削方案有着十分密切的关系，故选择加工路径时应注意如下几点：

（1）零件内轮廓的最小曲率半径应不小于刀具半径。

（2）尽量缩短走刀路线，减少空行程，提高生产率。

（3）确保零件的加工精度及表面粗糙度符合要求。

（4）有利于数值计算，减少程序段和编程工作量。

3）粗、精加工刀具路径

（1）粗加工刀具路径：粗加工的目的是去除大量多余金属，为半精加工留下少许加工余量，因此粗加工属于体类型加工。自由曲面加工的粗加工阶段，使用的刀具一般为平底刀或圆鼻铣刀。用于粗加工的体类型加工有三种：凹曲面、台肩和平面台阶，多采用 XY 平行的刀具加工路径。

（2）精加工刀具路径：自由曲面精加工的目的是生成光滑的曲面表面，因此精加工通常称为区域加工。精加工通常采用球头刀进行面积切削和轮廓切削。

（3）清根加工刀具路径：清根加工的目的是去除精加工在边缘凹处留下的残余，以清除前面操作未切削到的材料，这些材料通常是由于前面操作中刀具较大而残余下来的，需用直径较小的刀具或特殊刀具加工。

11.1.2　图形交互式数控编程系统

1）数控编程

根据被加工零件的图纸（或三维造型）、技术要求、工艺要求等切削加工的必要信息，按数控系统所规定的指令和格式（或运用软件编程），编制（或处理）成加工程序文件，这个过程称为零件数控加工程序编制，简称数控编程。数控编程通常包括分析零件图样，确定加工工艺；计算走刀轨迹，得出刀位数据；编写数控加工程序；制作控制介质；校对程序及首件试切等。

数控编程有手工编程和自动编程两种方式，自动编程又有以批处理命令方式和交互式CAD/CAM 集成化编程两种。

2）交互式自动编程系统

所谓图形交互式自动编程系统，就是应用计算机图形交互技术开发出来的数控加工程序自动编程系统。编程时，编程人员利用计算机键盘、鼠标等输入设备及屏幕显示设备，通过交互操作，建立、编辑零件轮廓的几何模型，完成工艺方案的制订、切削用量的选择、刀具及其参数的设定，实现以曲面造型控制曲面刀具路径，生成刀具运动轨迹，并利用屏幕动态模拟显示数控加工过程，最后利用后置处理功能生成指定数控系统用的加工程序。

现代图形交互式自动编程是建立在 CAD 和 CAM 系统的基础上。CAD/CAM 集成自动编程通常有两种类型的结构，一种是 CAD 系统中内嵌 CAM 功能，另一种是独立的 CAD 系统与独立的 CAM 系统集成方式构成数控编程系统。目前，应用较为广泛的交互式自动编程软件有 UG、MasterCAM 等。

11.2 交互式数控编程加工操作流程

11.2.1 典型交互式数控编程加工流程

优质的加工程序不仅应保证加工出符合图纸要求的合格工件，同时应能使数控机床的功能得到合理的应用与充分的发挥，以使数控机床能安全、可靠、高效地工作。

交互式数控编程加工一般应包括零件形状分析、加工工艺决策、输入加工参数、程序校验仿真、后处理及输出、编写程序清单、检查刀具轨迹、数控机床加工，以达到优质的加工效果。典型的交互式数控编程加工过程如图 11.3 所示。

以下是对四个阶段所实现的功能进行介绍。

1）分析阶段

（1）零件形状分析：分析零件几何形状，明确加工内容及技术要求。

（2）加工工艺决策：决定加工方案，确定加工顺序。

2）编程阶段

（1）输入加工参数：确定走刀路线，选择合理切削用量。

（2）程序校验仿真：仿真校验走刀路线的正确性。

3）输出阶段

（1）后处理及输出：把通用的轨迹文件变成专用数控系统的加工文件。

（2）编写程序清单：编写加工工序，注明下刀点及相关参数。

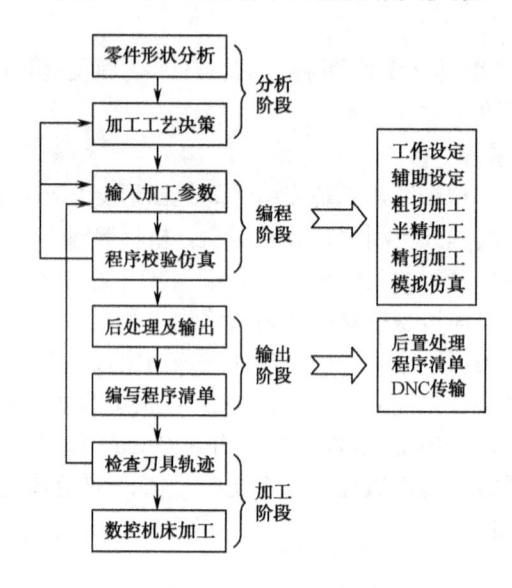

图 11.3 典型的交互式数控编程加工过程

4）加工阶段

（1）检查刀具轨迹：校验经后处理的走刀路线正确性。

（2）数控机床加工：装夹工件、分中（确定 XY 方向）、对刀（确定 Z 方向）。

本章主要介绍交互式数控编程加工中的编程阶段和输出阶段。

11.2.2 UG 数控加工编程操作流程

UG 是一种图形交互式自动编程系统，它不需要编写零件源程序，只需要把被加工零件的图形信息传送给编程软件系统，通过设置加工参数及后续处理，自动生成数控加工程序。UG 数控加工编程一般操作流程如图 11.4 所示。

以下是对三个阶段各步骤所实现的功能简介。

1）初始设定阶段

（1）排模位：根据产品尺寸，模仁及标准模架尺寸设定型腔数目及位置。

（2）创建刀具：分析零件形状，计划加工路径，确定刀具系列。

（3）创建几何体：选择部件，根据产品尺寸、型腔数目、模仁及标准模架尺寸设定工件毛坯。

（4）创建方法：设置粗、半精、精加工及其余量和公差。

（5）辅助轮廓平面：根据产品形状，绘制刀具加工范围线圈；根据压块位置，绘制干涉平面。

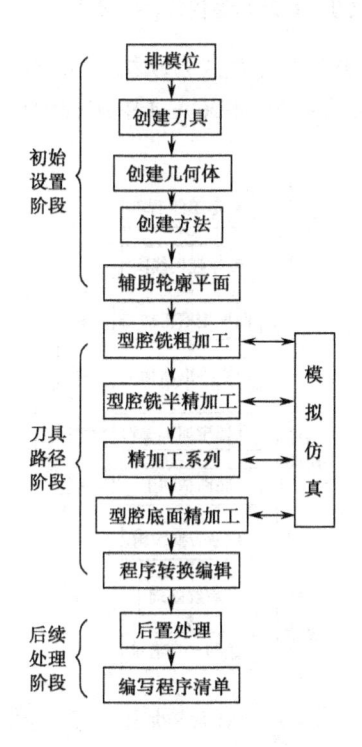

图 11.4　UG 数控加工编程一般操作流程

2）刀具路径阶段

（1）型腔铣粗加工：型腔铣的加工特征是刀具路径在同一高度内完成一层切削，遇到曲面时将绕过，下降一个高度进行下一层的切削。系统按照零件在不同深度的截面形状计算各层的刀路轨迹，应用于大部分零件的粗加工。

（2）型腔铣半精加工：通过限定高度及范围，对型腔进行半精加工切削。

（3）精加工系列：根据工件形状，选择合适的精加工类型。

（4）型腔底面精加工：常用于清除底面加工余量进行最后的精加工。

（5）程序转换编辑：对于一模多腔或相同形状的部位，转换功能能重复以前构建的刀具路径，进行多次加工，从而节省大量编程时间。

（6）模拟仿真：编制的加工程序必须经过仿真校验，发现过切或撞刀时，分析错误产生的原因，进一步修改或调整，直到符合要求。

3）后续处理阶段

（1）后续处理：把数据文件翻译成具体的数控系统加工程序。

（2）编写程序清单：编写工序表，注明下刀点、夹具位置及相关参数。

11.2.3 MasterCAM 数控加工编程操作流程

MasterCAM 也是一种常用的图形交互式自动编程系统，一般在其他软件中先完成排模位及凹凸模设计，再通过格式转换输入 MasterCAM 中进行编程加工。MasterCAM 数控加工编程一般操作流程如图 11.5 所示。

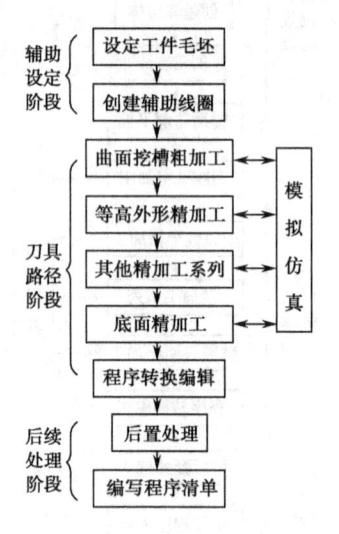

图 11.5 MasterCAM 数控加工编程一般操作流程

下面对三个阶段各个步骤所实现的功能进行介绍。

1）辅助设定阶段

（1）设定工件毛坯：根据产品尺寸、型腔数目、模仁及标准模架尺寸设定工件毛坯并设置工作原点。

（2）创建辅助线圈：根据产品形状及压块位置，绘制线圈限制刀具加工范围。

2）刀具路径阶段

（1）曲面挖槽粗加工：依据曲面形态在 Z 轴方向下降分层清除余料，生成粗加工刀具路径。用该方法加工计算时间短，切削负荷均匀，加工效率高，但精度较低，且必须先创建用于挖槽加工的边界，常被选为首切方案。

（2）等高外形精加工：又称曲面轮廓精加工，是依据曲面外形的轮廓一层一层地切削而生成精加工刀具路径，其特点是它的路径产生在相同的等高线的轮廓上，是精加工阶段的首选刀具路径。

（3）其他精加工系列：根据工件形状，选择合适的精加工类型。

（4）底面精加工：常用于清除底面加工余量进行最后的精加工。

（5）程序转换编辑：对于一模多腔或相同形状的部位，转换功能能重复以前构建的刀具路径，进行多次加工，从而节省大量编程时间。

（6）模拟仿真：编制的加工程序必须经过仿真校验，发现过切或撞刀时，分析错误产生的原因，进一步修改或调整，直到符合要求。

3）后续处理阶段

（1）后置处理：把刀位数据文件翻译成具体的数控系统加工程序。

（2）编写程序清单：编写工序表，注明下刀点、夹具位置及相关参数。

11.2.4　UG 与 MasterCAM 数控编程加工技术比较

1）UG、MasterCAM 两种数控编程加工技术的共同点

作为数控编程加工软件，UG 与 MasterCAM 有以下共同点：

（1）提供多种加工路径及切削方式，以供加工不同类型零部件的选择。

（2）提供了可靠而直观的轨迹校验和模拟仿真，以不同彩色图的形式显示不同刀具的加工结果，使用户可以检查加工过程的合理性和正确性。

（3）可用手工单步检查生成的刀具轨迹，也可用手工的方式对生成的刀具轨迹进行修改。

（4）提供了灵活方便的轨迹编辑，用户可以对已有的刀具轨迹进行镜像、平移、旋转等复制转换。

（5）不仅都具备强大的加工能力，而且也能读取如 Pro/E、CATIA 等其他软件的数据进行加工。

所以，UG、MasterCAM 编程加工技术一直处于行业领先地位。

2）UG、MasterCAM 两种数控编程加工技术的不同点

UG 与 MasterCAM 的功能都很强大，熟练和灵活运用何种软件，都能发挥各自的优点，但在不同加工类型、方式、参数设置、后处理等方面，UG 与 MasterCAM 的功能有明显的区别，具体区别见表 11.1。

表 11.1　UG、MasterCAM 编程的不同点

比较内容	MasterCAM	UG
档案转换	速度快但数据质量一般	数据质量好但速度慢
2D 外形铣削	串联式外形线圈范围选择方便	外形线圈范围选择麻烦
3D 曲面挖槽	MasterCAM 的挖槽抬刀比较少	UG 的挖槽抬刀比较多
平行铣削	曲面精加工中的走刀方式较好，但计算费时间	NC 数据大，以至于速度骤快骤慢
清角铣削	清角稍慢，里面预设为从外向内（即角落）的方式	清角稍快；需要自己选择从外向内（即角落）的方式

续表

比较内容	MasterCAM	UG
刀具的调用	同一把刀具建立时设定好直径、r 角、转数、进给率等参数，以后可以调用	不同的操作调用同一把刀具、转数和进给率等要重新输入
平行铣削的深度设定	曲面加工能定义铣削深度	需要建辅助面来控制铣削深度
后处理	编程快捷，后处理出来的 NC 程式也十分安全	有 MOM、GPM 多种后处理方式

根据上面比较分析，本章将对第 8 章飞机模型凹模型腔采用 UG 软件编程加工，凸模型腔采用 MasterCAM 软件编程加工。

11.3 交互式数控编程加工实训范例

11.3.1 UG 编程加工实训范例

本实例以第 8 章飞机模型凹模型腔为加工对象。由于分模时，凹模型腔向下，如图 11.6 所示，所以，必须变换型腔方向，一般通过绕 $Y=0$ 的直线旋转 180°，再根据需要，把凹模最高点平移至 XY 平面下方 0.5 mm 处，如图 11.7 所示。

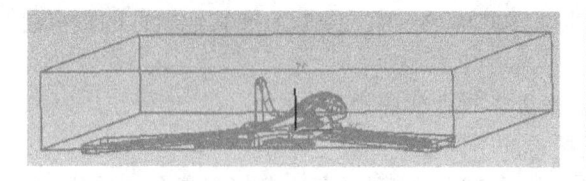

图 11.6 变换前凹模型腔向下 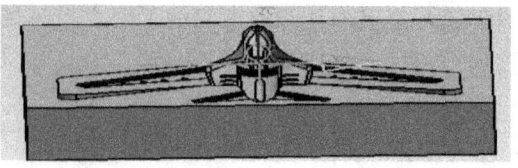　　　　图 11.7 旋转和平移后的凹模

1. 初始设定阶段

1) 排模位及初始化

根据产品尺寸、型腔数目、模仁及标准模架尺寸设定工件毛坯并设置工作原点。本飞机模型的长=73.37 mm，宽=63.02 mm，高=11.01 mm+8.30 mm，采用 250 mm×350 mm 的标准模架，一模六腔，排位如图 11.8 所示。由于篇幅限制，本实例重点介绍单腔的加工。

初始化为设置加工环境。

单击"起始"→"加工"→"cam general"→"mill contour"，加工环境设置为轮廓铣，这种类型的加工环境最为常用，本实例所有加工类型都是轮廓铣的子类型，环境设置如图 11.9 所示。

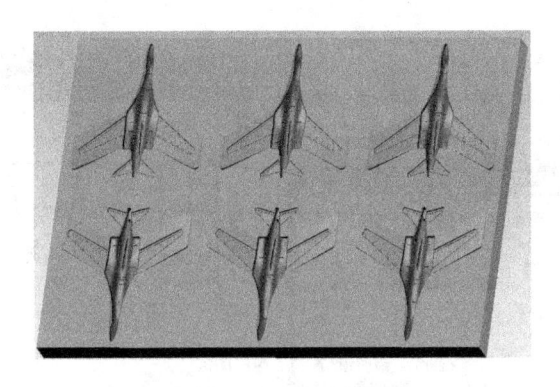

图 11.8 一出六腔排位图

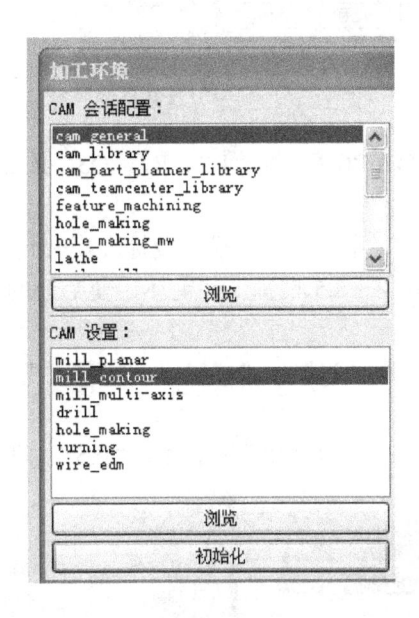

图 11.9 型腔铣加工环境设置

2）创建刀具

第一把为 D30R5 圆鼻铣刀，首先对整个模仁进行开粗加工，再分别用 D16R0.8、D8、R3、D3、R1.5、D8 刀具进行各种加工。

单击"创建刀具"→子类型"平刀"→名称"D30R5"→"确定"→直径"30"→下半径"5"，创建刀具及设置参数如图 11.10 所示。

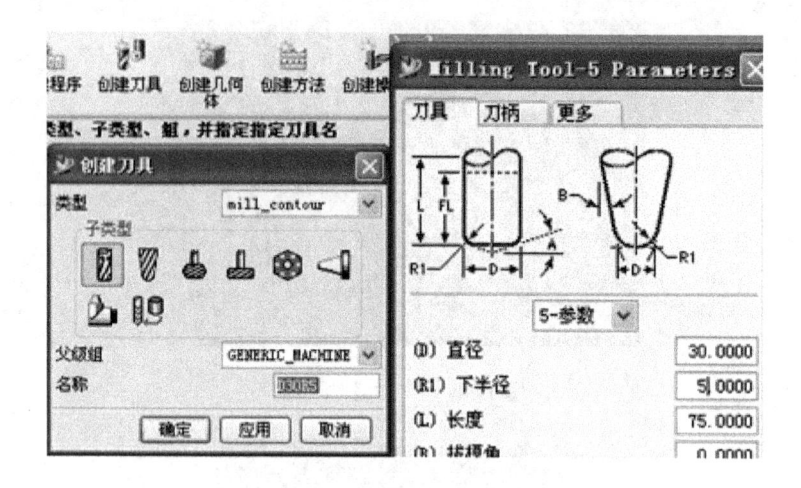

图 11.10　创建刀具及设置参数

按同样过程创建分别用 D16R0.8、D8、R3、R2、D3、R1.5、D8 各种刀具。

3）创建几何体

选择部件并根据产品尺寸、型腔数目、模仁及标准模架尺寸设定工件毛坯。本例选择所有部件为几何体，并按自动块 Z+0.5 设置工件毛坯，使毛坯的上表面与 XY 平面重合，有利于对刀和简化编程。

单击"创建几何体"→名称"bj"→"确定"→"部件"→"选择"→"全选"→"确定"按钮。

单击"隐藏"→"选择"→"自动块"→ZM+"0.5"，设置工件毛坯如图 11.11 所示。

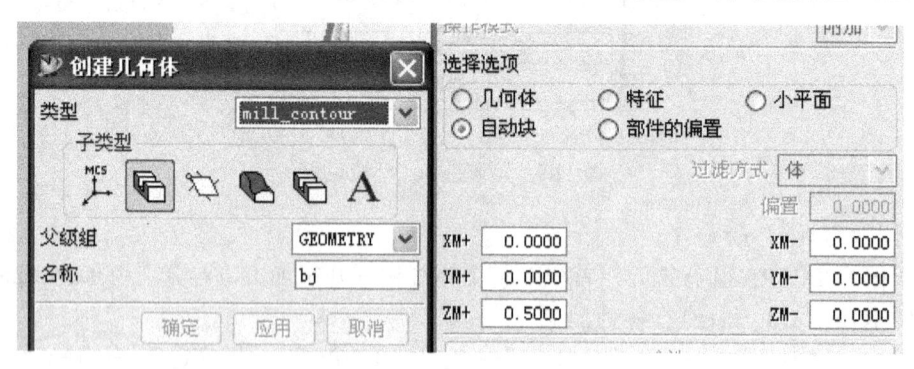

图 11.11　设置工件毛坯

4）创建方法

设置粗、半精、精加工及其余量和公差。

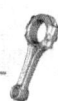

单击"创建方法"→子类型"MOLD ROUGH HSM"→ 名称"MOLD ROUGH HSM"→"确定"→ 部件余量"0.15"→内公差"0.01"→ 外公差"0.01"→"确定"按钮，创建粗加工方法，如图 11.12 所示。

图 11.12　创建粗加工方法

按照同样过程创建部件余量为 0.05 的半精加工、部件余量为 0.00 的精加工方法及相应的内外公差设置。

5）辅助轮廓平面

根据产品形状，在建模功能模块中绘制刀具加工范围线圈，根据压块位置，绘制干涉平面。绘制的压块干涉平面如图 11.13 所示。

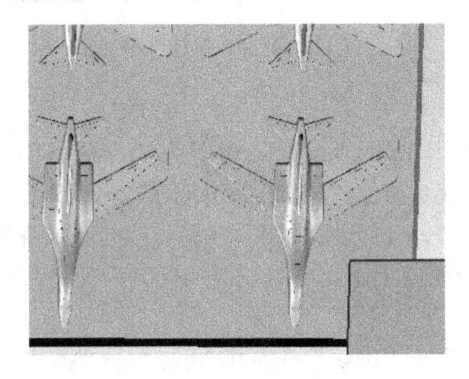

图 11.13　压块干涉平面

2. 刀具路径阶段

1）型腔铣粗加工 1

型腔铣加工的特征是刀具路径在同一高度内完成一层切削，遇到曲面时将绕过，下降一个高度进行下一层的切削。系统按照零件在不同深度的截面形状计算各层的刀路轨迹，应用于大部分零件的粗加工。

单击"创建操作"→类型"mill contour"　→子类型"CAVITY- MILL"→使用几何体

167

"bj"→使用刀具"D30R5"→使用方法"MILL -ROUGH"→"确定"按钮；单击几何体"检查"→"选择"→过滤方式"面"→选择压块干涉平面→切削方式"跟随周边（跟随毛坯）"→步进"刀具直径"→百分比"70"→每一刀的全局深度"0.5"→切削→切削参数→策略→"岛清根"→毛坯→部件侧面余量"0.2"；单击切削层"单个"→"向下"至底层→选择分模面→设置切削参数→设置进给率参数。

单击"生成"→"确定"→"确认"→"2D 动态"→"播放"→"确定"按钮。D30R5 型腔铣粗加工如图 11.14 所示。

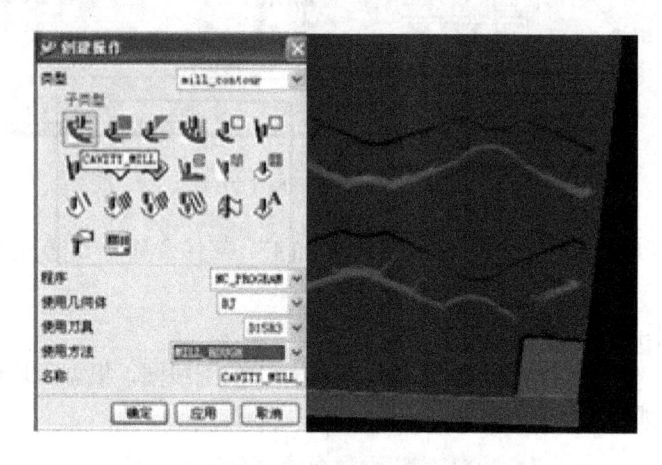

图 11.14　D30R5 型腔铣粗加工

2）型腔铣粗加工 2

单击"创建操作"→类型"mill contour"→子类型"CAVITY- MILL"→使用几何体"bj"→使用刀具"D16R0.8"→使用方法"MILL-ROUGH"→"确定"按钮；单击切削方式"配置文件"→步进"刀具直径"→百分比"70"→每一刀的全局深度"0.25"。

单击切削层"单个"→调整上下切削层以减少空走及空计算→设置切削参数→设置进给率参数。

单击"生成"→"确定"→"确认"→"2D 动态"→"播放"→"确定"按钮，D16R0.8 型腔铣粗加工如图 11.15 所示。

注意：（1）在型腔铣粗加工中，常先针对毛坯采用大直径大切削量进行"开粗"加工，再针对零件形状，通过限定高度及切削方式进行轮廓加工切削。

（2）为提高加工效率及表面质量，对主要去除毛坯余量的型腔铣粗加工，切削方式常采用"跟随周边（跟随毛坯）"，并开启"岛清根"切削参数；对精修轮廓的型腔铣精加工，切削方式常采用"配置文件"。

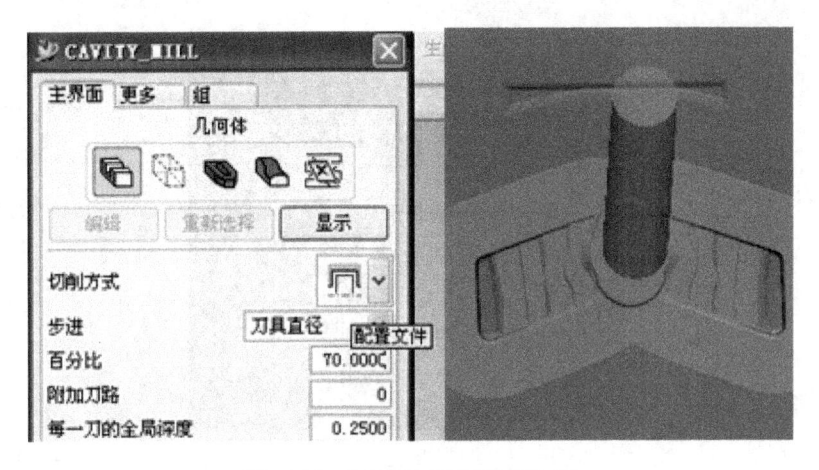

图 11.15　D16R0.8 型腔铣粗加工

3）角落粗加工 1

角落粗加工对使用较大直径刀具无法加工到的工件凹角或窄槽，使用较小直径的刀具直接加工前面刀具残余材料，可以智能快速识别上把刀具所残留的未切削部分而留下的台阶，设置为本次的毛坯，按照设置的参数生成型腔铣操作。

单击"创建操作"→类型"mill contour"→子类型"CORNER-ROUGH"→使用几何体"bj"→使用刀具"D8"→使用方法"MILL-ROUGH"→"确定"按钮。

单击切削方式"配置文件"→步进"刀具直径"→百分比"50"→每一刀的全局深度"0.10"。

单击切削层"单个"→调整上下切削层以减少空走及空计算→设置切削参数→设置进给率参数。

单击"生成"→"确定"→"确认"→"2D 动态"→"播放"→"确定"按钮，角落粗加工 1 如图 11.16 所示。

4）角落粗加工 2

单击"创建操作"→类型"mill contour"→子类型"CORNER- ROUGH"→使用几何体"bj"→使用刀具"R2"→使用方法"MILL -SEMI-FINISH"→"确定"按钮。

单击切削方式"配置文件"→步进"刀具直径"→百分比"50"→每一刀的全局深度"0.05"。

单击切削层"单个"→调整上下切削层以减少空走及空计算→设置切削参数→设置进给率参数。

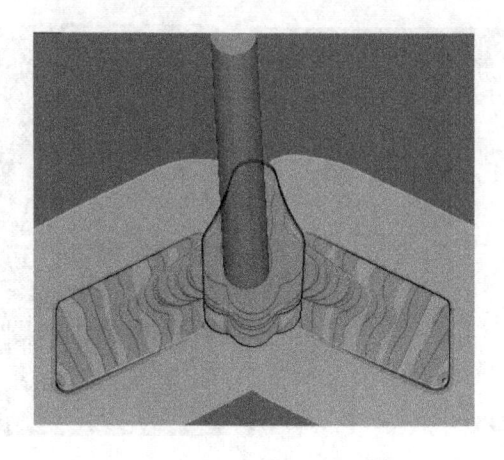

图 11.16　角落粗加工 1

单击"生成"→"确定"→"确认"→"2D 动态"→"播放"→"确定"按钮，角落粗加工 2 如图 11.17 所示。

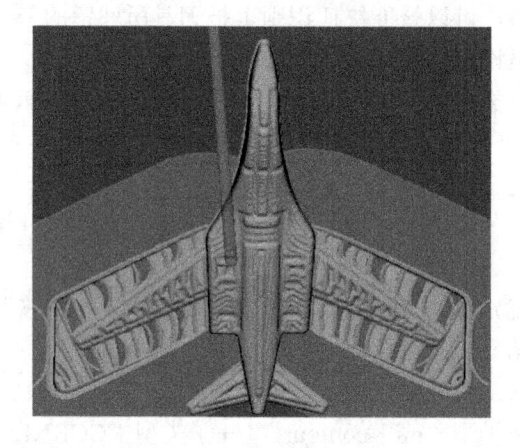

图 11.17　角落粗加工 2

5）等高轮廓铣

等高轮廓铣是一种特殊的型腔铣操作，只加工零件实体轮廓与表面轮廓，与型腔铣中指定为轮廓铣削方式加工类似。

单击"创建操作"→类型"mill contour"→子类型"ZLEVEL-PROFILE"→使用几何体"bj"→使用刀具"D3"→使用方法"MILL -SEMI-FINISH"→"确定"按钮。

单击每一刀的全局深度"0.06"。

单击切削层"单个"→调整上下切削层以减少空走及空计算→设置切削参数→设置进给率参数。

单击"生成"→"确定"→"确认"→"2D 动态"→"播放"→"确定"按钮，等高轮廓铣加工如图 11.18 所示。

图 11.18　等高轮廓铣加工

6）区域铣削

单击"创建操作"→类型"mill contour"→子类型"CORNER- AREA"→使用几何体"bj"→使用刀具"R1.5"→使用方法"MILL -FINISH"→"确定"按钮。

单击主界面→几何体"切削区域"→选择飞机两翼面→编辑→切削角度数"135"→步进"恒定的"→距离"0.06"。

单击"生成"→"确定"→"确认"→"2D 动态"→"播放"→"确定"按钮，区域铣削如图 11.19 所示。

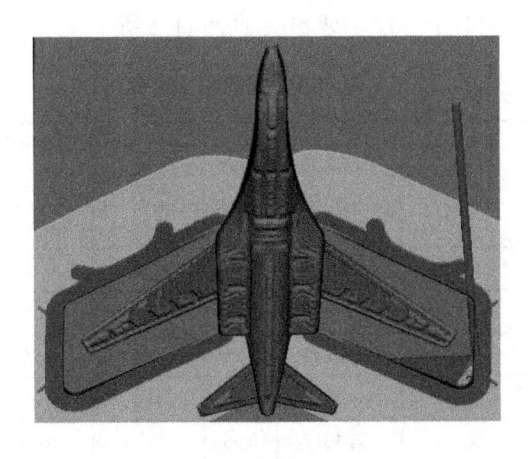

图 11.19　区域铣削

7）底面精加工

底面精加工常用于清除底面加工余量进行最后的精加工。

单击"创建操作"→类型"mill contour"→子类型"CAVITY- MILL"→使用几何体"bj"→使用刀具"D8"→使用方法"MILL -FINISH"→"确定"按钮。

单击切削方式"跟随工件"→步进"刀具直径"→百分比"70"→每一刀的全局深度"0.1"。

单击切削层"单个"→"向下"至底层→选择分模面→"向上"至顶层→拉动滚动条剩下两切削层→设置切削参数→设置进给率参数。

单击"生成"→"确定"→"确认"→"2D 动态"→"播放"→"确定"按钮，底面精加工及加工结果如图 11.20 所示。

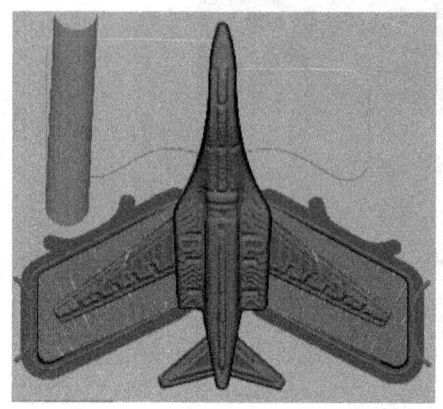

图 11.20　底面精加工及加工结果

以上第 6～12 步对应的 7 个程序主要参数如表 11.2 所示。

表 11.2　各程序主要参数

程序	型腔铣子类型	刀具参数 /mm	切削方式	步进	每层刀深 /mm	底面余量 /mm	主轴速度 /(n/r·min^{-1})	剪切进给 /mm·min^{-1}
1	CAVIT.MIll	D30R5	跟随周边	70%	0.50	0.20	2000	2500
2	CAVIT.MIll	D16R0.8	配置文件	70%	0.25	0.15	2500	1800
3	CORNER.ROUGH	D8	配置文件	50%	0.10	0.15	3000	2000
4	CORNER.ROUGH	R2	配置文件	50%	0.10	0.05	3000	2000
5	ZLEVEL.PROFILE	D3	等高轮廓		0.06	0.05	15 000	2000
6	CORNER.AREA	R1.5	方向 135°	0.06		0.00	15 000	2000
7	CAVIT.MIll	D8	跟随工件	70%	0.10	0.00	15 000	1800

8）程序转换编辑

对于一模多腔或相同形状的部位，转换功能可以重复以前构建的刀具路径，进行多次加工，从而节省大量编程时间。

单击"操作导航器"→右键选中程序→"对象"→"变换"→"与直线成镜像"→"现有的直线"→选择镜像直线→"复制"→"接受"→"确定"按钮，镜像程序结果如图 11.21 所示。

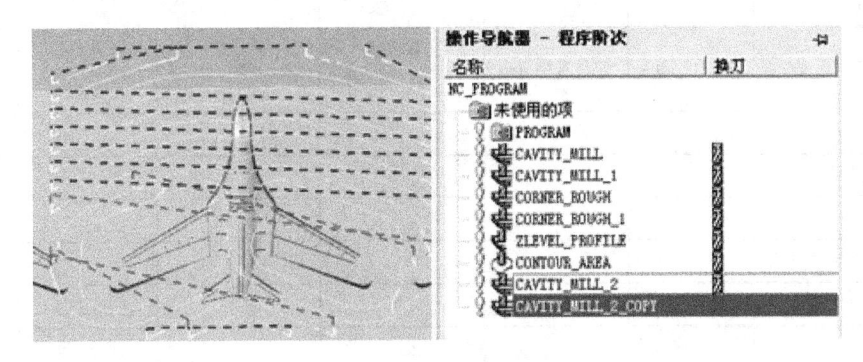

图 11.21　镜像程序结果

3．后续处理阶段

1）后置处理

把 NCI 数据文件翻译成具体的数控系统加工程序，在程序生成后执行后处理。把源程序转换成数控程序，如图 11.22 所示。

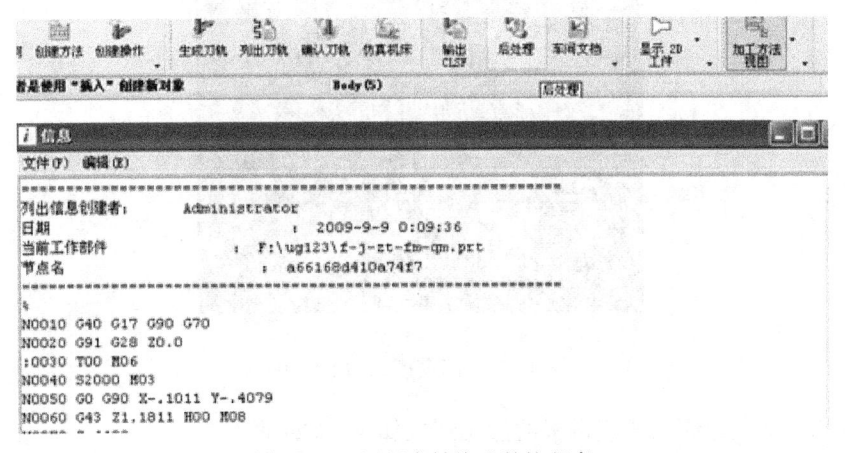

图 11.22　源程序转换成数控程序

2）编写程序清单

编写工序表，注明下刀点、夹具位置及相关参数，见表 11.3。

表 11.3 飞机模型凹模型腔数控铣削加工工序卡

（请读者自己填写）

单位名称		产品名称		零件名称			零件图号	
工 序 号		程序号	夹具名称	使用设备		数控系统	车	间
01								
工　步	工步内容	刀　具	刀具规格/mm	主轴转速 /(n/r·min^{-1})	进给量 /mm·min^{-1}	背吃刀量 /(a$_p$/mm)	备	注
1								
2								
3								
4								
5								
编制		审核		批准			共　页	第　页

材料为 718$^{\#}$钢的凹模模仁的加工结果如图 11.23 所示。

图 11.23　凹模模仁加工结果

材料为 T1 工业纯铜的凹模铜极的加工结果如图 11.24 所示。

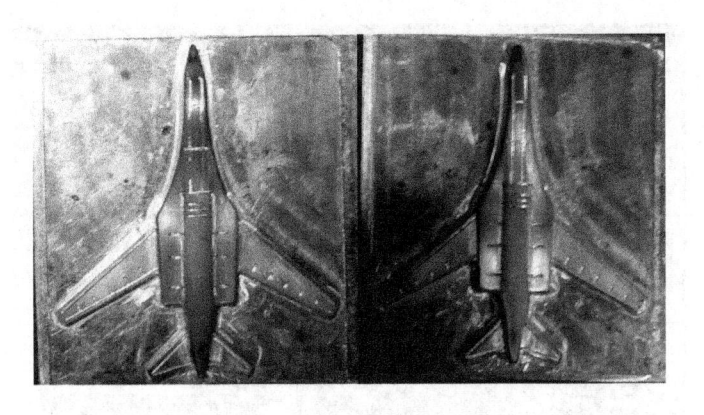

图 11.24　凹模铜极加工结果

11.3.2　MasterCAM 编程加工实训范例

MasterCAM 编程的特色是快捷、方便，它以简单易学而著称，成为初学数控自动编程的首选，但三维造型及凹凸模设计功能不如 Pro/E、UG 方便，故常由其他软件设计后再转换成 MasterCAM 能接受的 IGES 格式。

1. 导入 IGES 文件

单击"档案"→"档案转换"→"IGES"→"读取"→读取"数据文件"→"打开"→"OK"，打开飞机凸模。本飞机模型凸模为一模六腔，排位如图 11.25 所示。由于篇幅限制，本实例重点介绍单腔的加工。

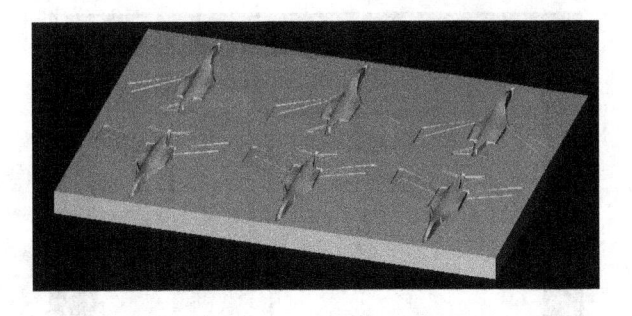

图 11.25　一模六腔排位

2. 辅助设定阶段

1) 设定工件毛坯

单击"刀具路径"→"工作设定"→"显示工件"→"使用边界盒"→"确定"按钮，工件设定如图 11.26 所示。

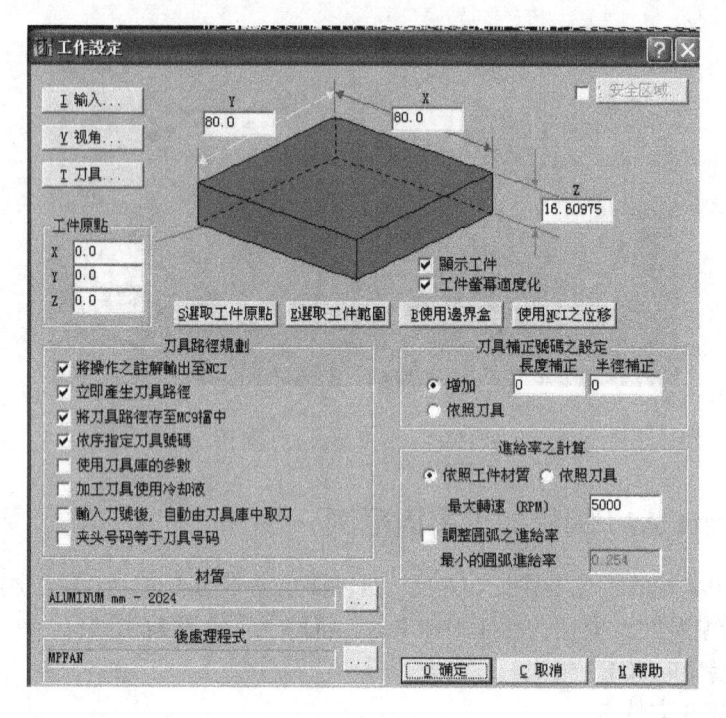

图 11.26　工件设定

2）创建辅助线圈

根据产品形状，在绘图功能模块中绘制刀具加工范围线圈，范围线圈如图 11.27 所示。

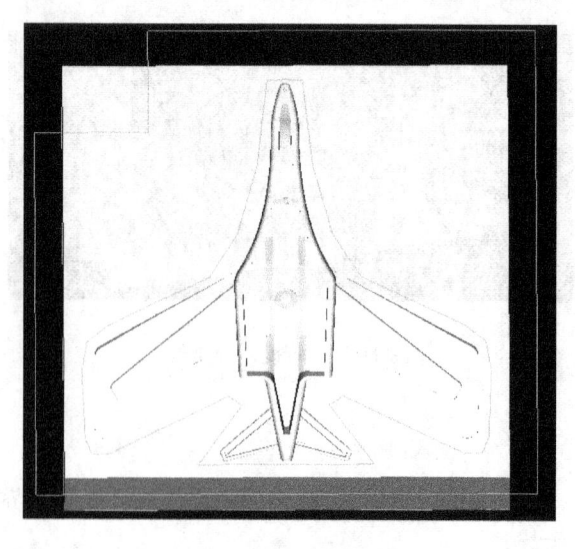

图 11.27　范围线圈

3. 刀具路径阶段

1）曲面挖槽粗加工

依据曲面形态在 Z 轴方向下降分层清除余料，生成粗加工刀具路径。加工效率高，但精度较低，且必须先创建用于挖槽加工的边界，常被选为首切方案。

单击"刀具路径"→"曲面加工"→"粗加工"→"挖槽粗加工"→"所有的"→"曲面"→"执行"。

单击右键→从刀库中选取刀具→设置刀具参数直径 30，半径 3→设置进给率及主轴转速。

单击曲面加工参数→预留量"0.2"→选择刀具切削范围。

单击挖槽加工参数→Z 的最大步进量"0.5"。

单击挖槽切削参数→切削方式"平行环切"→"确定"。采用 D30R3 圆鼻铣刀进行挖槽粗加工，如图 11.28 所示。

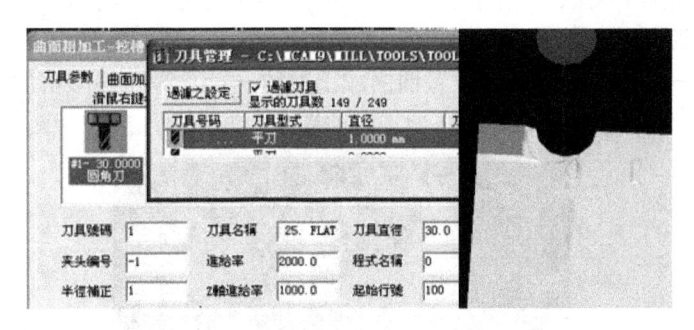

图 11.28　采用 D30R3 进行挖槽粗加工

2）曲面挖槽粗加工

分别用 D16R2、D8R0.8 再进行两次曲面挖槽粗加工，注意在曲面加工参数中，设置加工余量并选取新的加工范围，如图 11.29 所示。

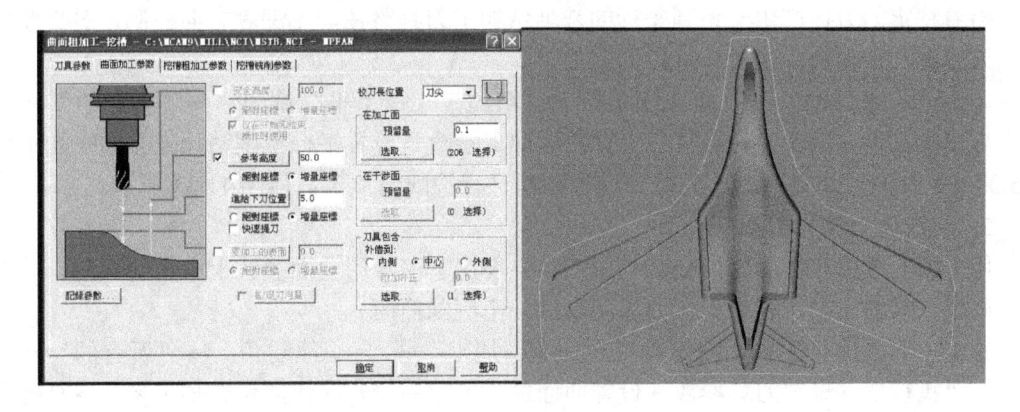

图 11.29　选取新的加工范围

用 D16R2、D8R0.8 进行两次曲面挖槽粗加工，如图 11.30 和图 11.31 所示。

图 11.30　D16R2 曲面挖槽粗加工 　　　　图 11.31　D8R0.8 曲面挖槽粗加工

3）等高外形精加工

与等高外形粗加工类似，精加工常用于侧壁外形曲面光刀及清角。

单击"刀具路径"→"曲面加工"→"精加工"→"等高外形"→"所有的"→"曲面"→"执行"→设置刀具参数→设置曲面加工参数→设置等高外形精加工参数→"确定"。采用 D2R0.5 圆鼻铣刀进行等高外形精加工，如图 11.32 所示。

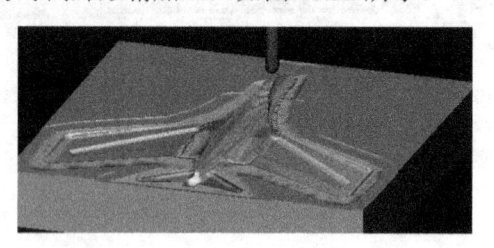

图 11.32　采用 D2R0.5 进行等高外形精加工

4）曲面平行精加工

沿着特定的方向产生一系列平行的铣削精加工刀具路径，无深度方向控制，对小曲面加工效果较好，常作为"光刀"阶段的精加工。

单击"刀具路径"→"曲面加工"→"精加工"→"平行铣削"→"所有的"→"曲面"→"执行"→设置刀具参数→设置曲面加工参数→设置平行铣削精加工参数→加工角度"45.0"→"确定"，采用 ϕ1.5 的球刀进行曲面平行铣削精加工，如图 11.33 所示。

5）交线清角精加工

用于两个或多个曲面间的交角处加工，主要用于清除用曲面交线上残留的材料，并在交角处产生一致的半径，相当于在曲面间增加一个倒圆曲面。

单击"刀具路径"→"曲面加工"→"精加工"→"交线清角"→"所有的"→"曲面"→"执行"→设置刀具参数→设置曲面加工参数→设置交线清角精加工参数→"确定"，采用 D1.2 平刀进行交线清角精加工，如图 11.34 所示。

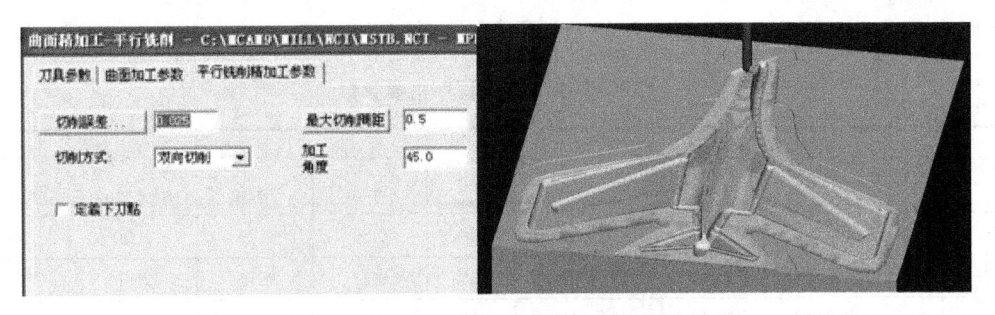

图 11.33 采用ϕ1.5球刀进行曲面平行铣削精加工

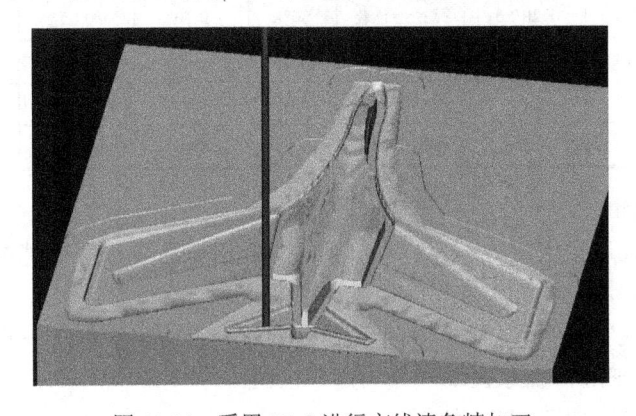

图 11.34 采用 D1.2 进行交线清角精加工

6）底面精加工

常用设置加工余量为 0 的曲面挖槽粗加工作为底面精加工方式，并在切削的绝对深度中设置最低高度为分型面的高度，常作为清除底面加工余量的最后精加工。用 D16 的平刀进行底面精加工，如图 11.35 所示。

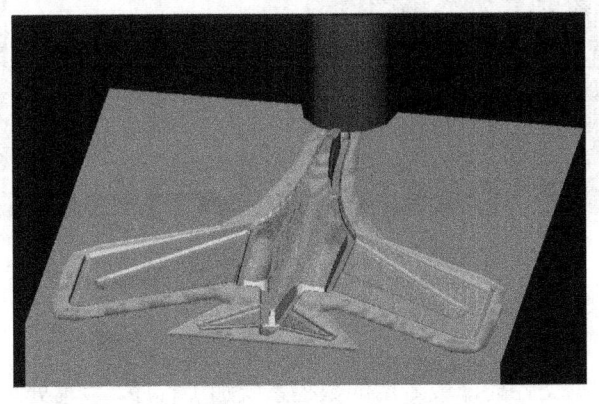

图 11.35 用 D16 平刀进行底面精加工

以上第1)~6)步对应的7个程序主要参数见表11.4。

表 11.4 各程序主要参数

程 序	曲面加工刀具路径	刀 具 参 数	切 削 方 式	步 进	每层刀深 /mm	底面余量 /mm	主轴速度 /(n/r·min^{-1})	剪切进给 /mm·min^{-1}
1	曲面挖槽粗加工	D30R5	平行环切	70%	0.50	0.20	2000	2500
2	曲面挖槽粗加工	D16R2	环切并清角	70%	0.25	0.15	2500	1800
3	曲面挖槽粗加工	D8R0.8	依外形环切	50%	0.10	0.15	3000	2000
4	等高外形精加工	D2R0.5	路径最佳化	50%	0.10	0.05	3000	2000
5	曲面平行精加工	R1.5	方向45°	0.1		0.00	15000	2000
6	交线清角精加工	D1.2	升降面下刀	0.06			15000	2000
7	曲面挖槽粗加工	D16	环切并清角	70%	0.10	0.00	15000	1800

7)程序转换编辑

对于一模多腔或形状相同的部位,程序转换功能可以重复以前构建的刀具路径,进行多次加工,从而节省大量编程时间。

单击"刀具路径"→"下一页"→"路径转换"→形式"镜像"→选取要镜像的程序→"镜像"→"图素"→选择镜像直线→"确定"按钮。

镜像程序刀具轨迹如图11.36所示。

图 11.36 镜像程序刀具轨迹

8)后置处理

把通用的NCI数据文件翻译成专用的数控系统加工程序,后置处理生成的数控加工程序如图11.37所示。

第 11 章　交互式数控编程加工

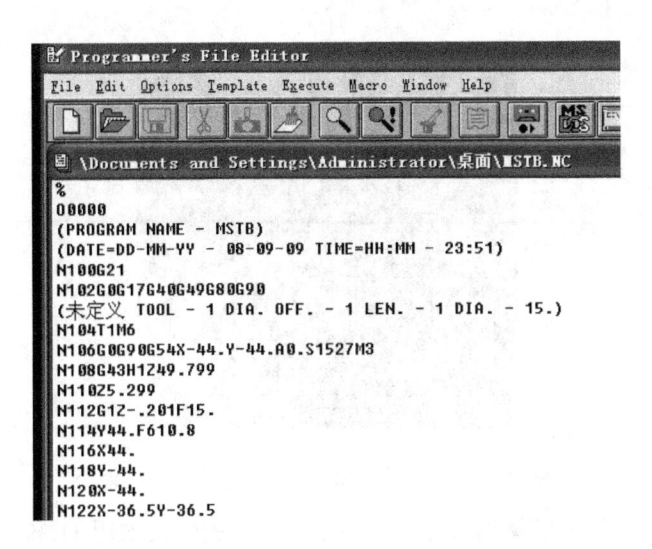

```
% 
O0000
(PROGRAM NAME - MSTB)
(DATE=DD-MM-YY - 08-09-09 TIME=HH:MM - 23:51)
N100G21
N102G0G17G40G49G80G90
(未定义 TOOL - 1 DIA. OFF. - 1 LEN. - 1 DIA. - 15.)
N104T1M6
N106G0G90G54X-44.Y-44.A0.S1527M3
N108G43H1Z49.799
N110Z5.299
N112G1Z-.201F15.
N114Y44.F610.8
N116X44.
N118Y-44.
N120X-44.
N122X-36.5Y-36.5
```

图 11.37　后置处理生成的数控加工程序

9）编写程序清单

编写工序表，注明下刀点、夹具位置及相关参数，见表 11.5。

表 11.5　飞机模型凸模型腔数控铣削加工工序卡

（请读者自己填写）

单 位 名 称	产品名称	零 件 名 称		零 件 图 号	
		凹模铣削加工工序卡			
工 序 号	程序号	夹具名称	使 用 设 备	数 控 系 统	车　间
01					
工　步	工步内容	刀　具	刀具规格 /mm	主轴转速 /(n/r·min^{-1})	进给量 /(mm/min)	背吃刀量 /(a_p/mm)	备　注
1							
2							
3							
4							
编制		审核		批准		共　页	第　页

材料为 718$^\#$ 钢的凸模模仁加工以后经过电火花的结果如图 11.38 所示。

图 11.38 凸模模仁加工后经过电火花的结果

材料为 T1 工业纯铜的凹模铜极加工后用于电火花的结果如图 11.39 所示。

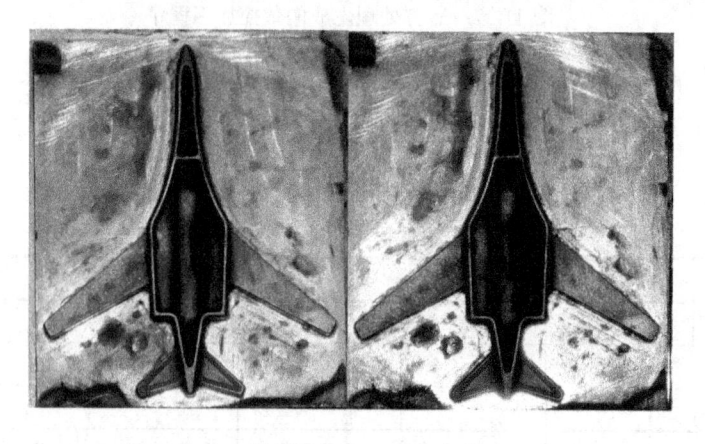

图 11.39 凹模铜极加工后用于电火花的结果

第 12 章　FDM 快速成型系统

12.1　快速成型技术概述

近年来，国际上在设计制造领域出现了很多新的成型技术和方法。快速成型（Rapid Prototyping，RP）从 20 世纪 80 年代中后期开始发展起来，是将计算机辅助设计（CAD）、计算机辅助制造（CAM）、计算机数控技术（CNC）及材料学等结合应用的一种新型的综合性成型技术，这一技术的出现被认为是近代制造技术领域的一次重大突破，它对制造业的影响可与当年的数控技术出现相媲美。RP 技术主要是通过把合成材料堆积起来生成原型的形状加工技术，使用材料包括聚酯、ABS、人造橡胶、熔模铸造用蜡和聚酯热塑性塑料等，制作出的原型件的强度可以达到其本身强度的 80%。由于 RP 技术可将 CAD 的设计构想快速、精确、而又经济地生成可触摸的物理实体，从而可以对产品设计进行快速评估、修改和部分的功能试验，有效地缩短了产品研发周期，以快速提供市场需要的产品。

12.1.1　快速成型技术的发展概况

从 20 世纪 80 年代末期首先在美国开发成功第一台商用的快速成型机后，快速成型机产品不断面市。1987 年，美国 3D System 公司推出第一台商用的快速成型机，采用光固化成型（Stereo Lithography，SL）工艺的 SLA250 原型机。随后，美国 Helisysg 公司推出了采用激光切割纸材的叠层实体制造（Laminated Object Manufacturing，LOM）系统，美国 Stratasys 公司开发了熔融沉积制造（Fused-Deposition Modeling，FDM）系统，美国 DTM 公司推出了采用粉末烧结技术的选择性激光烧结（Selection Laser Sintering，SLS）系统，麻省理工学院（MIT）研制出了三维打印（3D Printing，3DP）系统。1994 年后，我国华中科技大学、西安交通大学、清华大学和北京隆源公司也分别推出 LOM、SLA 和 SLS 等快速成型机，为我国快速成型技术的研究和发展发挥了积极的推动作用。

12.1.2　主要类型

快速成型技术根据成型方法可分为两类：基于激光及其他光源的成型技术，如光固化成型（SL）、分层实体制造（LOM）、选择性激光烧结（SLS）、形状沉积成型（SDM）等；基于喷射的成型技术，如熔融沉积成型（FDM）、三维印刷（3DP）、多相喷射沉积（MJD）等。下面简要介绍几种快速成型技术的基本原理。

（1）SLA（Stereo Lithography Apparatus）：也称光固化成型，是基于液态光敏树脂的光聚合原理，首先将某种感光聚合物维持在液态，这种聚合物接受光源照射就会发生固化。然后以一定波长的激光束按计算机控制指令在液面上有选择地进行扫描，使工作台上的聚合物固化成和零件对应截面一致的形状；工作台再下降一层的厚度，重复进行扫描，直到零件的最顶层被扫描固化完成。

（2）LOM（Laminated Object Manufacturing）：称为叠层实体制造。该工艺采用薄片材料，如纸、塑料薄膜等，片材表面事先涂上一层热熔胶。加工时，热压辊热压片材，使之与下面已成型的工件黏结。用 CO_2 激光器在刚黏结的新层上切割出零件截面轮廓和工件外框，并在截面轮廓与外框之间多余的区域内切割出上下对齐的网格。激光切割完成后，工作台带动已成型的工件下降，与片材分离。供料机构转动收料轴和供料轴，带动料带移动，使新层移到加工区域。工作台上升到加工平面，热压辊热压，工件的层数增加一层，高度增加一个料厚。再在新层上切割截面轮廓，如此反复直至零件的所有截面黏结、切割完。最后，去除切碎的多余部分，得到分层制造的实体零件。

（3）SLS（Selective Laser Sintering）：称为选择性激光烧结，利用粉末状材料成型。将材料粉末铺洒在已成型零件的上表面并刮平，用高强度的 CO_2 激光器在刚铺的新层上扫描出零件截面，材料粉末在高强度的激光照射下被烧结在一起，得到零件的截面，并与下面已成型的部分连接。当一层截面烧结完后，铺上新的一层材料粉末，烧结完成后去掉多余的粉末，再进行打磨、烘干等处理，得到零件模型。

（4）3DP（Three Dimension Printing）：称为三维打印技术，也是采用粉末材料成型，如陶瓷粉末、金属粉末。与 SLS 不同的是材料粉末不是通过烧结连接起来的，而是通过喷头，用黏结剂（如硅胶等）将零件的截面"印刷"在材料粉上面得来。

（5）FDM（Fused Deposition Modeling）：熔融沉积制造工艺由美国学者 Scott Crump 于 1988 年研制成功。FDM 的材料一般是热塑性材料，如蜡、ABS、尼龙等，丝状材料在喷头内加热熔化，喷头沿零件截面轮廓和填充轨迹运动，同时将熔化的材料挤出，材料迅速凝固，并与周围的材料凝结成型。

12.1.3 快速成型技术的优缺点及应用范围

RP 的过程包括三个基本的步骤：首先得到要制造物体各截面的数据，然后逐层地对各个截面进行堆积，最后把所有的层叠加起来。因此 RP 过程只需要用到物体的截面数据来生成实体，这样就可以消除以下其他制造过程中经常碰到的问题。快速成型技术的主要优点有：

（1）不需要进行基本特征的设计和特征识别，可以直接利用零件的几何模型把原型制造出来。

（2）整个过程不需要工序规划，不需要预处理原材料的特种设备，也不需要在几个加工中心中进行移动和传输等。

（3）不需要对模具进行设计和制造。

（4）耗时短，快速成型系统可在几小时或几天内将三维模型转化为现实的实体模型或样件。

由于 RP 不需要加工而直接生成物理模型，可以在不进行工艺规划的条件下，实现设计与制造过程的集成。

快速成型技术最大的不足在于目前只能针对某些特定的材料，如金属件不能用快速成型技术生成，因此，用快速成型技术制造出来的物理模型大多用于作为其他制造过程的参考样品模型。

快速成型技术的适用范围包括以下几方面。

（1）制造产品样件，进行产品的设计评估：用快速成型系统直接制造产品样件，一般只需传统加工方法 30%～50%的工时。这种样件与最终产品相比，虽然在材质方面有所差别，但在形状及大小方面几乎完全相同，而且有较好的机械强度，经适当表面处理（如表面喷涂金属或油漆）后，其外观与真实产品完全一样，因此，可用于给设计者和用户对产品进行直观检测、评价和制作产品样本，最大限度地获取市场对产品的反馈意见，并可迅速地反复修改，以获得最大的使用和市场价值。

（2）产品的性能测试、校验和分析：用快速成型系统直接制造的产品样件，可对单个零件和装配件的加工工艺性能、可装配性和相关的工模具的校验与分析，还可用于运动特性的测试、风洞试验、有限元分析结果的实体表达等。

（3）用于工装模具和注塑模的制作：由于快速成型样件有较好的机械强度和稳定性，经表面处理后，可直接用做某些模具，也可用快速成型样件作母模，复制软模具。

（4）现代医学的辅助手段：快速成型系统可利用 CT 扫描或 MRI 核磁共振的图像数据，制作人体器官模型，如头颅、面部或牙床，供外科对复杂手术的操练，为骨移植设计样板或将其作为 X 光检查的参考手段，提高手术的成功率。

由于快速成型技术的方便、快捷和实用性，目前已广泛应用于汽车、家电、医疗设备、机械加工、精密铸造、航空航天、工艺品制作及玩具等行业。

12.2 FDM 快速成型技术

12.2.1 FDM 成型技术特点

FDM 技术也称熔融沉积造型，是 20 世纪 80 年代中后期发展起来的一项新型成型技术，该技术采用的是熔融堆砌的方法，用半融状态的模型材料按一定的运动规律填充模型截面，得到完整的实体模型。

FDM 技术是对零件的三维 CAD 模型按照一定的厚度进行分层切片处理，生成控制快速原型机喷嘴移动轨迹的二维几何信息。FDM 设备的喷嘴在计算机的控制信息作用下，进行零件堆砌所需的运动，送丝机构把丝状材料送进热熔喷头，加热头把热熔性材料（ABS、石蜡等）加热到半流动状态，同时，喷嘴以半熔状态挤压出成型材料，沉积固化为精确的零件薄层。通过升降系统降下来完成接下来的新薄层，这一过程反复进行，层层堆积，紧密黏合，自下而上逐渐形成一个完整的三维零件实体，FDM 快速成型过程原理如图 12.1 所示。

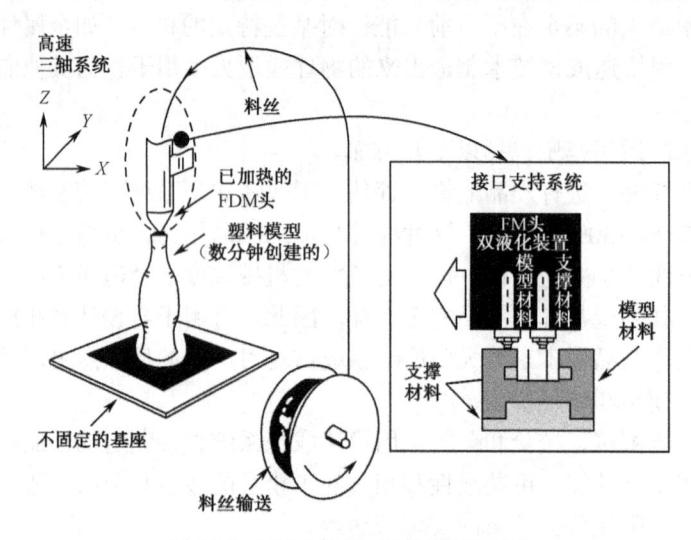

图 12.1　FDM 快速成型过程原理图

FDM 成型的优点有：
（1）原材料以卷轴丝的形式提供，易于搬运和快速更换。
（2）工艺干净、简单，制造系统可用于办公环境。
（3）后处理简单。

同时，FDM 成型具有以下缺点：
（1）精度相对较低，成型件表面有明显阶梯状条纹。
（2）需要同时成型支撑结构。

12.2.2　FDM 设备的结构

FDM 设备的结构包括软件结构和硬件结构，根据操作者制定的分层数据，将模型进行切片处理，再按照材料和路径参数，生成快速原型机的驱动文件来控制硬件系统操作。

FDM 快速成型系统用到的软件包括：造型软件、预处理软件和数控软件等。由 CAD 造型软件或数字测量方法得到的实体三维模型，可转化为 STL 格式文件，再通过预处理软件将模型切片处理，得到一层层的平面轮廓模型信息。数控软件通过加工参数的设定确定模型制作的路径。FDM 快速成型技术软件系统如图 12.2 所示。

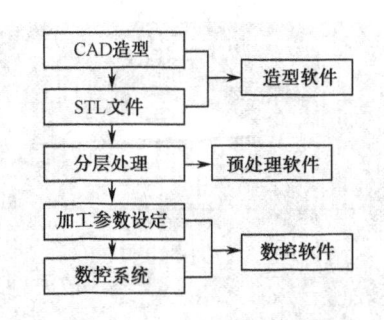

图 12.2　FDM 快速成型技术软件系统

　　FDM 设备的硬件结构主要由数控系统、供料系统和温控系统组成。数控系统由上下移动的工作台系统和水平方向运动的喷嘴系统构成，供料系统由两个分别用来控制模型材料和控制支撑材料的电动机驱动系统构成。FDM 工艺的关键是保持成型材料刚好在熔点之上（通常控制在比该材料熔点高出 1℃左右），温控系统正是用来控制材料融化和设备的工作环境温度。以美国 Stratasys 公司的 Dimension SST 系统为例，FDM 快速成型机如图 12.3（a）所示，内部结构见图 12.3（b）所示。

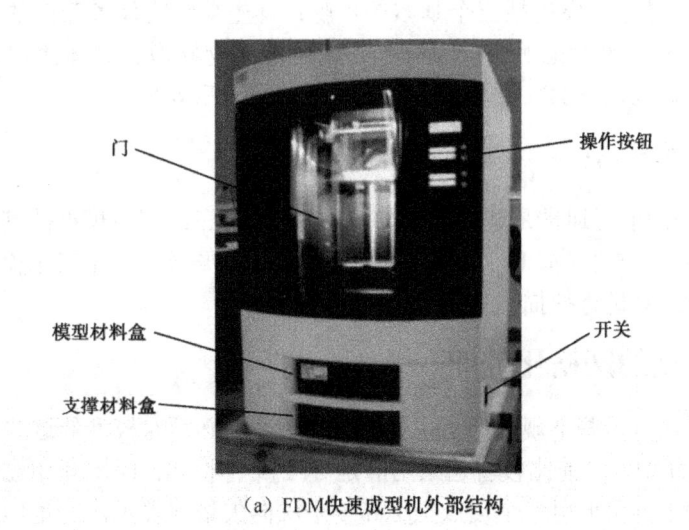

（a）FDM 快速成型机外部结构

图 12.3　FDM 快速成型机结构

(b) FDM快速原型机内部结构

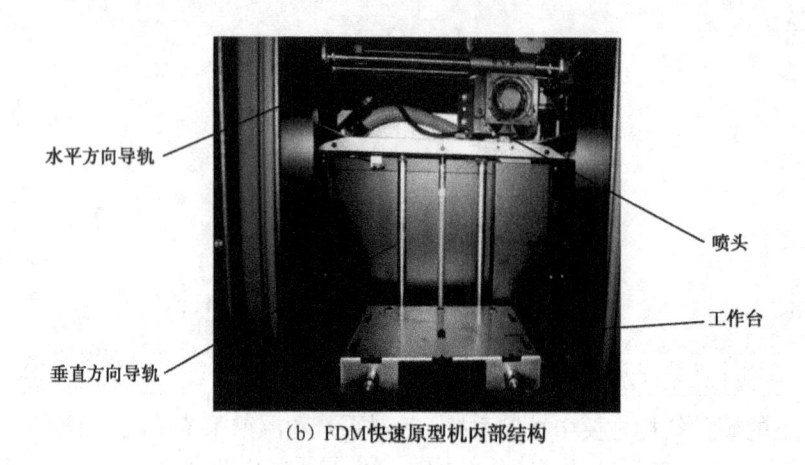

图 12.3　FDM 快速成型机结构（续）

12.3　FDM 快速成型操作流程

　　FDM 快速成型过程主要包括三个基本的步骤：首先得到物体各截面的数据，然后逐层对各个截面进行堆积，最后把所有的层叠加起来生成实物模型。具体流程为：构造三维模型→三维模型的近似处理→STL 文件的分层处理→成型→后处理。

12.3.1　构造三维模型

　　FDM 系统成型的前提通常是建立在 CAD 软件生成的三维实体模型的基础之上，因此，首先要利用 CAD 设计软件（如 UG、Pro/E 等），按照产品要求设计出三维模型。另外也可利用数字测量方法对产品进行扫描重构三维模型。

12.3.2　三维模型的网格化处理

　　由于产品上往往有一些不规则的自由曲面，在加工前必须对模型的这些曲面进行近似处理。在快速成型系统中，目前比较普遍采用的是 STL 文件格式，即用互相连接的小三角平面近似逼近曲面，每个三角形用三个顶点坐标和一个法向矢量来表示，三角形大小可按用户的要求进行选择，不同的三角形大小得到不同的曲面逼近精度，通过这样近似处理的方法得到三角模型表示的 STL 格式文件。目前许多常见的三维建模软件（如 Pro/E、Solidworks、UG 等）都有将三维模型转换成 STL 格式文件这一功能。

12.3.3　STL 文件的分层处理

　　由于快速成型时需要将模型按切层的截面形状逐层进行加工，通过累加的方法完成，因此，加工前必须将三维模型按选定的成型高度方向，将 STL 格式的三维 CAD 模型进行切片处理，转化为快速成型系统可接受的层片模型，以便提取截面的形状。间隔大小根据零件的精度和生产率的要求选定，通常片层的厚度范围在 0.025～0.763 mm 之内。

对零件三维模型进行分层处理是快速成型技术的一个很重要的环节，无论是通过 CAD 造型软件生成还是通过逆向工程软件生成，都必须经过分层处理，才能将数据输入到 FDM 快速成型机中。处理方法是将 STL 模型离散为一层层的轮廓线，再用多种方式来填充这些轮廓线，生成加工时的扫描路径。分层制造的方法在零件上有一定倾斜角度的表面会形成台阶状，影响零件的表面粗糙度和精度。目前，针对分层制造的台阶误差，也有一些学者进行了研究，出现了多种分层算法，如等层厚分层算法、适应性分层算法及其他先进的分层算法等。

12.3.4　成型

FDM 快速成型的零件造型过程包括两个方面：支撑的制作和零件实体制作。FDM 快速成型机的操作非常简单，操作按钮较少，如图 12.4 所示，顶部显示屏用来显示设备的状态，包括材料、成型温度和时间等，下面的四个控制按钮主要用来控制设备的操作，可以控制设备工作时如果出现问题时的暂停，材料装载，检测及维护。

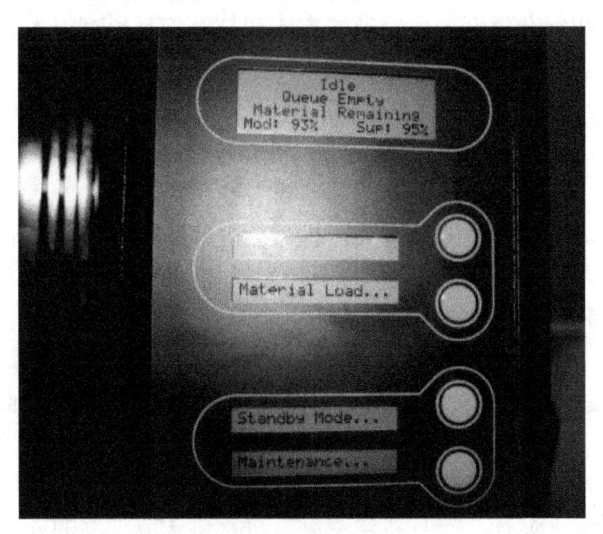

图 12.4　操作按钮

1）支撑制作

用 FDM 快速成型技术进行零件实体制作之前，要对零件的三维 CAD 模型做支撑的制作。因为 FDM 技术分层制作的特点和零件结构的不规则性，当零件由上而下制作时，若不进行支撑制作，当上层堆积截面大于下层截面时，超出下层截面的部分将处于悬空状态，导致超出的部分发生无支撑而下落或变形的情况。这样不但会影响零件的精度，甚至使产品成型无法进行，因此在进行零件实体制作的同时，要进行支撑的制作。

另一种基础支撑的作用是为成型过程提供一个基准面，并且使零件模型制作完成后便于剥离工作台，保持零件模型的完整性。FDM 技术的支撑制作对零件实体成型起到了很重要的辅助作用。

2）实体制作

切片处理后进行零件制作，在支撑的基础上，按截面外形参数，依据切片处理的高度方向和层的高度数据，一层黏合一层，自下而上进行叠加加工成三维实体。

12.3.5　后处理

快速成型的后处理包括：去除支撑材料和对部分有精度要求的表面的处理，使原型零件达到精度的要求。但是在结构复杂部分的支撑材料不易去除，水溶性支撑材料的面市及快速原型清洗剂为解决这一难题提供了帮助。在原型制作完成后，将支撑和零件实体一起剥离底座，放置于快速原型清洗机内，按比例加入清水和清洗剂，通电清洗或采用浸泡的方式均可达到理想的效果。对生成的原型有精度要求时，在保证原型外形不变的前提下，对其表面进行光整处理，主要方法有磨光、填补、喷涂等。对原型件的后处理是快速成型的重要工序，根据工件的不同形状和复杂程度，后处理的方式和打磨工具也有很大的差别，采用合理的后处理方式可得到外形美观和高精度的零件模型。

12.3.6　成型前应注意的事项

1）开/关机管理

首先打开 FDM 成型机的电源总开关，机器会内部通电自检，然后再打开系统开关，机器开始运行内部加热及打印准备（需约 20 min）。如需关闭成型机则应先关闭系统开关，让机器自行降温，此过程约 5~10 min，再关闭电源总开关。

2）材料检查

FDM 快速成型技术使用的材料尤其是支撑材料，很容易受潮，因此在上料的时候，首先要检查材料是否受潮。如果材料受潮，挤出来的料丝中会有气泡存在，影响原型表面的精度，或出现料丝的不连续性，成型无法完成。因此，未用完的材料必须密封保存于干爽的环境中，在料箱后盖中放入适量干燥剂。一旦料丝受潮，进行烘干或抽潮的处理后方可继续使用。

3）装料

将料丝送入导料管之前，要沿料丝轴线剪出 45°斜口，如图 12.5 所示，以便料丝容易插入送料机构及加热管，料丝露出料盘的长度依据操作人员的经验来完成。

4）挤丝

在成型过程开始之前，若原型机闲置过久，需检查两个喷头是否正常挤丝。若挤丝不畅，应立即开门检查原因，使挤丝正常。

图 12.5　剪断材料丝带

12.4　FDM 快速成型实训范例

下面以手机外壳为例，说明 FDM 快速成型机的操作过程。实验设备采用的是美国 Stratasys 公司的 Dimension SST FDM 快速成型机及配套的前处理软件 CatalystEX。

1. 扫描模型和网格化处理

通过数字测量的方法得到手机外壳的点云模型，三角网格化，通过软件（如 Magics）检测模型，修复网格缺陷及模型漏洞，完成后的 STL 模型如图 12.6 所示。

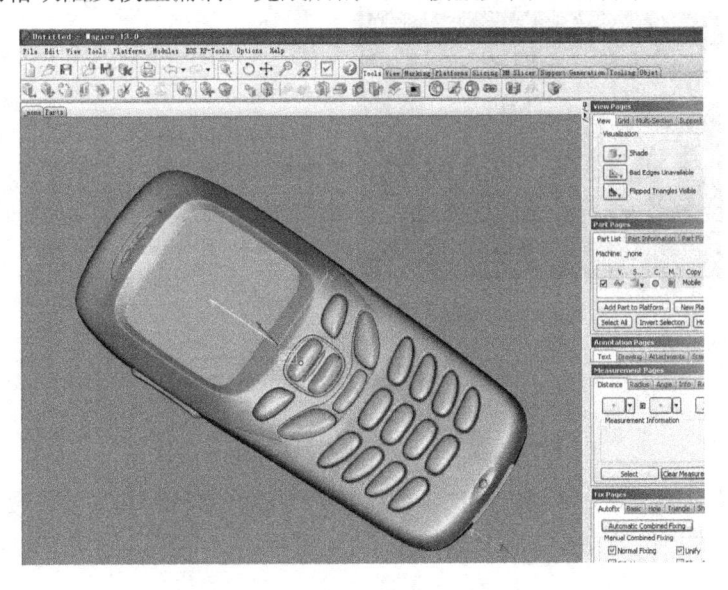

图 12.6　STL 格式的手机模型

2. 手机模型的分层处理

1) CatalystEX 软件中模型设置

利用 FDM 快速原型机的相关软件 CatalystEX 对模型进行分层处理，导入 STL 格式手机文件，软件界面如图 12.7 所示。在常规目录下可调节打印层的厚度，模型材料和支撑材料的疏密程度及打印数量，零件尺寸单位，零件比例。如图 12.7 所示方格平面为虚拟工作台，设置属性应使模型能完全放置于虚拟工作台内，并能节省材料和时间。其中各参数的含义如下所述。

层厚：制造零件时挤压每层材料所形成的高度，可用的层厚取决于打印机类型。层厚将影响制作时间和表面光滑度，即高度越低，生成的表面就越光滑，但制作时间也越长。

模型内部：确定对零件内部实心区域所使用的填充物类型。

实心：在需要更加坚固、耐用的零件时使用。制作时间将更长，并将使用更多材料。

半实心：内部将为"蜂窝状/孔状"，半实心还可以节省制作时间和材料用量。

支撑填充：支撑材料用于在制作过程中支撑模型材料。零件制作完成后将去除支撑材料。支撑填充选项将影响打印的支撑强度和制作时间。

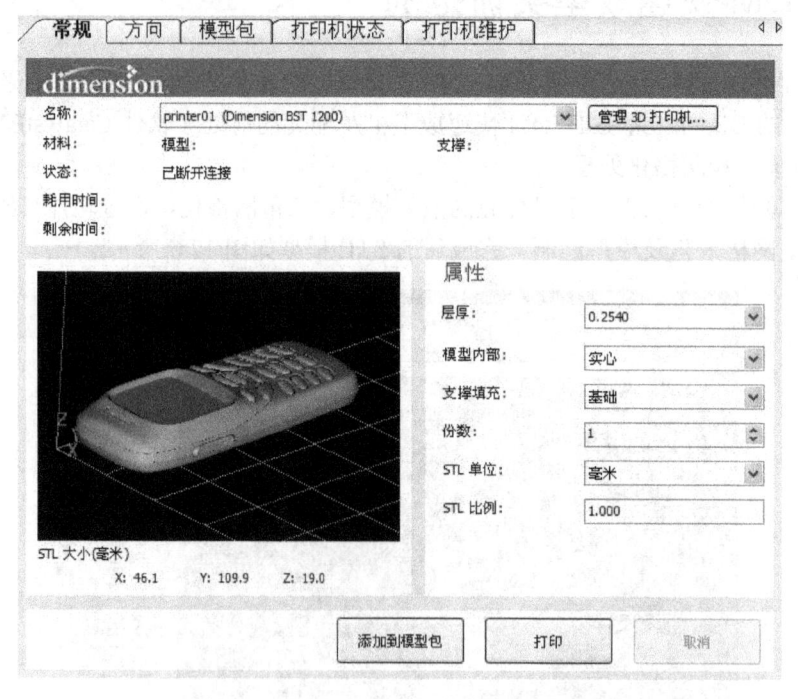

图 12.7 CatalystEX 中手机模型设置界面

基本：可以用于大部分零件，此选项使支撑光栅成型路径之间保持一致的间距。

半实心：最大限度地减少支撑材料的用量。"半实心"使用的光栅成型路径间距比基本支撑大得多。

最小：用于其中有些小部件需要支撑的小型零件。这个选项旨在使这些零件更容易去除支撑，不要在大型零件或具有较高柱状支撑的零件上使用"最小"支撑。

剥离：类似于"半实心"支撑，但没有闭合的工具路径边界曲线。这些支撑比其他支撑形式更易于去除，但制作起来比"半实心"支撑慢。

环绕：整个模型被支撑材料所包围。通常用于细长（窄）的模型（例如铅笔）。

份数：选择要"打印"或"添加到模型包"的份数。

STL 单位：对于 STL 文件，选择"英寸"或"毫米"作为测量单位。

STL 比例：对零件进行印前处理之前，可以在制作空间内更改零件的大小。在 STL 文件中，每个零件都有一个预先定义的大小，打开文件之后，通过更改比例，可以更改根据 STL 文件生产的零件大小。

单击方向栏，可调节零件成型时的摆放方式（通过调节绕 X, Y, Z 三轴的旋转角度来调节），以最节省材料和耗时较少为原则，如图 12.7 所示为系统自动生成的加工方向，图 12.8 所示为通过方向调整得到另一种加工方向。由于图 12.7 所示方向成型更好且符合经济性原则，选择图 12.7 所示方向为成型方向。

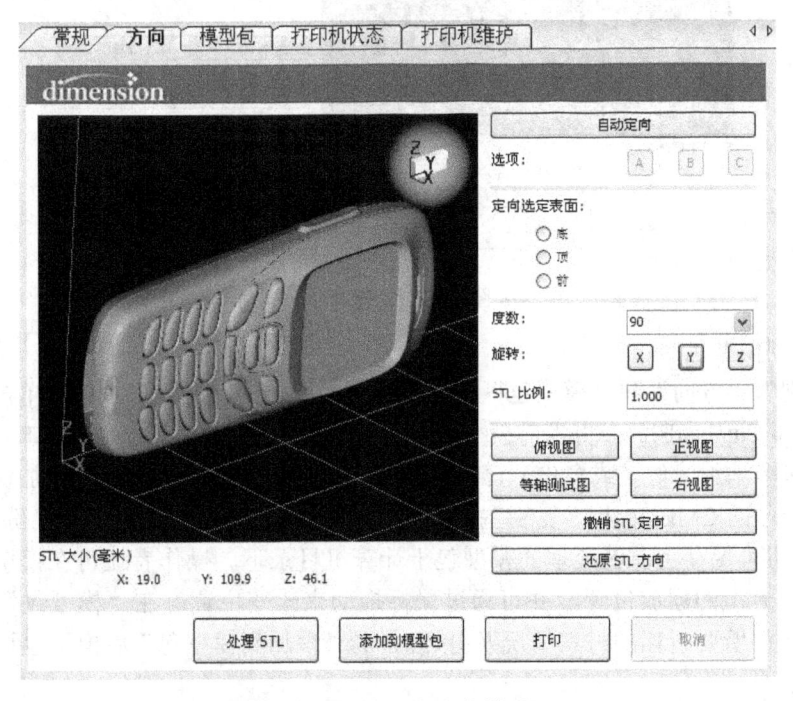

图 12.8 调整加工方向的模型显示

2）处理 STL

调整好后，在方向标签上单击"处理 STL"按钮，将文件未发送到模型包或未执行打印按钮的前提下对 STL 文件进行切片处理，并生成支撑。也可在常规目录下直接单击"添加到模型包"按钮，软件会自动对零件进行分层。CatalystEX 处理 STL 文件时，会自动将处理结果保存为 CMB 文件。CMB 文件是 CatalystEX 软件通过运行一个进程，根据 STL 文件创建的一种文件格式，向 FDM 快速成型机发送的正是 CMB 文件。执行处理 STL 后，模型被切片处理并生成支撑，如下图 12.9 所示。

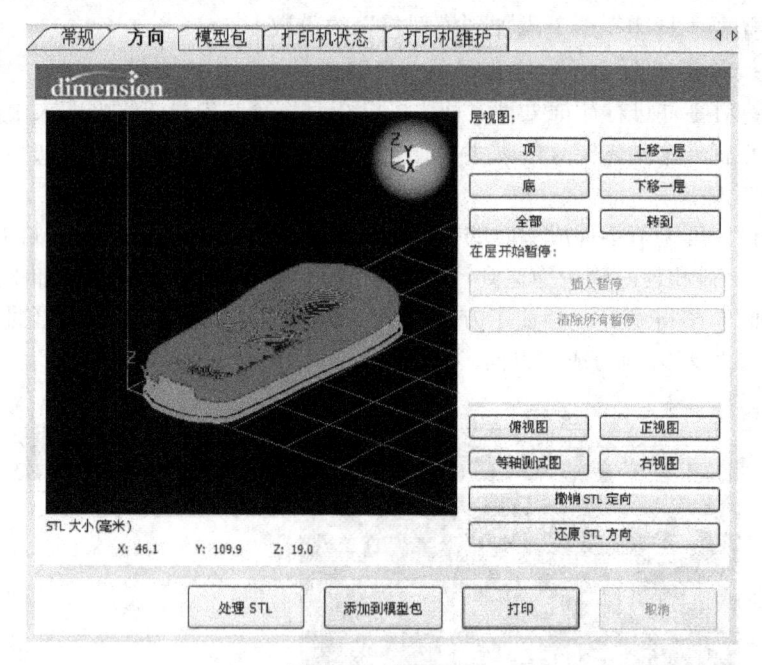

图 12.9 处理 STL

3）添加到模型包

在"常规"、"方向"和"模型包"标签上都有"添加到模型包"按钮，单击"添加到模型包"按钮后，CatalystEX 会将当前模型窗口中的文件添加到模型包预览窗口。多单击一次，就会向模型包多添加一份（或多份）已处理的文件。"插入 CMB"按钮可添加保存在计算机内而非当前处理的 CMB 文件。"复制"按钮可在工作台允许的条件下，复制多份当前模型包。"另存为"按钮可保存当前已处理的模型包于计算机目录下。操作者还可在模型包目录下查看零件在工作台上的摆放位置，并可通过鼠标拖动来改变位置。在"模型包"页面的右侧还可查看此零件所要消耗的材料情况及打印时间。"添加到模型包"后模型包页面下的显示如图 12.10 所示。

4）模型制作

在机器后方的总开关关闭的情况下将快速成型机接上电源，然后开启机器后方的总开关，打开位于右前方的电源开关，启动快速成型机，关闭机器过程与此相反，等待 3～7 min，快速成型机启动完毕，顶端按钮左边的显示屏上显示 idle 状态。单击打印命令，将模型成型指令传送给 FDM 快速成型机。快速成型机接收到打印指令，面板会显示"Ready to Build"并显示文件名。按下"Start Model"按钮，机器会热机到正常的制模时的温度，当热机完成后喷头会寻找当前要制作工件的成型垫的起点，系统开始制作模型。FDM 快速成型机模型制作过程：检测工作台和模型制作位置→制作支撑→开始模型制作→模型制作完成。模型制作过程如图 12.11 所示。

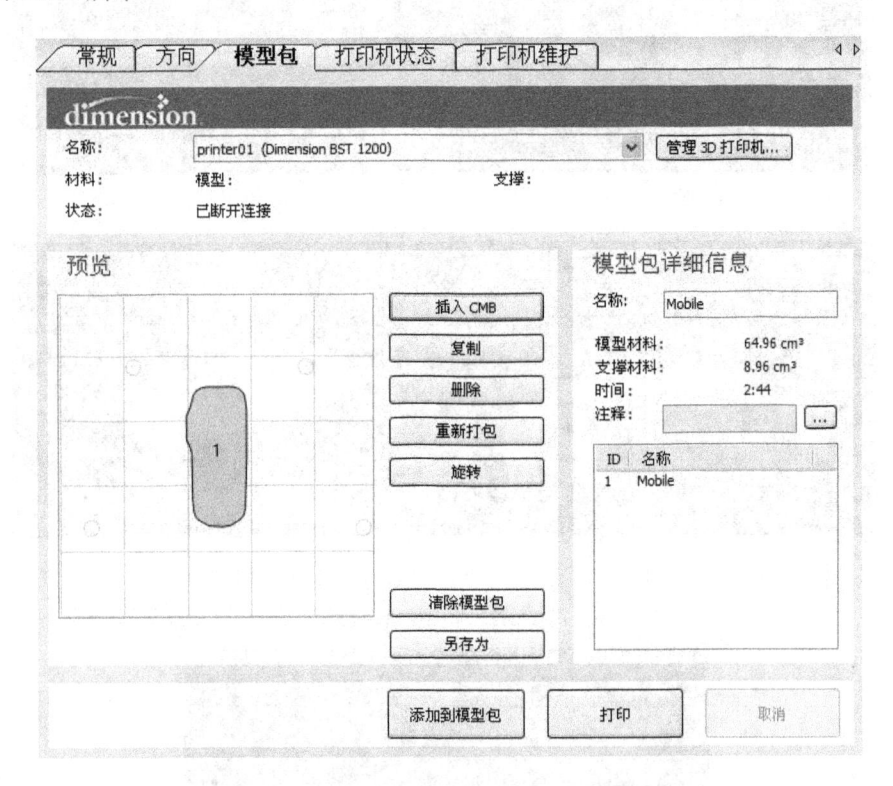

图 12.10　模型包页面下的显示界面

5）后处理

当模型工件完成后，面板会显示"Completed Build"和已完成工件的名称，同时会出现"Remove Part"与"Replace Modeling Base"，这时可以打开工作门，将成型垫的固定器旋开，并将成型垫延平台往外拉出，然后换上一个新的成型垫后，关闭工作门，这时面板会显示"Part Removed?"，只有模型移除后才可以按下"YES"按钮。

FDM 快速成型机制作好的模型与支撑和成型垫紧紧黏合在一起，可通过清洗去除支撑。将如图 12.11（d）所示模型整块放入清洗机中，加入适量水和碱性清洗剂，适当时间后取出，得到完整的模型实体，经过局部表面处理后，FDM 快速成型的手机模型就完成了，最后的实体模型如图 12.12 所示。

(a) 检测工作台　　　　　　　　(b) 制作支撑

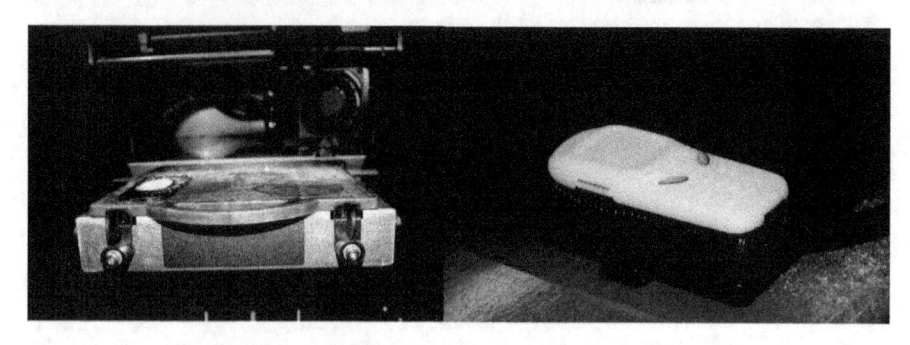

(c) 制作模型　　　　　　　　(d) 模型制作完成

图 12.11　模型制作过程

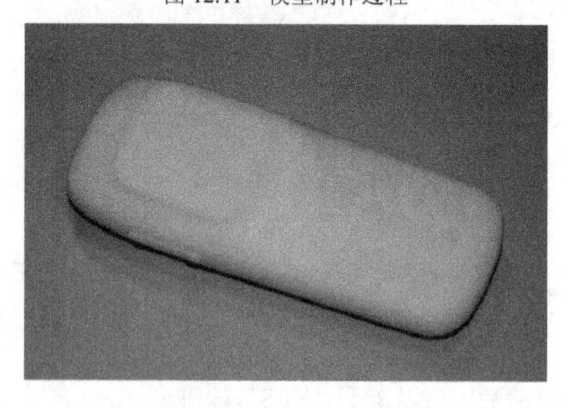

图 12.12　完成的手机实体模型

模型制作完成之后，按照启动机器相反的程序关闭快速成型机，将废料桶向上提起并将它从三个固定螺钉上往自己的方向取出，清空废料桶，之后重新装入并用三个螺钉固定废料桶。

第13章　数控雕刻快速成型制造

13.1　数控雕刻快速成型系统

13.1.1　数控雕刻快速成型技术

传统的产品开发模式是产品设计开发→生产→市场开拓三者逐一开展，相对孤立的模式。该模式的主要问题是开发中所存在的问题将直接带入生产，并最终影响到产品的市场推广及销售。快速成型技术的出现，创立了产品开发的新模式，使设计师以前所未有的直观方式体会设计的感觉，感性而迅速验证，检查所设计产品的结构、外形，从而使设计工作进入一个全新的境界，改善了设计过程中的人机交流，缩短了产品开发的周期，加快了产品更新换代的速度，降低了企业更新产品的风险，加强了企业引导消费的力度。目前已有许多产业得益于快速成型技术，比如计算机制图、玩具业、医疗、产品开发等。

减式快速原型（Subtractive Rapid Prototyping，SRP）是将三维数据模型转化为实物模型的方法之一，减式的意思即通过加工去除模型之外的材料。加工的源文件可以是任何 3D 形式的模型，包括点云、多边形网格、NURBS 曲面及实体。

应用减式快速原型技术带来的益处有：

（1）提高效率同时降低成本，只需几天时间提交模型，不会给人力资源带来额外负担；
（2）可加工的原材料来源广泛；
（3）生成的模型表面质量高于市场上很多类型的快速成型机生成的表面质量。

减式快速原型机的加工步骤一般可分为以下五步：

（1）创建 CAD 模型。CAD 模型可以来源于 CAD 软件建模生成，也可以是逆向扫描设备生成的点云文件。
（2）将 CAD 模型导入至切削软件。
（3）创建刀轨。在创建刀轨之前，可调整模型的大小、切削的深度、表面质量等相关内容。
（4）发送数据至 CNC 加工设备。CNC 加工设备读取刀轨数据后，开始加工。
（5）加工。将原材料安装在 CNC 机床上，通过主轴旋转带动刀具去除模型之外的材料，最终生成实物模型。

本章使用的减式快速原型机是 MDX-40 数控雕刻快速成型机，是日本 Roland 公司出品的桌面型雕刻式快速成型设备，能够比较快速方便地在办公桌上加工模型，可作为工程师、工业设计师、教育工作者、样品设计师开发的桌面型减式快速原型铣削设备，具有结构精巧、功能完备、操作便捷、使用安全等特点，适合利用各种普通材质加工产品原型并测试其结构、装配和功能。减式快速原型与传统的增式处理（堆叠式）技术相比，具有加工材料广泛并且价格低廉、切削表面光整度高等特点。MDX-40数控雕刻快速成型机可使用的材质包括ABS工程塑料、亚克力（有机玻璃）、化学木、石膏、苯乙烯泡沫塑料、模型蜡、迭尔林（聚甲醛树脂）、尼龙等。

13.1.2 数控雕刻快速成型系统组成

MDX-40数控雕刻快速成型系统分为硬件系统和软件系统，硬件系统主要由机身本体结构、主轴电动机、丝杠、驱动器等部分组成；软件系统包括生成刀轨软件及控制面板的工具软件。

1. 硬件系统

MDX-40数控雕刻快速成型机的主轴采用功率为100 W的直流电机，转速范围4 500～15 000 r/min，最高精度是0.002 mm/步，工作范围是305 mm[X]×305 mm[Y]×105 mm[Z]，可选配的四轴加工附件能在无人值守状态下进行四轴控制双面或四面铣削加工。图13.1所示是MDX—40实物图，图13.2所示是MDX-40结构示意图。

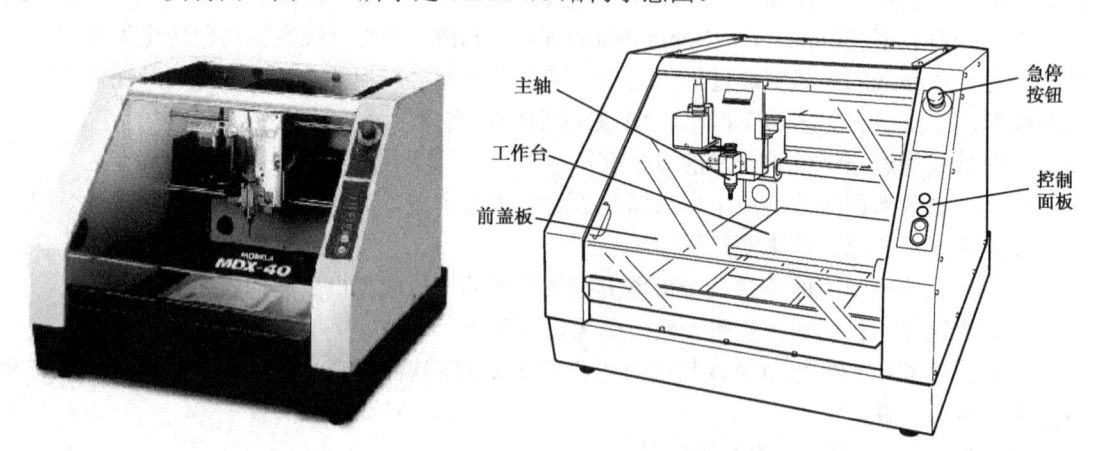

图13.1　数控雕刻快速成型机实物图　　图13.2　数控雕刻快速成型机结构示意图

数控雕刻快速成型机的主轴部分带动刀具完成对工件的切削，工作台部分是承载和固定工件，前盖板可减少噪音及降低危险性（工作状态中一旦打开，主轴即停止转动），急停按钮防止突发状况的产生，起强制停止的作用，控制面板中指示灯分别起指示当前工作状态的作用，上/下按钮分别控制主轴上、下移动，查看按钮可使机器暂停运转并将加工工件移动至靠近前盖板位置，以便操作者对加工情况进行检查，如继续加工需再按一次查看按钮。图13.3

所示是控制面板的示意图。

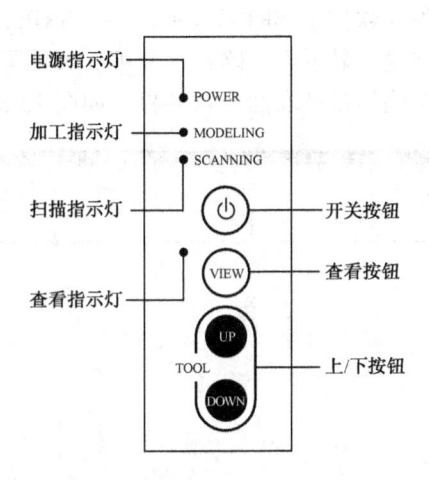

图 13.3 控制面板说明示意图

数控雕刻快速成型机是四轴控制，分别为 X 轴、Y 轴、Z 轴和旋转轴。使用旋转轴加工时工件可绕 X 轴旋转，实现 0°～360°旋转加工，加工工件范围 X 轴方向最大是 135 mm，最大半径是 42.5 mm。图 13.4 是旋转轴示意图。

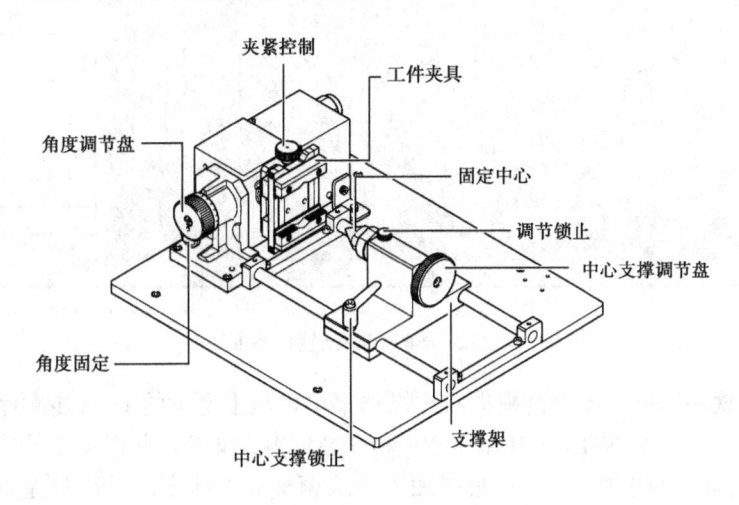

图 13.4 旋转轴示意图

数控雕刻快速成型机使用旋转轴进行加工时，首先将工件固定在工件夹具与固定中心上，通过中心支撑调节盘及角度调节盘调整到合适位置后，使用夹紧控制、角度固定、调节锁止和中心支撑锁止将工件固定。

2. 软件系统

与硬件系统配套的刀轨生成软件是 SRPPlayer 软件，SRPPlayer 软件可用来确定铣削方向、模型大小、铣削方式、创建和显示刀具路径，并可显示预览结果及加工剩余时间，简化了加工过程并可获得光滑、精确的模型表面。软件界面如图 13.5 所示。

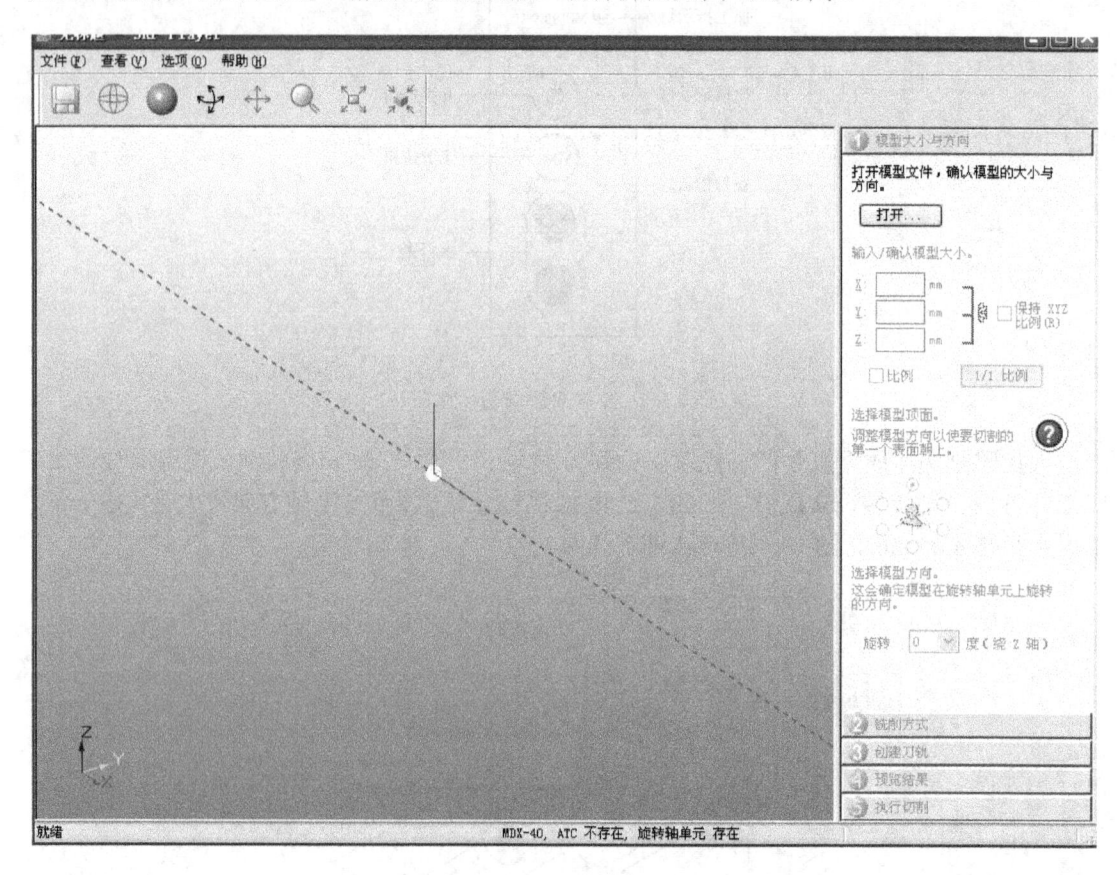

图 13.5　SRPPlayer 软件界面

SRPPlayer 软件的操作流程是根据右边操作菜单栏从上至下的 1～5 步顺序完成操作。"模型大小与方向"可导入 STL、IGES、DXF 和 3DM 格式文件，并根据工件的大小更改数字模型的大小与方向；"铣削方式"可根据加工需求调整加工精度，以达到提高效率或者提高精度的效果；在"创建刀轨"输入原材料的大小、刀具的选择并创建刀轨；"预览结果"可直观预览加工模型；"执行切割"将生成的刀轨数据发送到机器并开始切割加工。

Panel 软件是与硬件系统配套的控制面板软件，Panel 软件直接控制机器的运转、移动等一些参数，可直观、方便地调整机器的作业。Panel 软件界面如图 13.6 所示。

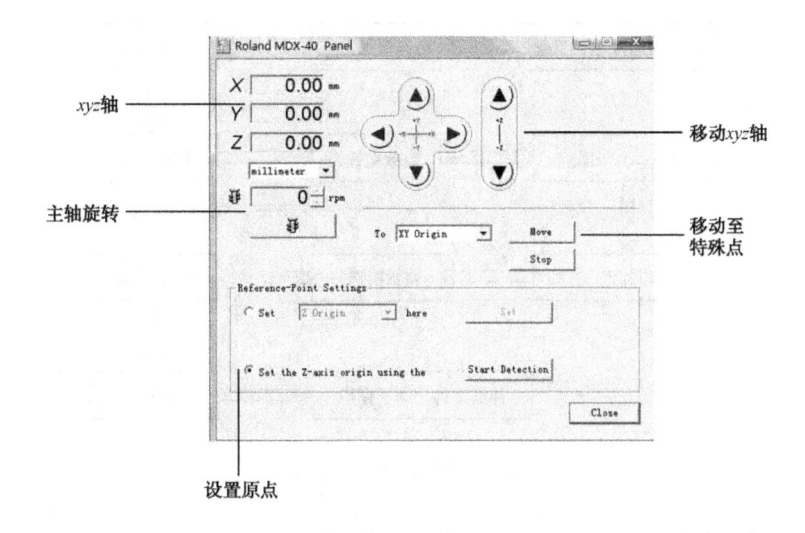

图 13.6　Panel 软件界面

　　Panel 软件界面中"xyz 轴"显示当前主轴顶端在软件三维空间坐标中的坐标值;"主轴旋转"可启动和停止主轴旋转,转速范围是 4 500～15 000 r/min;"设置原点"可设置当前位置为 x、y 轴的原点或 xy 点(即 x、y 轴的交点)的位置,并可向下探测直至碰触压力传感器后,将碰触点位置设置为 z 轴原点;"移动至特殊点"可直接是主轴移动至 x、y、z 或 xy 点位置;"移动 xyz 轴"可手动单击对应按钮,使主轴沿 x、y 或 z 轴方向移动。

13.1.3　数控雕刻快速成型操作流程

　　数控雕刻快速成型机根据加工类型可分为单面加工、双面加工及旋转加工,每个加工类型通常分为两个阶段:粗加工和精加工。粗加工一般使用直径较大(如 6 mm 左右)的平铣刀,精加工一般使用直径相对较小(如 1.5 mm)的球铣刀,先进行粗加工然后进行精加工不仅可以提高加工效率,同时可以得到精细的模型表面。

　　单面加工操作流程如图 13.7 所示。

　　双面加工相当于两个单面加工,并使用夹具或定位销钉使得上下表面的加工区域重合,避免因位置不同引起上下表面错位,加工完上表面后绕 X 轴旋转 180°,开始加工下表面。

　　双面加工操作流程如图 13.8 所示。

　　使用旋转轴加工方式时,先安装旋转轴附件,安装完毕后进行精度调校。由于旋转加工和单、双面加工的工件尺寸范围不同,选择合适尺寸工件,避免尺寸不合适导致无法安装。

　　旋转轴加工操作流程如图 13.9 所示。

　　单、双面加工与旋转轴加工有各自的加工特点,可根据不同的模型选择相对应的加工方式。

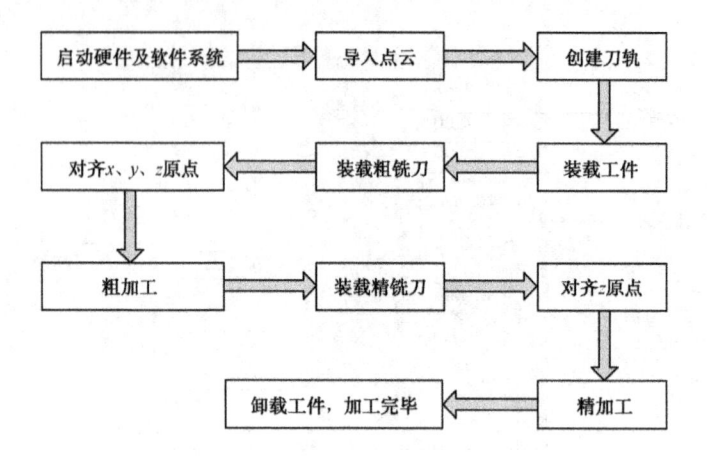

图 13.7　单面加工操作流程

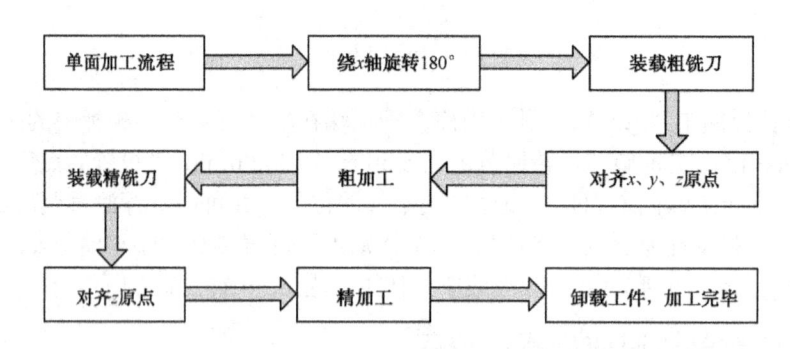

图 13.8　双面加工操作流程

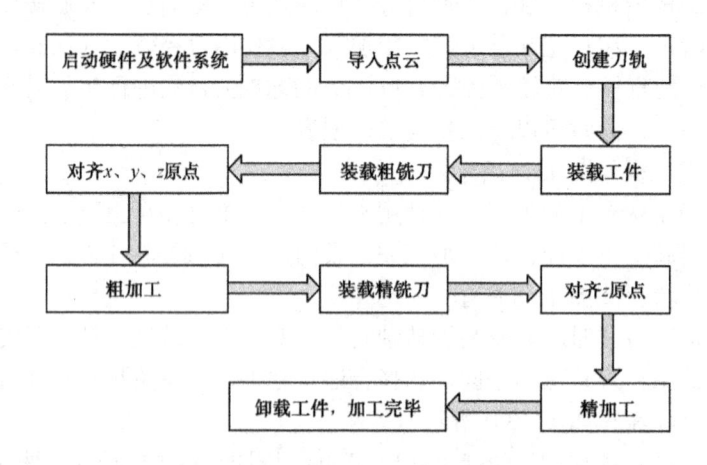

图 13.9　旋转轴加工操作流程

13.2 数控雕刻快速成型实训范例

本节将使用手机外壳数据模型和企鹅数据模型作为实训范例的模型，并通过以上两个模型分别阐述双面加工和旋转轴加工的具体操作方法。

1. 双面加工操作实训范例

（1）启动 MDX-40 数控雕刻快速成型机硬件系统、SRPPlayer 刀轨生成软件及 Panel 控制面板软件。

（2）导入模型文件，确认模型的大小与方向。进入"模型大小与方向"选项栏，单击"打开"，选择目标文件，单击"确定"。在"输入/确定模型大小"处，可以手动调整模型的大小，勾选"保持 XYZ 比例"选项是不改变模型各方向的相对比例，本次操作中设置模型 x、y、z 的大小为"46.07"、"109.95"、"18.99"；勾选"比例"选项则显示模型的百分比。"选择模型顶面"可以通过制定模型加工的上表面，以调整模型方向，使要切割的第一个表面朝上；"选择模型方向"对旋转角度进行设置，使模型不会延伸到可加工范围之外。完成该选项的设置如图 13.10 所示。

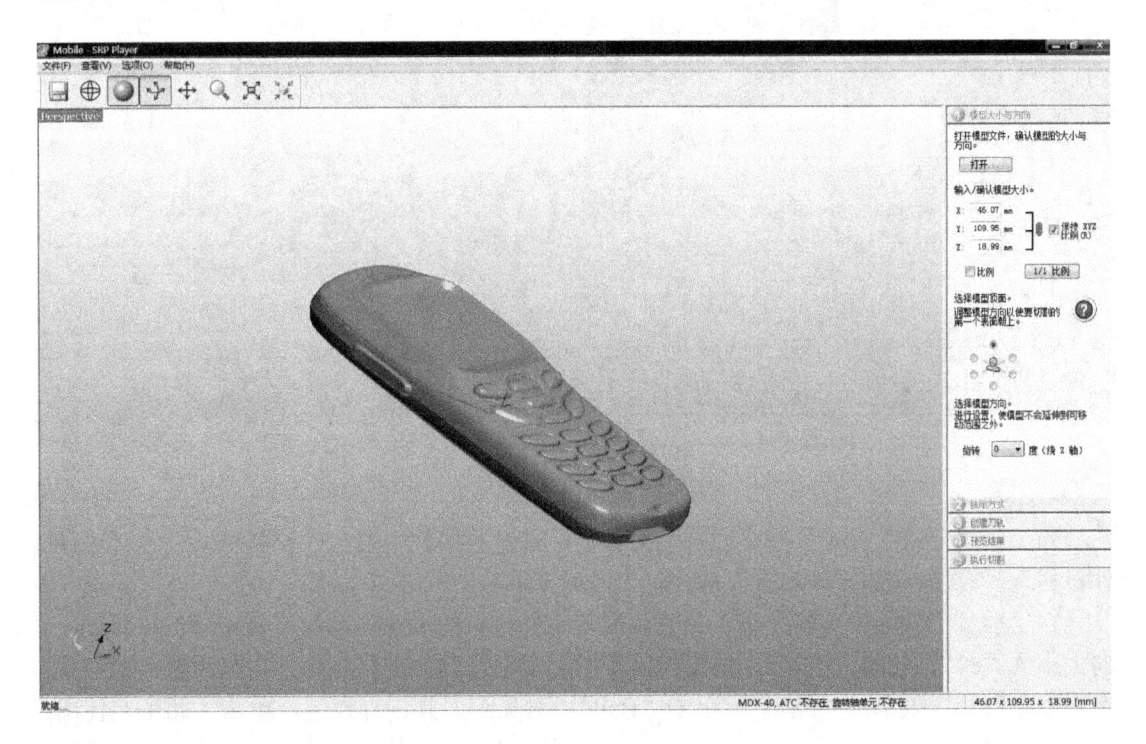

图 13.10　模型大小与方向设置

(3）选择铣削方式。单击"铣削方式"菜单栏，对铣削方式进行选择，在"选择铣削方式"选项，如需获得更好的表面，选择"更佳表面加工"，如需更短时间完成加工则选择"更短切割时间"，本次操作选择"更佳表面加工"；对于平整度较好的模型选择"有多个平面的模型"，其他则选择"有多个曲面的模型"，本次操作选择"有多个曲面的模型"；在"块状工件"选项中，单面加工选择"只切割顶面"，双面加工选择"切割顶面与底面"，本次操作选择"切割顶面与底面"；双面加工需勾选"添加模型支撑"，并单击"编辑"修改支撑件的宽度和高度，本次操作中支撑的宽度和高度设置为"4 mm"。完成铣削方式设置如图 13.11 所示。

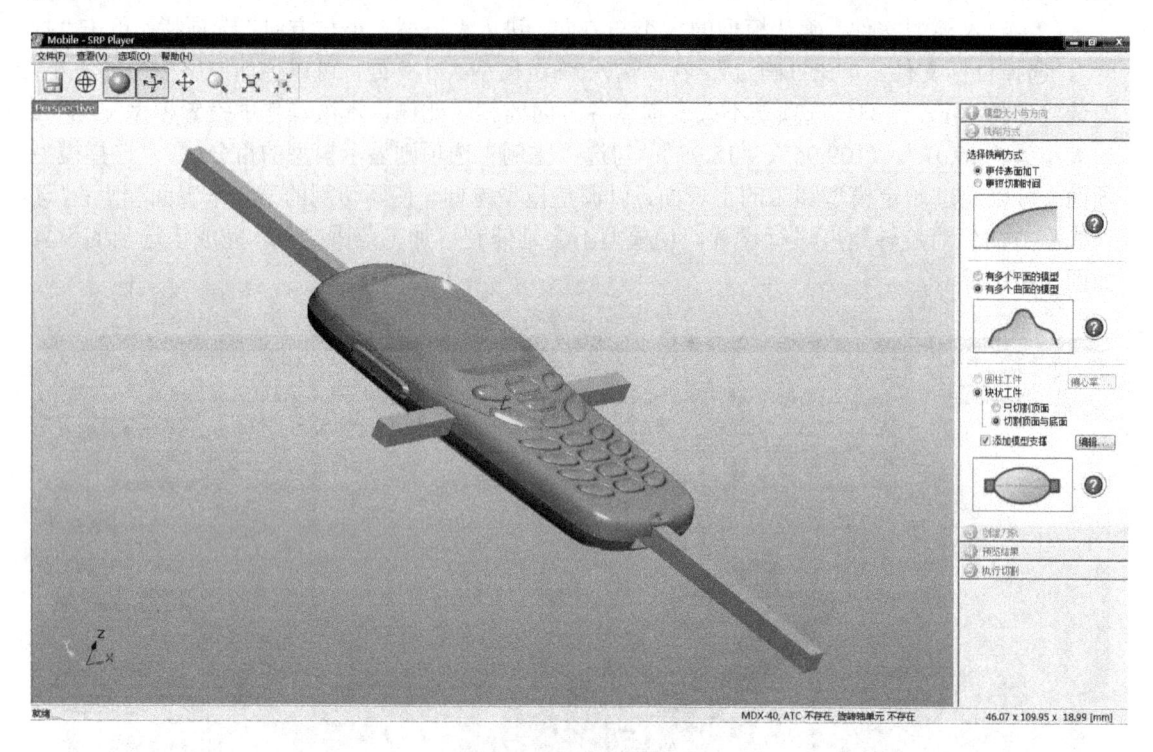

图 13.11　铣削方式设置

（4）创建刀轨。进入"创建刀轨"菜单栏，首先根据使用的工件材料材质设置"选择工件材料"，本次操作选择"ABS"，如图 13.12 所示。

在"准备工件并输入其大小"处输入准备工件材料的大小，本次范例使用的材料 xyz 方向大小为"80"、"140"、"20"，尽量使用较贴近模型比例的准备工件，以减少材料的浪费。在"创建刀轨"处单击"编辑"，单击"Ball"，对加工刀具进行设置，单击"此工艺使用的刀具"，两次粗加工刀具为"6 mm Square"，即直径为 6 mm 的平铣刀；根据选择的加工材料及刀具，系统自动配置加工参数：进给速度 1260 mm/min、主轴 8000 r/min、切入量 0.37 mm、轨迹间隔 3.6 mm、加工边距 0.2 mm。两次精加工刀具选择"R1.5 Ball",即半径为 1.5 mm 的球铣刀,系统自动配置的加工参数是:进给速度 720 mm/min、主轴 9 000 r/min、切入量 0.1 mm、轨迹间隔 0.1 mm、加工边距 0.0 mm,刀具选择界面如图 13.13 所示。

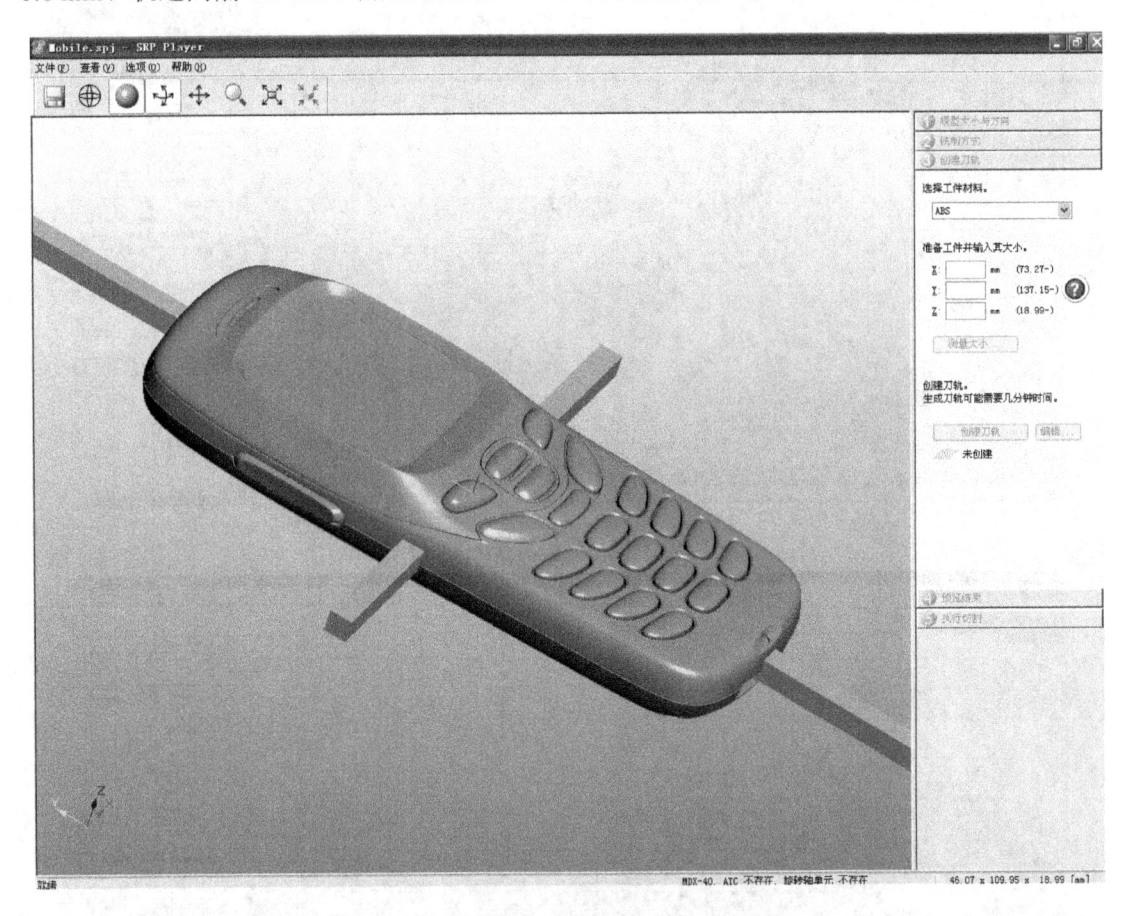

图 13.12　选择工件材料

分别对粗加工的顶面和底面的"建模范围"进行设置,单击"建模范围","添加边距"设置为"6.6","制作斜面"设置为"5.00",单击应用,以上两个选项都是提供足够的退刀空间,以免发生碰撞,如图 13.14 所示。如"建模范围"设置空间不足,系统将自动提示重新进行设置。

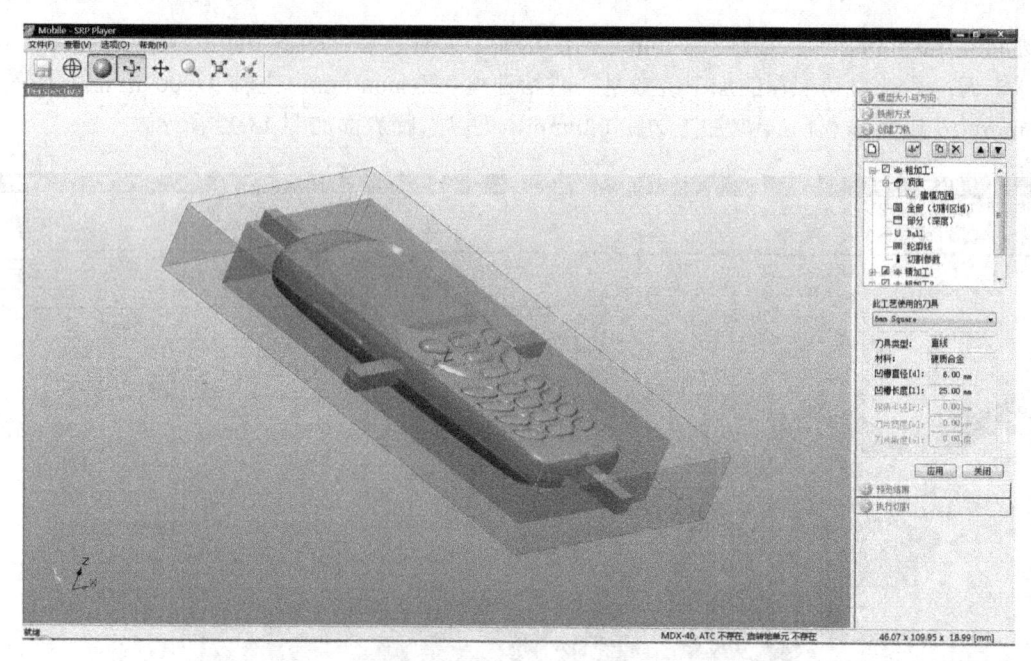

图 13.13　刀具选择界面

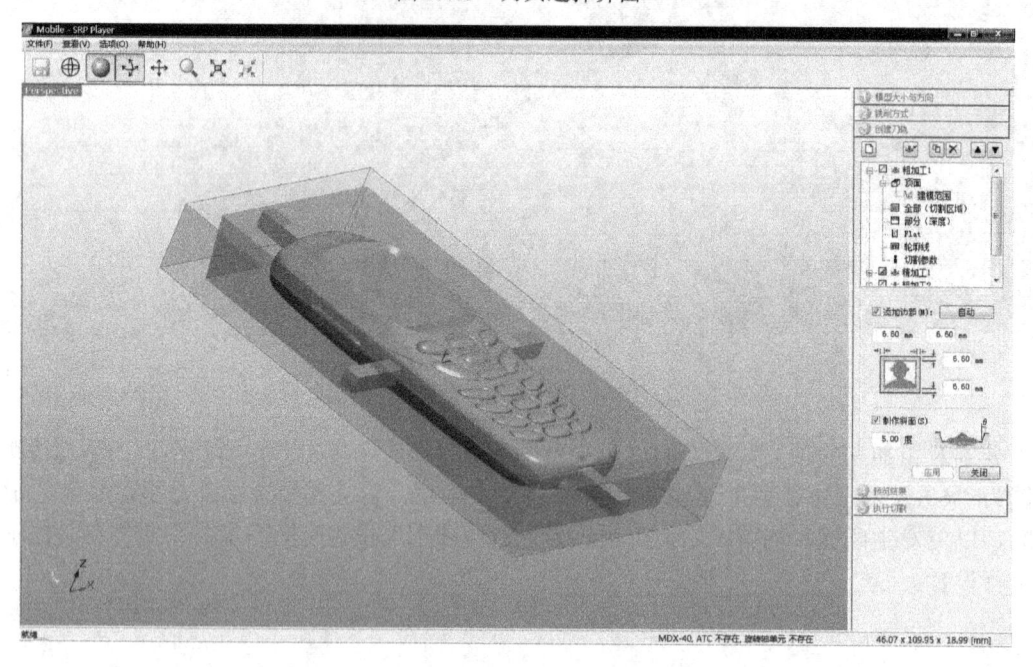

图 13.14　退刀空间参数设置

设置完毕后，单击"创建刀轨"，系统将根据设置自动生成刀轨文件。创建刀轨设置如图 13.15 所示。

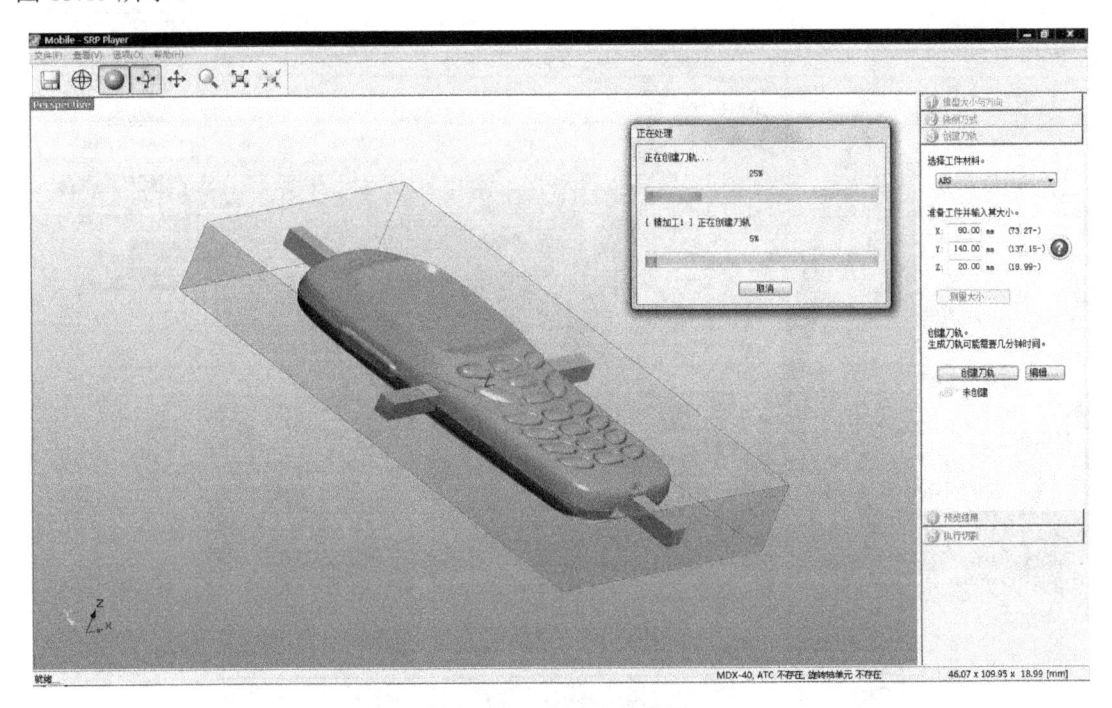

图 13.15　创建刀轨设置

（5）预览加工结果。通过预览切割加工可预知模型切割情况，如不满意加工后的模型，可回到"模型大小和方向"选项进行重新调整，或者选择旋转轴加工方式进行加工。单击"预览结果"，单击"显示模型"，预览结果如图 13.16 所示。

（6）执行切割。以上步骤均完成后，单击"执行切割"，如果需要保存刀轨文件，则勾选"输出到文件"，将刀轨文件保存为指定的文件。

（7）装载粗刀具。系统自动弹出对话框，要求装载刀具名称为"6 mm Square"，长度超过"11 mm"的刀具，完成后单击"下一步"按钮，如图 13.17 所示。

（8）对齐 xy、z 轴原点。进入"Panel"控制面板软件，移动 xyz 轴将刀具在工件平面上的投影点与工件中心重合。在"Reference-Point Setting"即"设置原点"选择"XY Origin"，单击"set"。在"设置原点"选择"Z Origin"选择"set"，主轴自动向下探测，将刀具与工件上表面碰触点设为 z 轴原点，如图 13.18 所示。

（9）装载工件。

（10）开始顶面粗加工。进入 SRPPlayer 软件，单击"下一步"按钮，开始切割，界面如图 13.19 所示。

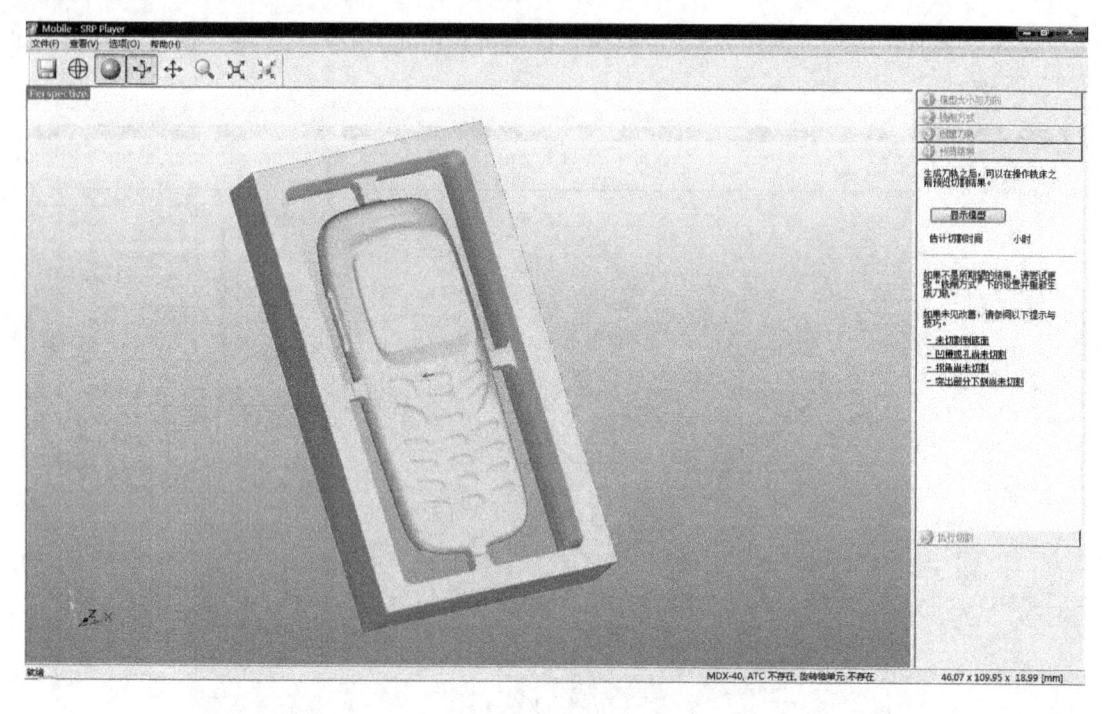

图 13.16　预览结果

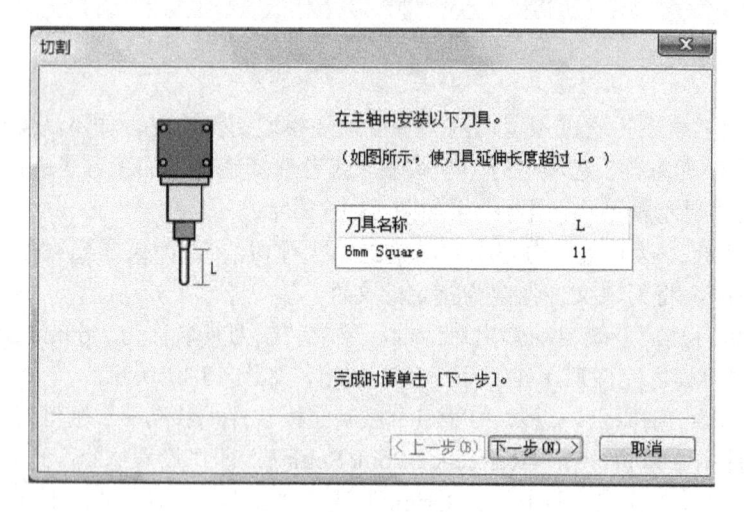

图 13.17　装载粗刀具界面

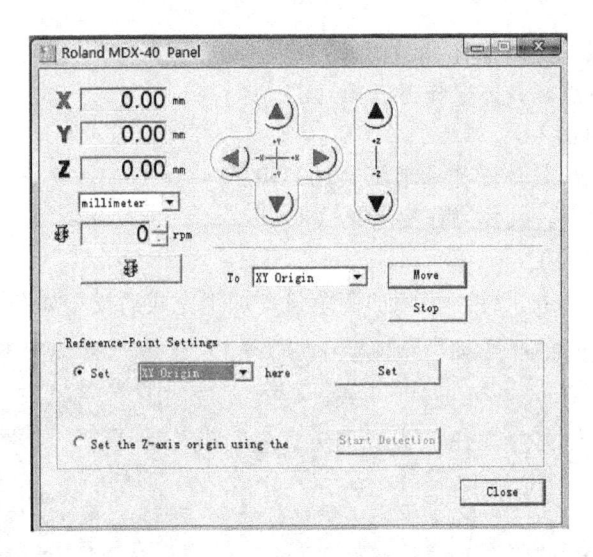

图 13.18　设置原点

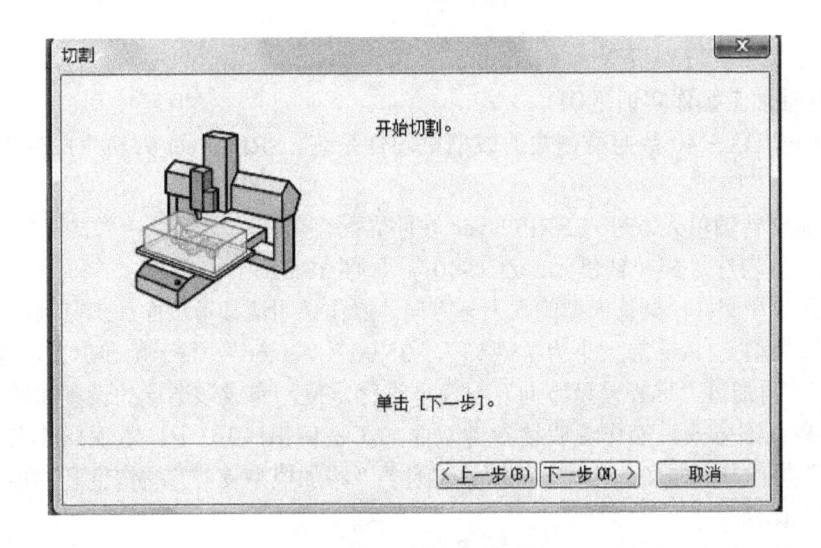

图 13.19　开始切割界面

（11）装载精刀具。模型顶面粗加工完毕后，系统自动弹出对话框，要求装载刀具名称为"R1.5 Ball"，长度为"12 mm"的刀具，完成后单击"下一步"按钮。

（12）设置 z 轴原点。具体操作参考第（8）步。

（13）开始顶面精加工。

（14）把顶面加工完成后的工件进行翻转，使用夹具或者定位销钉装夹工件，使得底面与顶面的加工区域重合。

（15）装载粗刀具。具体操作参考第（7）步。
（16）设置 z 轴原点。具体操作参考第（8）步。
（17）开始底面粗加工。
（18）装载精刀具。具体操作参考第（10）步。
（19）设置 z 轴原点。具体操作参考第（8）步。
（20）开始底面精加工。
（21）切割完毕，卸载工件。去除加工余量，加工完成后模型如图 13.20 所示。

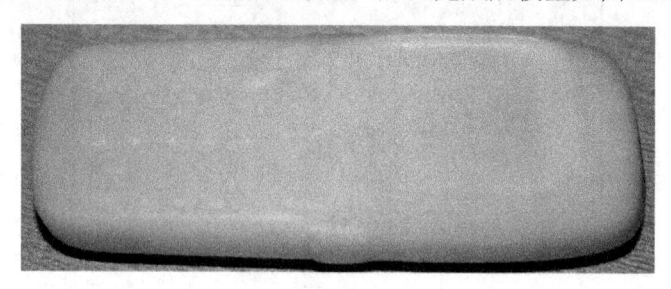

图 13.20　加工完成后的模型

2．旋转轴加工操作实训范例

（1）启动 MDX—40 数控雕刻快速成型机硬件系统、SRPPlayer 刀轨生成软件及 Panel 控制面板软件。

（2）添加旋转轴单元。进入 SRPPlayer 软件界面，单击"文件"→"首选项"，单击"切割机"选项卡，勾选"旋转轴单元：ZCL-40"。如图 13.21 所示。

（3）导入模型文件，确认模型的大小与方向。操作说明请参考双面加工范例第（2）步。本次操作中设置模型 x、y、z 的大小为"34.53"、"35.00"、"26.66"。对于旋转加工，可以忽略"选择模型顶面"。再通过"选择模型方向"对模型进行定位，完成该选项的设置如图 13.22 所示。

（4）选择铣削方式。操作说明请参考双面加工范例第（3）步。本次操作分别选择"更佳表面加工"、"有多个曲面的模型"、"圆柱文件"；"添加模型支撑"的宽度和高度为"4 mm"，如图 13.23 所示。

（5）创建刀轨。操作说明请参考双面加工范例第（4）步。本次操作工件材料选择"ABS"，尺寸长度、直径分别为"133"、"50"；"添加边距"设置为"6.6 mm"，"制作斜面"设置为"3.00℃"，如图 13.24 所示。

第 13 章　数控雕刻快速成型制造

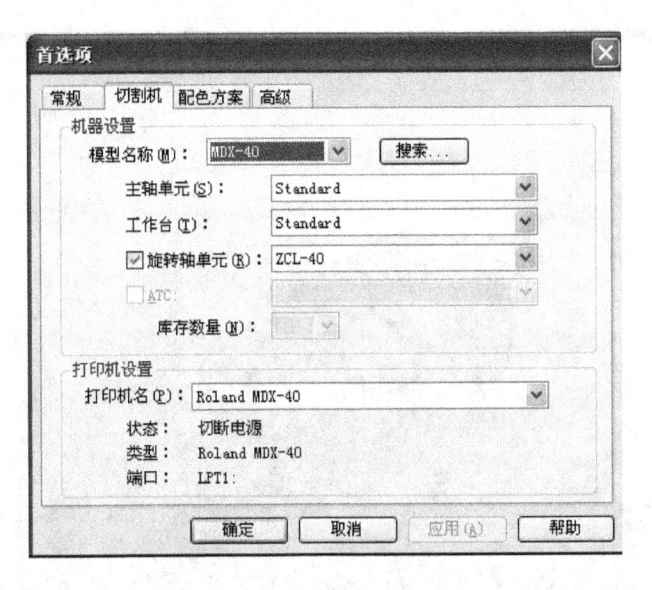

图 13.21　添加旋转轴单元

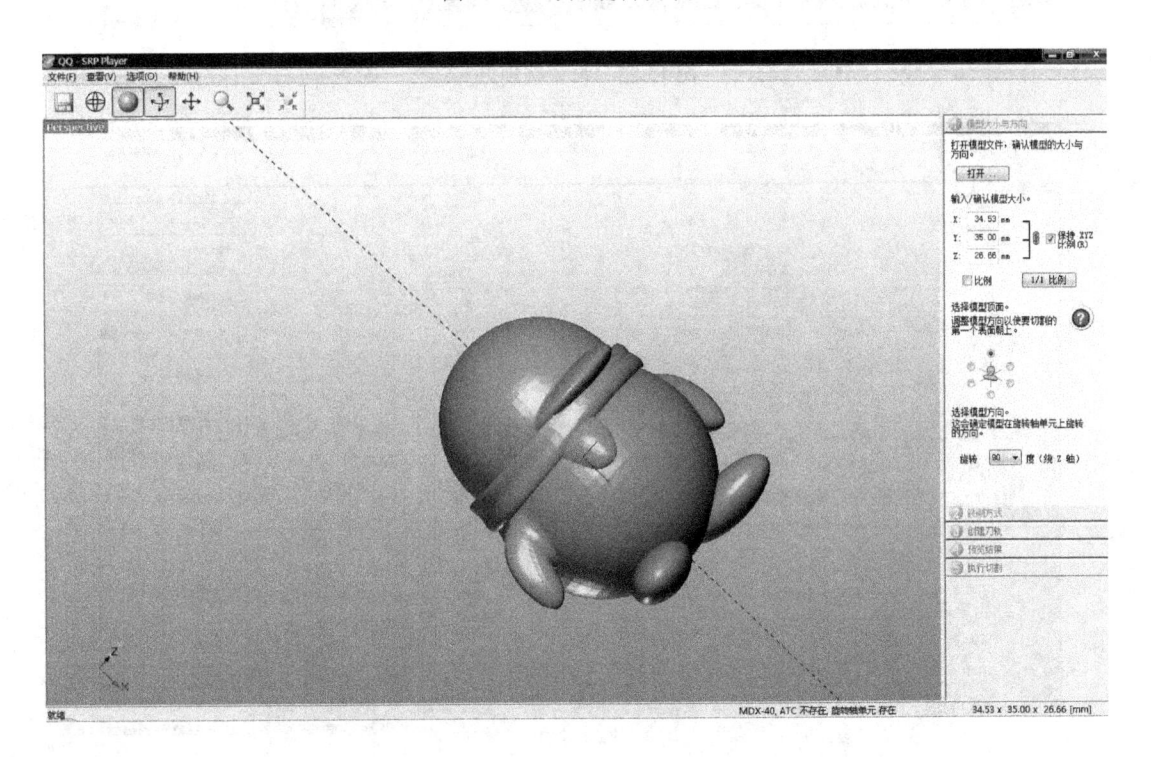

图 13.22　模型大小与方向设置

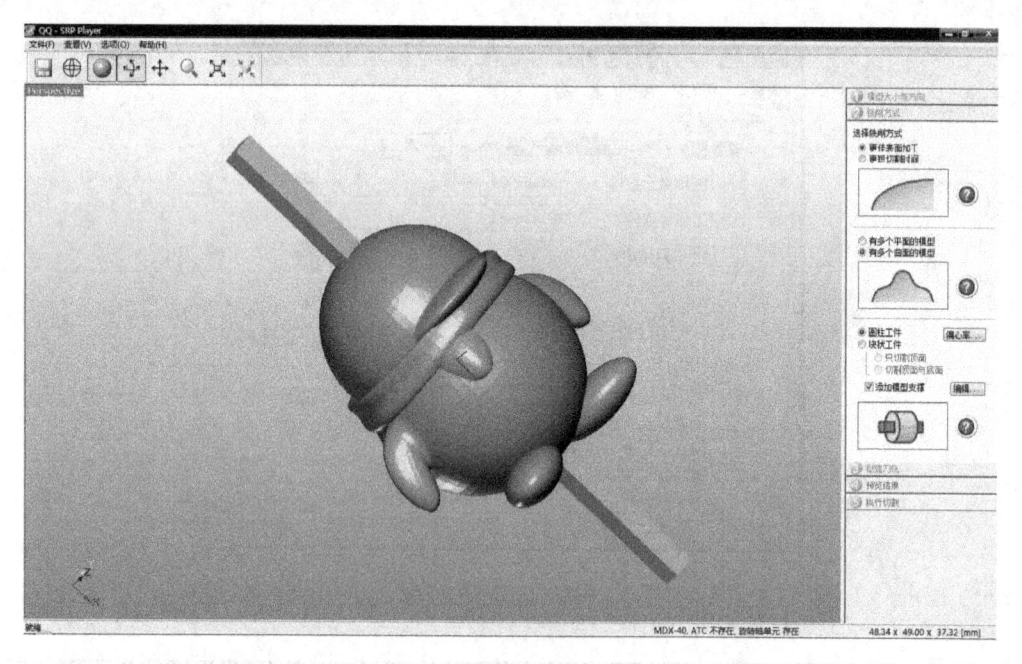

图 13.23　设置铣削方式

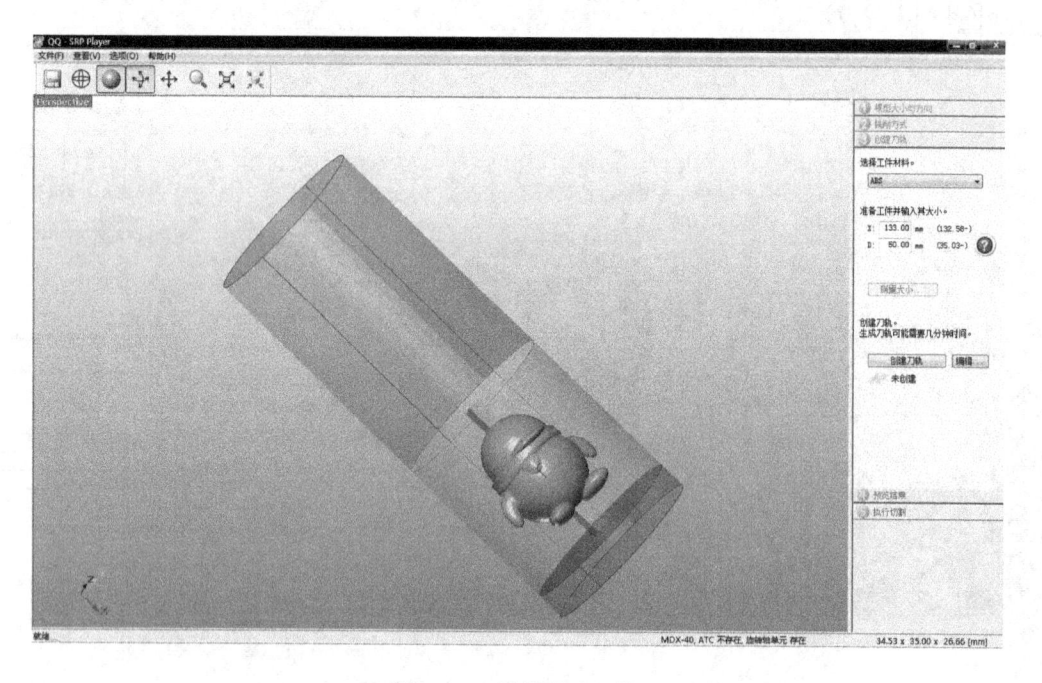

图 13.24　设置创建刀轨

（6）预览加工结果。操作说明请参考双面加工范例第（5）步，如图 13.25 所示。

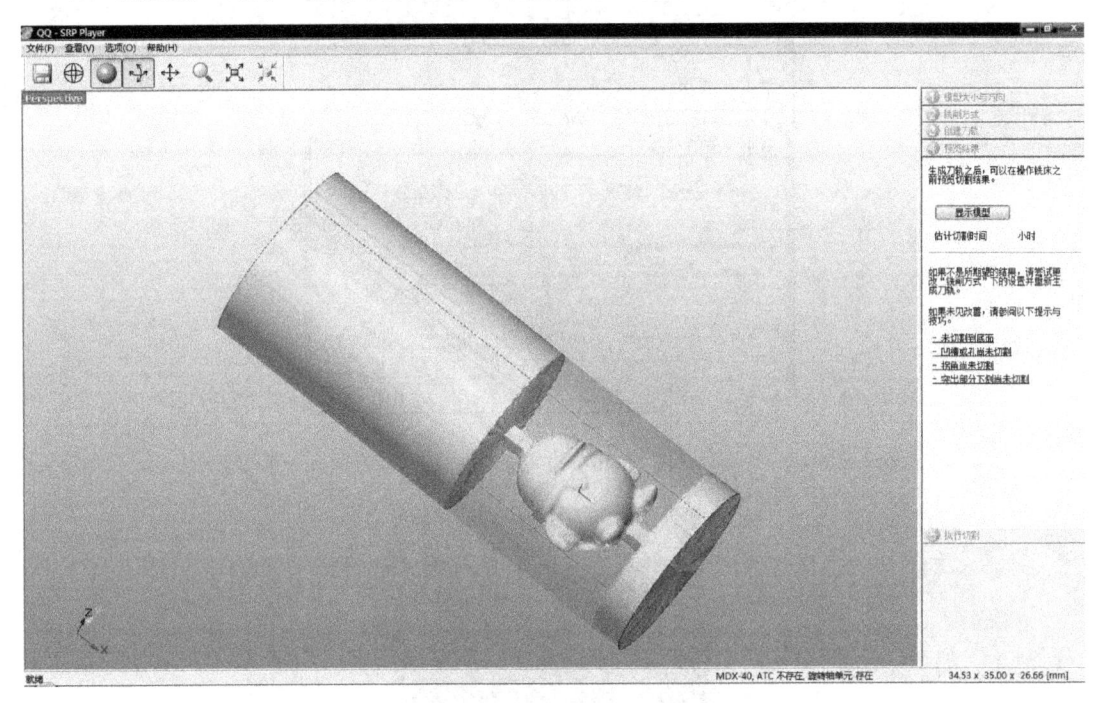

图 13.25　预览加工结果

（7）执行切割。操作说明请参考双面加工范例第（6）步。

（8）装载粗刀具。刀具的伸出长度超过"26 mm"。

（9）对齐 x、y 轴原点。将 X 轴原点设置在工件右侧，Y 轴原点在 YZ 平面的投影点与旋转中心重合。操作说明请参考双面加工范例第 8 步。

（10）装载工件。

（11）装载粗刀具。

（12）设置 Z 轴原点。启动 Panel 软件，选择"Set the Z-axis origin use the"，单击"Start Detection"，主轴带动刀具移动去碰触压力传感器，以确定 Z 轴方向的原点位置，如图 13.26 所示。

（13）开始粗加工。

（14）装载精刀具。

（15）开始精加工。

（16）切割完毕，卸载工件。去除加工余量，加工完成后模型如图 13.27 所示。

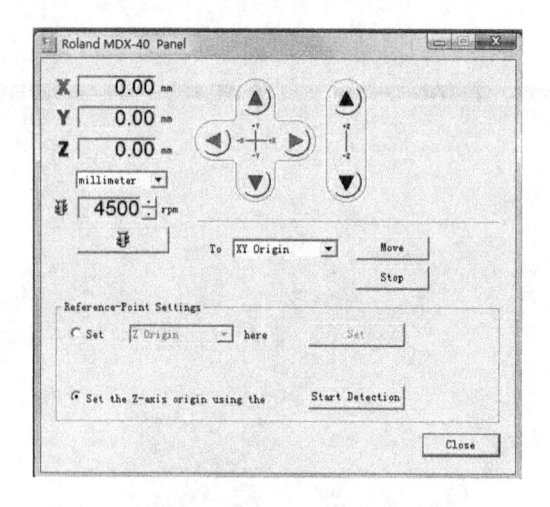

图 13.26　设置 Z 轴原点

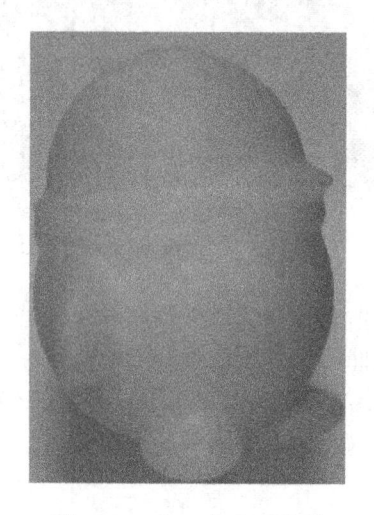

图 13.27　加工完成后模型

13.3　数控雕刻快速成型机操作注意事项

由于数控雕刻快速成型机运转时主轴高速旋转，所以存在安全性问题。以下是操作人员在长期的实践中积累的操作注意事项，供读者参考：

（1）加工之前或者加工过程中需要更换刀具时，按下"View"按钮即"查看"按钮。当按下"View"按钮时，机器自动切断与计算机的数据传送，避免计算机的误操作启动主轴旋转，从而带来损伤、损失。

（2）按照系统提示安装刀具的伸出长度，避免因刀具的伸出长度不足而无法加工到足够深度。

（3）旋紧刀具。避免因刀具松动引发加工精度不足甚至损坏机器。

（4）固定住工件。避免因工件松动导致加工错误甚至损坏机器。

（5）每次换刀都要对齐 z 轴原点，因为换刀后 z 轴原点位置已改变，需要重新对齐。

（6）设置"支撑"时根据材料选择支撑的尺寸，避免因支撑尺寸过小而强度不足，导致无法承受纵向切削力，在加工过程中支撑断裂。

（7）创建刀轨中编辑粗加工时，根据刀具的直径设置"添加边距"，并在"制作斜面"中设置一定的角度，给予足够的退刀空间。避免因退刀空间不足导致刀具与机器的损坏。

第14章 逆向工程技术综合应用实例

本章结合生产实际，以熊猫早读机为例展示逆向工程技术在生产过程中的作用，让读者通过实际生产过程了解和掌握逆向工程技术的综合应用。考虑到知识的系统性，本章对前面章节未出现的知识将作简要介绍，让读者对逆向工程技术各个环节有系统的认识。逆向工程技术综合应用过程如图14.1所示。

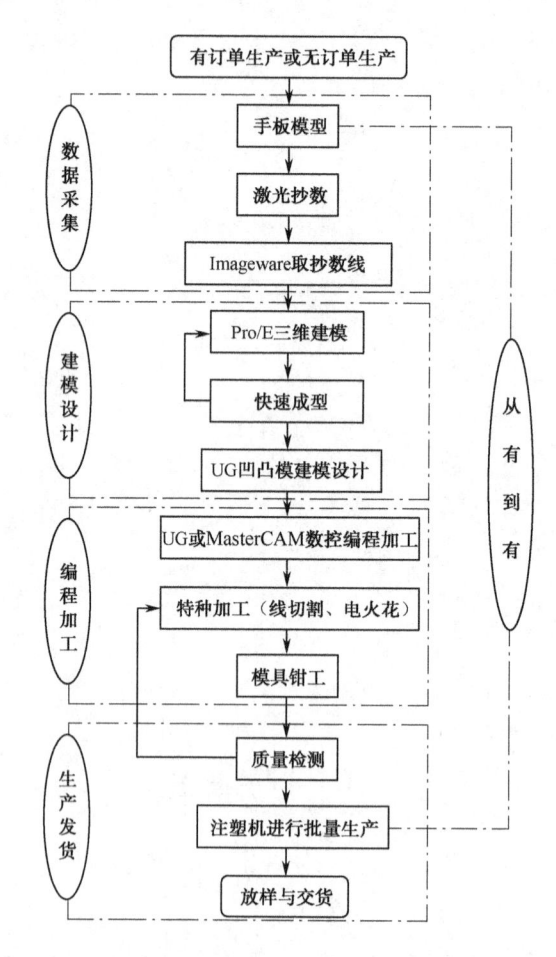

图 14.1 逆向工程技术在生产中的综合应用过程

有订单生产指的是企业根据客户订单的需求量和交货期限来安排生产，使企业减少库存、降低风险；无订单生产是指企业洞察市场需求形势，提前生产产品并发放样品等待订单。有订单生产常常由客户提供产品模型、图纸及技术要求，是正向工程与逆向工程的结合。无订单生产常出现在刚刚起步、知名度不高的中小型企业及区域性家庭小作坊中，有时也出现在因经济、市场不景气而生产力过剩的大企业中。无订单生产虽然存在滞销、库存等风险，但在产品开发、市场价格、发展客户、调整资源等方面具有极大的灵活性。所以，从节约研发成本，抢占市场空间等方面考虑，逆向工程是无订单生产的首选，它使企业在市场竞争中具有更大的主动权和发展空间。常见的区域性企业及产品有：景德镇陶瓷、浙江义乌小商品、汕头澄海玩具等。

本章实例熊猫早读机是采用无订单生产方式，逆向创意过程如图14.2所示。

图 14.2　熊猫早读机逆向创意过程

14.1　数据采集阶段

数据采集的信息包括模型信息与数字信息。模型信息指实物模型或手板；数字信息指点云数据及网格、特征曲线。

1. 手板模型

1）手板的概念

手板就是在没有开模具的前提下，根据一个或多个实物模型的外观或结构，对某些特征进行验证或改进而制作出新模型，是逆向工程的第一步，故"手板"也称"首板"，是用来检查外观或结构合理性的功能样板。

随着社会竞争的日益激烈，产品的开发速度日益成为竞争的主要因素，而手板制造恰恰能有效地提高产品开发的速度。正是在这种情况下，手板制造业便应运而生，成为逆向工程中相对独立的行业而蓬勃发展起来。

2）制作手板的必要性

（1）可以检验外观设计。手板不仅是可视的，而且是可触摸的，以实物的形式把设计师的创意直观反映出来，避免了"画出来好看而做出来不好看"的弊端，因此手板制作在新产品开发，产品外形推敲的过程中是必不可少的。

（2）可以检验结构设计。因为手板是可装配的，所以它可直观地反映结构的合理性，安装的难易程度。以便及早发现问题，解决问题，减少开模风险。

（3）使产品面市时间大大提前。由于手板制作的超前性，可以在模具开发之前利用手板及仿模，生产出产品进行宣传，甚至进行前期的销售、生产准备工作，及早占领市场。

3）手板的分类

（1）按照制作的手段分为手工手板和数控手板。

① 手工手板：主要用手工制作的手板，图14.3所示的熊猫早读机油泥手板为手工手板。

② 数控手板：主要由数控机床完成的手板。根据所用设备的不同，数控手板又可分为快速成型（RP）手板和数控雕刻（CNC）手板。

图14.3 熊猫早读机油泥手板模型

RP手板的优点是速度快，而CNC手板的优点是表面质量高，尤其在其完成表面喷涂和丝印后，甚至比开模具后生产出来的产品还要光彩照人。因此，CNC手板制造在手板制造业得到了越来越多的应用。

从图14.1逆向工程的生产流程看，手工手板是真正的"首板"，而数控手板实际是在三维建模基础上的快速成型。可见，随着先进制造技术的高速发展，加工阶段的技术已日渐成熟，概念设计阶段——"手板"，已在逆向工程中变得越来越重要。

（2）按照制作所用的材料分为油泥手板、塑胶手板和金属手板。

① 油泥手板：其原材料为油泥，常用于文体用品、仿真人物雕塑、工艺品泥塑、儿童玩具等的设计与制作。

② 塑胶手板：其原材料为塑胶，常用于电视机、显示器、电话机等的设计与制作。

③ 金属手板：其原材料为铝镁合金等金属材料，常用于笔记本计算机、MP3播放机、CD机等的设计与制作。

4）熊猫早读机油泥手板的制作

手板材料中，油泥为最常见，常温下质地坚硬细致，可精雕细琢，适合精品原型、工业设计模型制作。对温度敏感、微温可软化塑形或修补,常用的制作工具有雕刻刀、电吹风等。

本熊猫早读机手板模型的制作过程主要有以下几步:

(1) 将一张立体效果正面图平放在桌面上。

(2) 把准备好的精雕油泥用电吹风吹软。

(3) 用雕刻刀把精雕油泥铺到图片上(注意不能铺出图形边界线)。

(4) 对照其他立体图片,将其立体效果雕刻出来,并与正面图纸分离。

(5) 再用精雕油泥跟雕刻刀将产品修平、修细,把边角修圆滑,模型即完成。

2. 激光抄数

激光抄数是由三维激光扫描机对已有的样品或模型进行准确、高速扫描,得到三维表面数据,配合逆向软件进行曲线及曲面重构,最终生成 IGES 模型。IGES 数据可传给一般的 CAD 系统,如 UG、Pro/E 等,再进一步进行修改和再设计。本熊猫早读机扫描用激光抄数机如图 14.4 所示。

激光扫描时一般把手板模型喷上一层涂漆,再用支架支撑并放在工作台上,注意模型的关键部位能被详细准确扫描。再将数据导入到 Imageware 中,以便进一步处理。整个数据转换过程为:实物几何数据→模拟数据→数字数据。由此可见,激光扫描是逆向工程生产流程的首要环节。

本熊猫早读机油泥手板模型的激光扫描点云如图 14.5 所示。

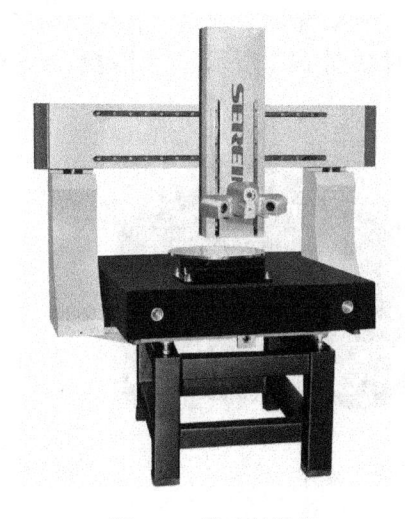

图 14.4 激光抄数机   图 14.5 激光抄数点云

3. Imageware 取抄数线

Imageware 具有强大的点处理功能和线处理功能,通过把点云进行拟合,构造出满足后续正向软件进行复杂曲面造型设计要求的网格和特征轮廓线,是正逆向结合建模的重要组成部分。

本熊猫早读机通过 Imageware 取抄数线后的结果如图 14.6 所示。

图 14.6　Imageware 取抄数线结果

14.2　建模设计阶段

1. Pro/E 三维建模

Pro/E 三维建模主要包括曲面建模、特征细化、组件装配等，在整个逆向工程生产流程中，组件装配是决定产品开发成败的关键。在大型企业，三维建模设计中，组件装配常由专人专职负责完成。软件中零件的装配与实际零件的装配原理基本相同，如两个零件在同一方向上只应有一个接触面，并且零件的许多配合特征是在装配图中创建，避免实物产品装配时表面互相发生干涉。本熊猫早读机中的上下盖零件如图 14.7 所示，组件装配图如图 14.8 所示。

图 14.7　熊猫早读机的上下盖零件

2. 快速成型

在实际生产中上，快速成型是比较重要的。有人曾经画过一个天真活泼的"baby 娃娃"项链，计算机屏幕上看很好，客户也很满意，结果产品从模具中生产出来时，像呆板机器人的项链，没办法，只能重画、模具重做，损失可想而知。而这只是一个外观造型方面的例子，假如涉及配合方面，问题更多。例如有人生产一把玩具枪，里面两个牙轮的中心距尺寸不合理，结果发塑料子弹时，一次空弹，一次两颗。所以，在 CAD/CAM 技术已经比较成熟时，人们会把眼光放在针对产品设计检验的 CAE 和快速成型这一块。

图 14.8 熊猫早读机的组件装配图

RP 技术能自动、快速、精确地从 CAD 文件直接制造零件，在制造业中已成熟地应用于产品设计评估与校审、产品工程功能试验、厂家与客户或订购商的交流手段等领域。通过 RP 技术可有效地缩短产品的研发周期，减少产品开发中手工手板的局限和失误，提高产品成功率。目前，RP 主要有增式快速成型（如熔融沉积造型）和减式快速成型两种。

1）熔融沉积造型

熔融沉积造型（Fused Deposition Modeling，FDM），是先将 CAD 生成的三维实体模型通过分层软件分成许多细小薄层，每个薄层断面的二维数据用于驱动控制喷嘴移动，喷嘴以半熔状态挤压出成型材料，沉积固化为精确的零件薄层，以逐层固化的薄层累积成所设计的实体原型。

本熊猫早读机后盖通过熔融沉积造型快速成型，如图 14.9 所示。

2）数控雕刻快速成型

数控雕刻快速成型也叫减式快速原型，是将三维数据模型转化为实物模型，减式的意思即通过加工去除模型之外的材料。加工的源文件可以是任何 3D 形式的模型，包括点云、多边形网格、NURBS 曲面及实体。

本熊猫早读机前盖数控雕刻快速成型如图 14.10 所示。

表 14.1 对熊猫早读机前、后盖快速成型进行比较，有利于帮助读者更好发挥快速成型技术在逆向工程中的作用。

图 14.9　熔融沉积造型的后盖 　　　　　图 14.10　数控雕刻快速成型的前盖

表 14.1　熊猫早读机前、后盖快速成型的比较

成型产品	熊猫早读机前盖	熊猫早读机后盖
成型方式	熔融沉积（加式）	数控雕刻（减式）
成型材料	热熔性材料（ABS、石蜡等）	ABS 工程塑料、有机玻璃、化学木、尼龙
材料成本	高	低
成型特点	操作容易，后处理简单，速度快，需要同时成型支撑结构	需要操作技术，双面加工一般需要对齐，速度慢，有加工余料
产品特点	精度相对较低，成型件表面有明显阶梯状条纹	生成的模型表面质量高；制作功能性产品，测试是否能满足实际应用

3. UG 凹凸模建模

逆向工程常通过模具来实现产品的生产，而模具设计仍以曲面建模的模块为主。UG 在处理实体建模及实体分割上有较大的优越性，所以常用 UG 进行凹凸模建模设计。熊猫早读机上盖凹凸模建模设计如图 14.11 所示。

图 14.11　上盖凹凸模建模设计

用 UG 软件实现熊猫早读机下盖凹凸模建模设计，如图 14.12 所示。

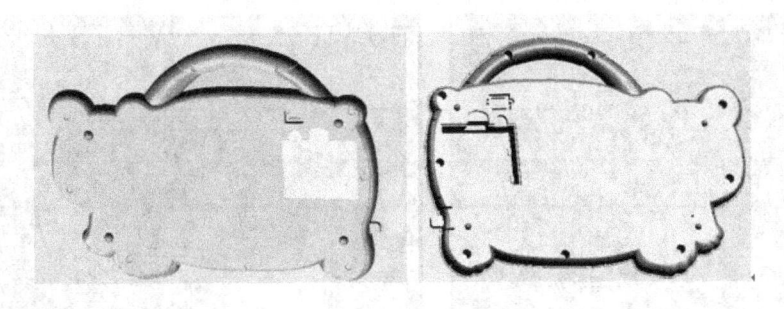

图 14.12　下盖凹凸模建模设计

14.3　编程加工阶段

1. UG 或 MasterCAM 数控编程加工

数控编程中，UG 与 MasterCAM 是目前应用最广的软件。MasterCAM 编程的特点是快捷、方便，并以简单易学而成为初学数控编程者之首选，也是国家各级考证单位常选用的软件。UG 的特色是复杂曲面的加工，这一特色在半精及精加工刀路上尤为突出，并以功能强大而著称，它的三维造型设计、凹凸模设计、数控编程各功能模块都被广泛应用。

1）熊猫早读机上盖凸模的 UG 数控编程加工

下面是熊猫早读机上盖凸模用 UG 软件进行编程的粗、精加工，为节约成本，毛坯采用线切割组合件，如图 14.13 所示。

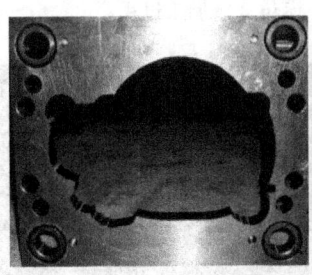

图 14.13　线切割组合件毛坯

用 ϕ30mm R5 圆鼻铣刀进行型腔轮廓粗加工，如图 14.14 所示。
用 ϕ8mm R1 圆鼻铣刀进行加工的上盖凸模精加工过程如图 14.15 所示。
用 ϕ1.5mm 球刀进行上盖凸模清角精加工如图 14.16 所示。
上盖凸模加工结果如图 14.17 所示。
上盖凹模加工结果如图 14.18 所示。

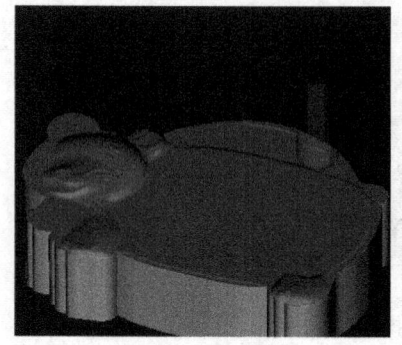

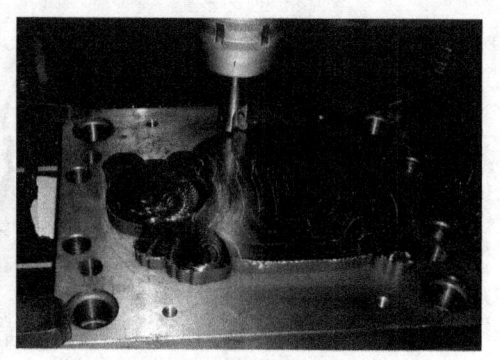

(a) 上盖凸模型腔轮廓仿真粗加工过程　　　　(b) 上盖凸模型腔轮廓实物粗加工过程

图 14.14　上盖凸模型腔轮廓粗加工过程

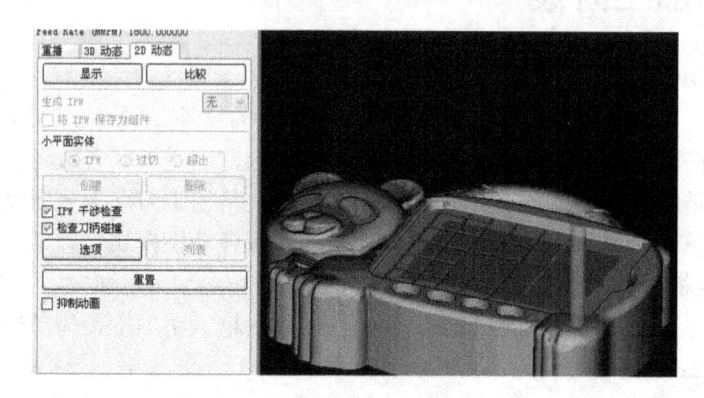

图 14.15　上盖凸模仿真精加工过程

(a) 上盖凸模仿真清角精加工过程　　　　(b) 上盖凸模实物清角精加工过程

图 14.16　上盖凸模清角精加工过程

第 14 章　逆向工程技术综合应用实例

图 14.17　上盖凸模加工结果 　　　　　　图 14.18　上盖凹模加工结果

2）熊猫早读机下盖凹模 MasterCAM 数控编程加工

下面是熊猫早读机下盖凹模用 MasterCAM 软件进行编程的粗、精加工。

用 $\phi 25R5$ 的圆鼻铣刀进行曲面挖槽仿真粗加工，如图 14.19 所示。

用 $\phi 8\,R1$ 的圆鼻铣刀进行曲面挖槽仿真精加工，如图 14.20 所示。

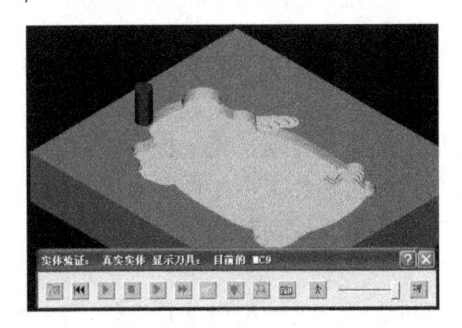

图 14.19　曲面挖槽仿真粗加工 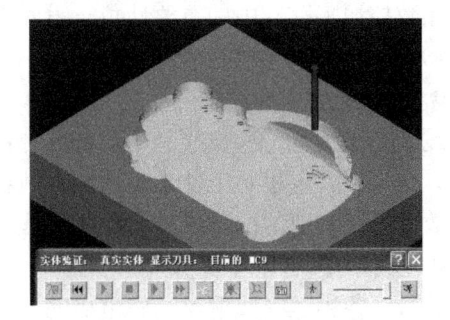　　　　　图 14.20　曲面挖槽仿真精加工

用 $\phi 2$ mm 的球刀进行清角仿真精加工，如图 14.21 所示。

下盖凹模数控铣加工结果如图 14.22 所示。

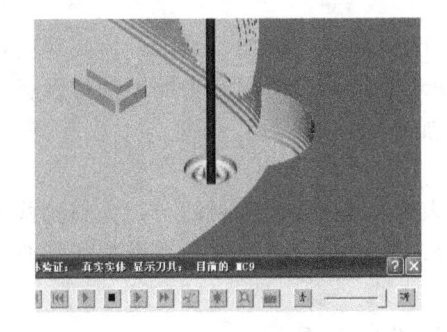

图 14.21　球刀清角仿真精加工 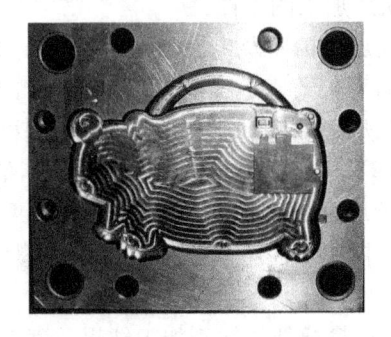　　　　　图 14.22　下盖凹模数控铣加工结果

下盖凸模数控铣加工结果如图 14.23 所示。

图 14.23　下盖凸模数控铣加工结果

2．数控特种加工

模具加工中最常用的特种加工是电火花和线切割。自从 20 世纪 50 年代前苏联拉扎林科夫妇研究开关触点受火花放电腐蚀损坏的现象以来，电火花和线切割以其加工方式的特殊性，在数控加工家族中的重要地位一直没有动摇。

1）数控电火花线切割加工

● 线切割加工的概念

线切割加工是一种直接利用电能和热能进行加工的工艺方法，用一根移动着的导线（电极丝）作为工具电极对工件进行切割，故称线切割。线切割加工中工件和电极丝的相对运动是由数字控制实现的，所以，又称数控线切割加工或简称为线切割加工。

● 线切割加工原理及机床

通过一条钼丝（或铜丝）做电极的一端并且来回运动，另一电极就是工件，在加工时钼丝（或铜丝）和工件并不直接接触，它们之间形成一定的间隙构成短路，通过短路时放出的热量将工件熔化。钼丝和工件之间的间隙就是平时说的火花位。它是通过放电将一个工件分成两部分，一件是废料，一件是工件。线切割主要用于加工模腔上的镶件，或外形不宜用其他数控机床加工的工件。

根据加工精度及电极丝的运行速度不同，电火花线切割加工通常分为高速走丝电火花线切割加工和低速走丝电火花线切割加工两种。熊猫早读机模具中的电池位及模仁位是由图 14.24 所示的高速走丝电火花线切割机床所加工的。

● 熊猫早读机模具中的线切割加工部位

由于凹凸模腔配合部位要用 718#钢，而模架以 45#普通钢材即可，为节约成本，模具的上盖凸模和下盖凸模都采用线切割镶件组合，熊猫早读机上盖凸模模架线切割二维图如图 14.25 所示。

上盖凸模模架线切割加工结果及镶件配合如图 14.26 所示。

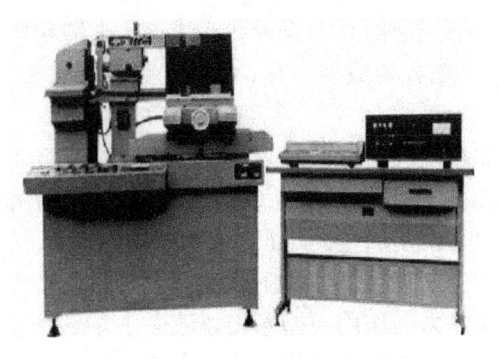

图 14.24　数控电火花线切割机床 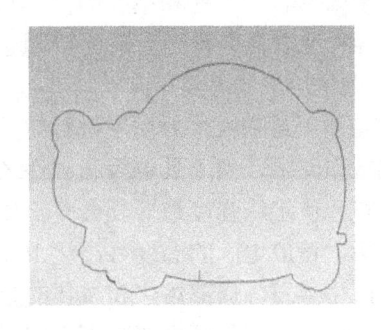　　　　图 14.25　上盖凸模模架线切割二维图

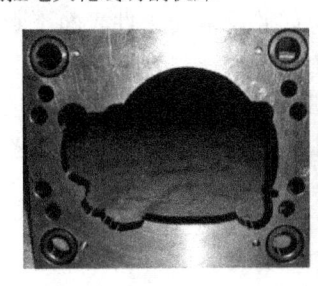

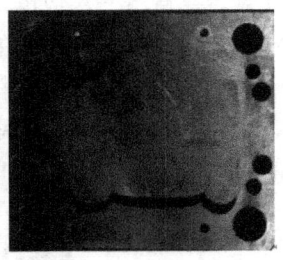

图 14.26　上盖凸模模架线切割加工结果及镶件配合

熊猫早读机模具的另一线切割组合件为下盖凹模电池位，因为电池位属于难加工、易磨损而常更换部位，采用线切割组合件恰好能解决上述问题，电池位线切割零件图及零件如图 14.27 所示。

图 14.27　下盖凹模电池位线切割零件图及零件

2）电火花加工
● 电火花加工的概念
电火花加工是利用浸在工作液中的两极间脉冲放电时产生的电蚀作用蚀除导电材料的特种加工方法，又称放电加工或电蚀加工（Electrical Discharge Machining，EDM）。主要用于

加工具有复杂形状的型孔和型腔的模具和零件；加工深细孔、异形孔、深槽、窄缝和切割薄片；加工各种硬质合金和淬火钢等硬、脆材料；加工各种成型刀具、样板和螺纹环规等工具。

● 电火花加工原理及机床

电火花加工是在液体介质中进行的，机床的自动进给调节装置使工件和工具电极之间保持适当的放电间隙，当工具电极和工件之间施加很强的脉冲电压（达到间隙中介质的击穿电压）时，在介质绝缘强度最低处会将工作液击穿。由于放电区域很小，时间极短，所以，能量高度集中，使放电区的温度可高达 10 000℃以上，工件表面和工具电极表面的金属局部熔化、甚至汽化蒸发。局部熔化和汽化的金属在爆炸力的作用下抛入工作液中，并被冷却为金属小颗粒，然后被工作液迅速冲离工作区，从而使工件表面形成一个微小的凹坑。一次放电后，介质的绝缘强度恢复，等待下一次放电，如此反复使工件表面不断被蚀除，并在工件上复制出工具电极的形状，从而达到成型加工的目的。

电火花机床按控制装置分为普通电火花机床和数控电火花机床，按轴数分有三轴、四轴和五轴电火花机床等。熊猫早读机模具中的眼睛、嘴巴及按钮位是由图 14.28 所示的普通三轴电火花机床所加工的。

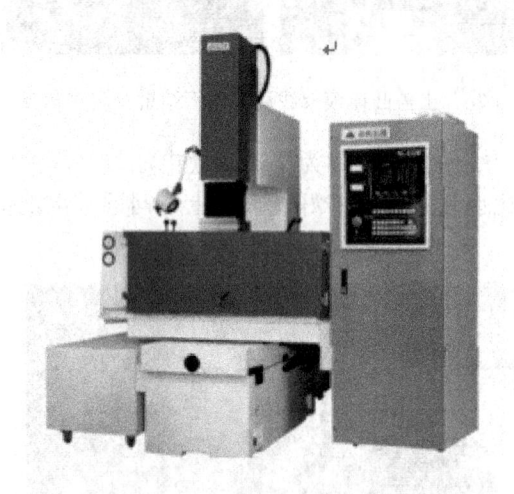

图 14.28 普通三轴电火花机床

● 熊猫早读机模具中的电火花加工部位

由于熊猫早读机上盖凹模型腔为 718#硬质合金钢，而眼睛、嘴巴及按钮位又为深槽、窄缝的型腔，精度要求高但抛光加工却比较困难，故这三个部位分别用质地较软易于修整的 T1 工业纯铜铜极零件进行电火花清角加工。眼睛、鼻子及按钮位电火花加工铜极零件如图 14.29 和图 14.30 所示。

图 14.29　眼睛及鼻子电火花加工铜极零件　　　图 14.30　按钮位电火花加工铜极零件

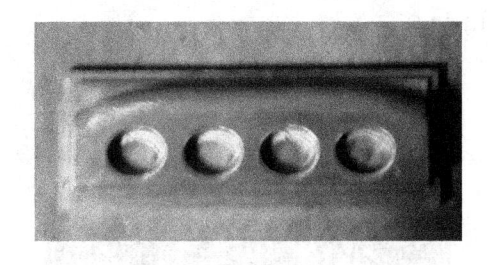

3. 模具钳工

逆向工程中模具加工的一般顺序为数控铣→线切割→电火花→模具钳工，作为数控加工的重要补充，模具钳工具有"节约成本，弥补不足"两方面的作用。

1）模具钳工的作用

模具钳工能发挥车、铣、钻等普通机床的作用，有利于减轻数控机床的负担，起到降低生产成本、合理利用设备资源的作用；模具钳工的手工刨、磨等模具配合前的人工处理工作是数控加工的重要补充。

模具生产的产品质量与模具的精度直接相关。模具的结构，尤其是型腔，通常都是比较复杂。一套模具，除必要的机械加工或采用某些电火花、线切割等特种工艺加工外，余下的很大工作量主要靠钳工来完成。尤其是一些复杂型腔的最终精修光整，模具装配时的调整、对中等，都靠钳工手工完成。

2）熊猫早读机模具生产中的部分模具钳工

● 前盖凸模钉针孔

前盖凸模上有很多不同规格的钉针孔，如图 14.31 所示。钉针孔是钉针把产品推出后模的通道，钉针孔与壁必须光滑配合且单边小于 0.02mm。而且很多模具上的孔是两个以上连接在一起的，因此，钻孔在模具装配与修理工作中，应用广泛而又重要。为了提高孔的精度和孔壁的表面粗糙度，先用麻花钻头钻出通孔，再用圆柱形直槽细铰刀进行铰孔精加工。

● 前盖凹模面抛光

凹模面抛光是模具钳工的一项重要工序，一般采用电动抛光工具进行研磨。通过抛光工具和抛光剂对模面进行极其细微切削的加工，是一种超精研磨，其切削作用包含物理和化学的综合作用。抛光剂常采用 W40、W20、W10、W5、W2.5、W1 的研磨膏，逐级提高研磨精度，直到符合加工精度要求为止。凹模面抛光结果如图 14.32 所示。

● 后盖模具的装配

后盖模具的装配是按照模具的设计要求，把模具零件连接或固定起来，达到装配的技术要求并保证加工出合格的制件。模具装配钳工是优质模具的最后一道工序，对修正前面各种加工中的系统误差起重要的作用，直接影响到整套模具开发的成败。后盖模具装配图如图 14.33 所示。

图 14.31　前盖凸模钉针孔

图 14.32　凹模面抛光结果

图 14.33　后盖模具装配图

4. 质量检测

质量检测是指对制造出来的样件进行几何尺寸与表面质量的检测，看制造出的产品是否能达到设计的要求。如不能满足要求，则根据误差情况对模具进行修补；如满足设计要求，则可进行批量生产。

14.4　生产发货阶段

1. 注塑机批量生产

注塑机生产是逆向工程"从有（手板模型）到有（产品）"的最后一个环节，是对各个生产环节的检验和逆向工程价值的体现，图 14.34 为用于生产熊猫早读机前、后盖的捷霸

JN208E 注塑机。

图 14.34　JN208E 注塑机

1) 注塑机成型工作原理

注塑机的工作原理与打针用的注射器相似，它是借助螺杆（或柱塞）的推力，将已塑化好的熔融状态（即黏流态）的塑料注射入闭合好的模腔内，经固化定型后取得制品的工艺过程。注射成型是一个循环的过程，每一周期主要包括：定量加料→熔融塑化→施压注射→充模冷却→启模取件。取出塑件后又再闭模，进行下一个循环。

注射成型的基本要求是塑化、注射和成型。塑化是实现和保证成型制品质量的前提，而为满足成型的要求，注射必须保证有足够的压力和速度。同时，由于注射压力很高，相应在模腔中产生很高的压力（模腔内的平均压力一般在 20～45 MPa 之间），因此必须有足够大的合模力。由此可见，注射装置和合模装置是注塑机的关键部件。

2) 半自动操作

一般注塑过程既可手动操作，也可以半自动和全自动操作。半自动操作时机器可以自动完成一个工作周期的动作，但每一个生产周期完毕后操作者必须拉开安全门，取下工件，再关上安全门，机器方可以继续下一个周期的生产。

本熊猫早读机上下盖由捷霸 JN208E 注塑机生产，采用半自动操作方式。主要工作参数为：用苯乙烯共聚（ABS）为原料；料筒温度约 160℃；螺杆转速 65 r/min；注射压力约 90 MPa；注射时间 5 s，冷却时间 20 s，全程时间 30 s。

2． 放样及交货

1) 发放样品

样品就是实物标准，与文字标准一起构成完整的标准形态。特别是在逆向生产中，由于根据产品进行再生产，省略研发阶段，使产品材料、性能对环境、气候的适宜性存在许多不确定因素。所以，在逆向工程中，样品的生产及发放尤为重要。图 14.35 为熊猫早读机的样品。

图 14.35 熊猫早读机样品

在实施文字标准时，由于技术上的原因或经济效益方面的要求，必须采用标准样品才能达到目的，否则文字标准就无法证实。所以，样品是标准化技术发展到一定阶段的产物。不仅是无订单生产要生产并发放样品等待订单，即使有订单生产也应先生产样品并进行送达试验，当没有质量问题及其他异议时才进行大批量生产，以减少不必要的损失。

2）交货

在无订单生产中，交货是模具厂向产品开发商移交模具；在有订单生产中，交货是产品开发商向客户移交产品。无论哪种生产方式，从手板、抄数、三维造型、模具设计、编程加工、模具钳工到注塑机生产的每一环节，对产品的成功移交都负有一定的责任。所以，每一生产环节都应保留原始数据，避免产品出现瑕疵时互相推卸责任。

发放样品及交货是逆向工程生产的最终目标，只有实现这个目标，整个逆向工程的产品开发流程才算完成。

相对于正向工程，逆向工程是一个极其复杂而又值得研究和探索的综合过程。仅就本章的熊猫早读机而言，产品的设计逆向包括造型逆向、结构逆向、功能逆向、颜色逆向、包装逆向等；生产逆向包括流程逆向、工艺逆向、技术逆向等。而且，随着先进制造技术的高速发展，逆向工程技术已在产品设计开发中发挥出越来越大的作用。逆向工程的各个技术环节既独立发展又互相关联，只有了解逆向工程的各个技术环节，并进行科学合理的综合运用，才能充分发挥逆向工程技术在不同情况下的最佳作用，真正成为驾驭技术的主人。

附　　录

Qualify 报告
检测日期：11/3/2009
生成日期：11/4/2009，2:54 pm

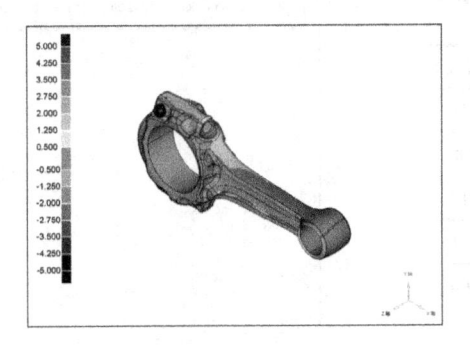

零件：CAD
测试：link rod
3D 比较结果

参考模型	CAD
测试模型	link rod
数据点的数量	78 408
# 体外孤点	191
公差类型	3D 偏差
单位	mm
最大临界值	5.000
最大名义值	0.500
最小名义值	−0.500
最小临界值	−5.000
偏差	mm
最大上偏差	4.152
最大下偏差	−7.046
平均偏差	0.739 /−0.638
标准偏差	0.871

百分比偏差

≥Min	<Max	# 点	%
−5.000	−4.250	61	0.078
−4.250	−3.500	285	0.363
−3.500	−2.750	316	0.403
−2.750	−2.000	750	0.957
−2.000	−1.250	2382	3.038
−1.250	−0.500	28451	36.286
−0.500	−0.500	28860	36.807
0.500	1.250	11531	14.706
1.250	2.000	5347	6.819
2.000	2.750	312	0.398
2.750	3.500	13	0.017
3.500	4.250	9	0.011
4.250	5.000	0	0.000

超出最大临界值	0	0.000
超出最小临界值	91	0.116

标准偏差

分布(+/−)	# 点	%
−6 * 标准偏差	119	0.152
−5 * 标准偏差	242	0.309
−4 * 标准偏差	392	0.500
−3 * 标准偏差	917	1.170
−2 * 标准偏差	4374	5.579
−1 * 标准偏差	36236	46.215
1 * 标准偏差	23440	29.895
2 * 标准偏差	10506	13.399
3 * 标准偏差	2155	2.748
4 * 标准偏差	15	0.019
5 * 标准偏差	12	0.015
6 * 标准偏差	0	0.000

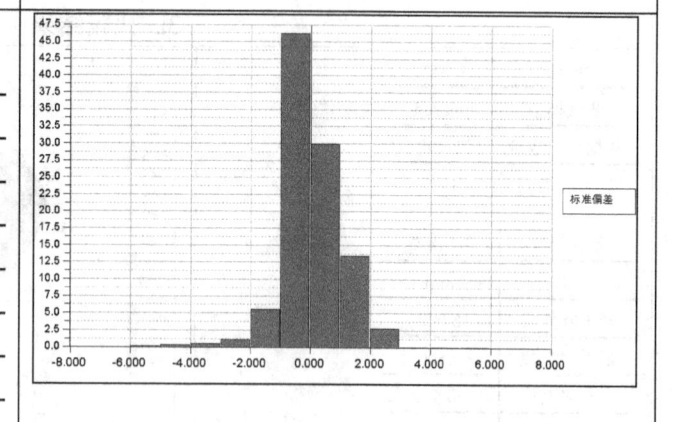

预定义：前视　　　　　　　　　　　　预定义：后视

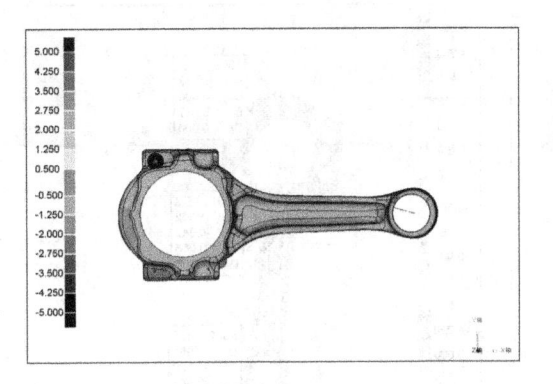

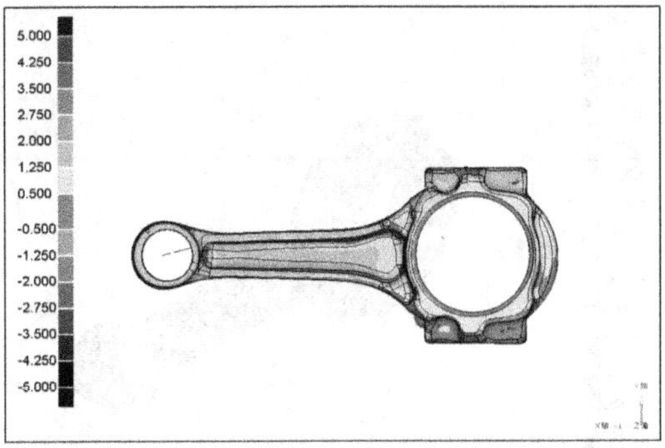

预定义：左视 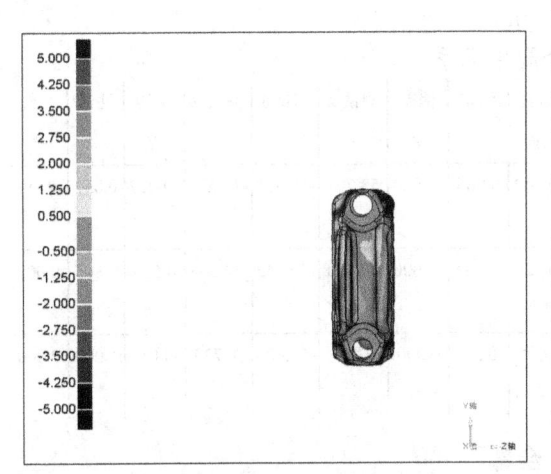　　　　　　　　　　　　预定义：右视

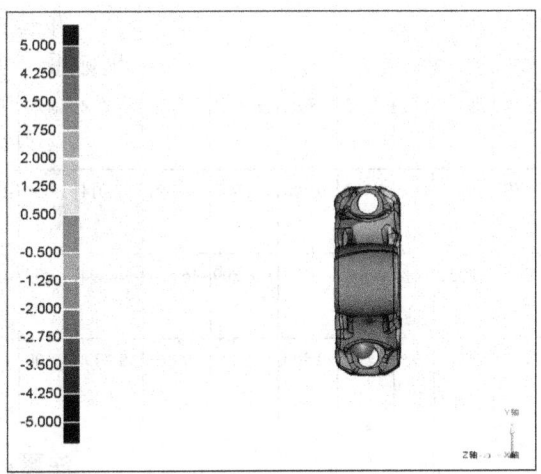

预定义：俯视 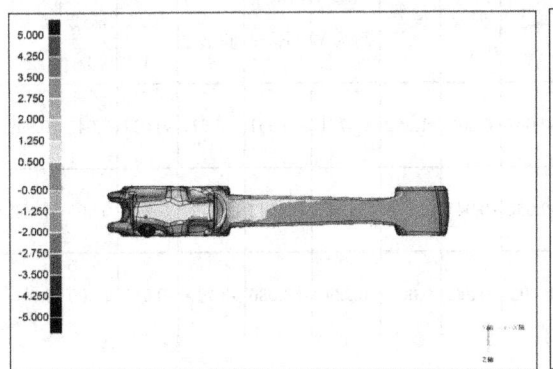　　　　　　　　　　　　预定义：仰视

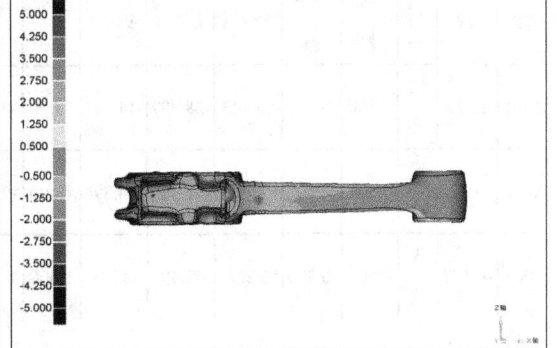

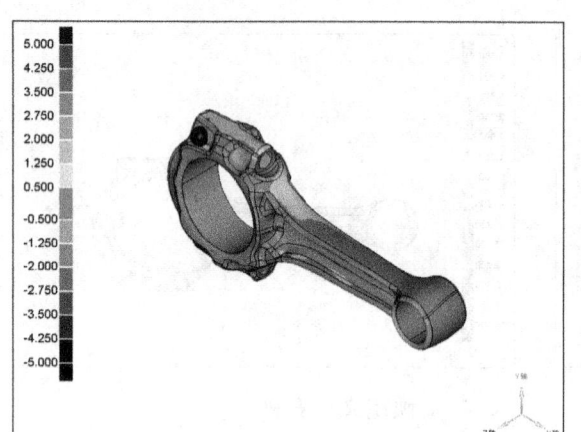

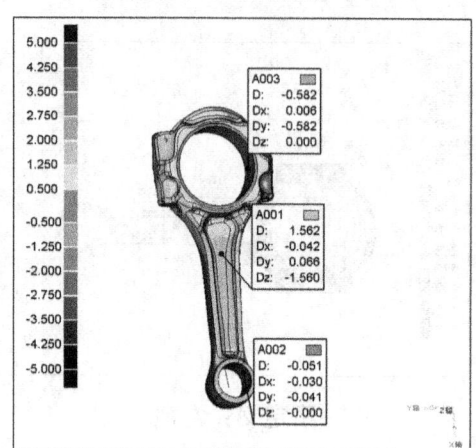

预定义：等测 　　　　　　　　**注释：注释视图 1**

单位：mm
坐标系：全局坐标系

名称	偏差	状态	上公差	下公差	参考X	参考Y	参考Z	偏差半径	偏差X	偏差Y	偏差Z	测试X	测试Y	测试Z	法线X	法线Y	法线Z
A001	1.562	失败	0.500	-0.500	53.743	-38.397	-14.011	1.000	-0.042	0.066	-1.560	53.701	-38.331	-15.571	-0.027	0.042	-0.999
A002	-0.051	通过	0.500	-0.500	128.899	-46.500	-14.394	1.000	-0.030	-0.041	-0.000	128.868	-46.542	-14.394	0.593	0.805	0.002
A003	-0.582	失败	0.500	-0.500	0.228	-62.498	-8.729	1.000	0.006	-0.582	0.000	0.234	-63.080	-8.729	-0.011	1.000	0.000

注释：全部
单位：mm

名称	偏差	状态	上公差	下公差	参考X	参考Y	参考Z	偏差半径	偏差X	偏差Y	偏差Z	测试X	测试Y	测试Z	法线X	法线Y	法线Z
A001	1.562	失败	0.500	-0.500	53.743	-38.397	-14.011	1.000	-0.042	0.066	-1.560	53.701	-38.331	-15.571	-0.027	0.042	-0.999
A002	-0.051	通过	0.500	-0.500	128.899	-46.500	-14.394	1.000	-0.030	-0.041	-0.000	128.868	-46.542	-14.394	0.593	0.805	0.002
A003	-0.582	失败	0.500	-0.500	0.228	-62.498	-8.729	1.000	0.006	-0.582	0.000	0.234	-63.080	-8.729	-0.011	1.000	0.000

比较 2D：2D 比较 1

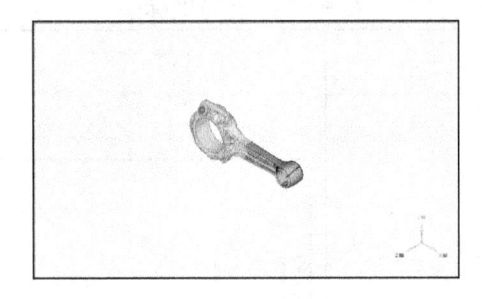

X=60.000 mm

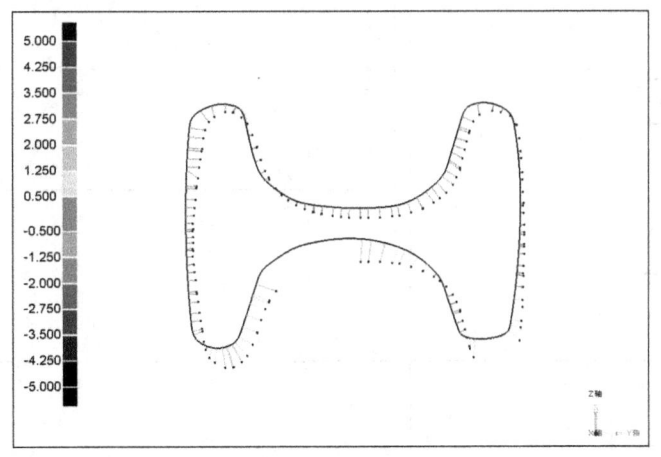

方法：平面偏差
误差曲线缩放： 1.000000

2D 比较结果
坐标系：全局坐标系

参考模型	CAD
测试模型	link rod

名称	2D 比较 1
位置	$X = 60.000$ mm
数据点的数量	149

单位	mm
最大临界值	5.000
最大名义值	0.500
最小名义值	-0.500
最小临界值	-5.000

偏差	mm
最大偏差 +	1.460
最大偏差 -	-1.068
标准偏差	0.691

百分比偏差

≥Min	<Max	# 点	%
-5.000	-4.250	0	0.000
-4.250	-3.500	0	0.000
-3.500	-2.750	0	0.000
-2.750	-2.000	0	0.000
-2.000	-1.250	0	0.000
-1.250	-0.500	53	35.570
-0.500	0.500	65	43.624
0.500	1.250	23	15.436
1.250	2.000	8	5.369
2.000	2.750	0	0.000
2.750	3.500	0	0.000
3.500	4.250	0	0.000
4.250	5.000	0	0.000

超出最大临界值 +	0	0.000
超出最小临界值 -	0	0.000

标准偏差		
分布(+/-)	# 点	%
-6 * 标准偏差	0	0.000
-5 * 标准偏差	0	0.000
-4 * 标准偏差	0	0.000
-3 * 标准偏差	0	0.000
-2 * 标准偏差	28	18.792
-1 * 标准偏差	52	34.899
1 * 标准偏差	46	30.872
2 * 标准偏差	19	12.752
3 * 标准偏差	4	2.685
4 * 标准偏差	0	0.000
5 * 标准偏差	0	0.000
6 * 标准偏差	0	0.000

尺寸 2D：截面 1

(尺寸1) 16.683
(尺寸3) R 3.934
(尺寸2) 2.853
(尺寸4) R 4.533

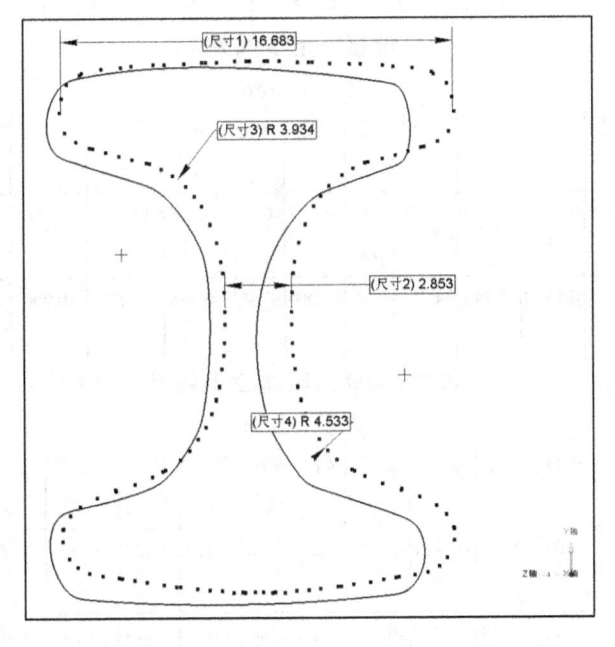

单位：mm

坐标系：全局坐标系

名称	测量值	名义值	偏差	状态	上公差	下公差
尺寸1	16.683	15.265	1.418	失败	0.500	-0.500
尺寸2	2.853	2.096	0.757	失败	0.500	-0.500
尺寸3	3.934	3.669	0.265	通过	0.500	-0.500
尺寸4	4.533	5.865	-1.331	失败	0.500	-0.500

尺寸 3D：尺寸视图 1

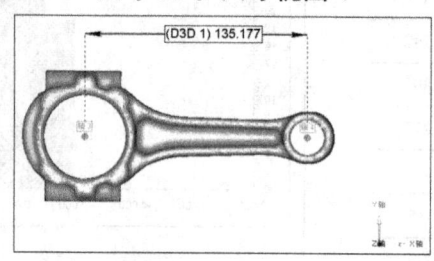

单位：mm

坐标系：全局坐标系

名称	测量值	名义值	偏差	状态	上公差	下公差
D3D 1	135.177	135.012	0.165	通过	0.500	-0.500

位置：上下偏差

单位：mm

名称	偏差	状态	上公差	下公差	参考X	参考Y	参考Z	半径	偏差X	偏差Y	偏差Z	测量值X	测量值Y	测量值Z	法线X	法线Y	法线Z
上偏差	4.152	失败	0.500	-0.500	21.045	-64.449	-10.971	不适用	-4.107	-0.542	-0.285	16.938	-64.991	-11.257	-0.989	-0.131	-0.069
下偏差	-7.046	失败	0.500	-0.500	-15.964	-6.746	-4.281	不适用	0.587	-2.461	-6.576	-15.377	-9.206	-10.857	-0.083	0.349	0.933

位置：2D 比较 1 上下偏差

单位：mm

名称	偏差	状态	上公差	下公差	参考X	参考Y	参考Z	半径	偏差X	偏差Y	偏差Z	测量值X	测量值Y	测量值Z	法线X	法线Y	法线Z
2D 比较 1 上偏差	1.460	失败	0.500	-0.500	60.000	-37.111	-14.195	不适用	-0.000	-0.122	-1.455	60.000	-37.233	-15.650			
2D 比较 1 下偏差	-1.068	失败	0.500	-0.500	60.000	-48.615	-6.925	不适用	-0.000	1.062	-0.113	60.000	-47.553	-7.038			

GD&T 视图：GD&T 视图 1

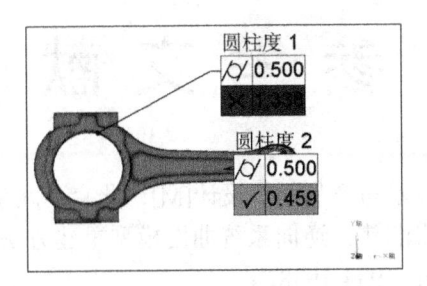

单位：mm

坐标系：全局坐标系

名称	公差	测量值	# 点	# 体外孤点	# 通过	# 失败	最小值	最大值	公差补偿	注释	状态
圆柱度 1	0.500	1.338	15942	106	15632	204	−0.669	0.669	0.000		失败
圆柱度 2	0.500	0.459	4339	66	4273	0	−0.229	0.229	0.000		通过

GD&T 视图：全部

单位：mm

名称	公差	测量值	# 点	# 体外孤点	# 通过	# 失败	最小值	最大值	公差补偿	注释	状态
圆柱度 1	0.500	1.338	15942	106	15632	204	−0.669	0.669	0.000		失败
圆柱度 2	0.500	0.459	4339	66	4273	0	−0.229	0.229	0.000		通过

参 考 文 献

[1] 张学昌. 逆向建模技术与产品创新设计[M]. 北京：北京大学出版社，2009.
[2] 成思源，余国鑫，张湘伟. 逆向系统曲面模型重建方法研究[J]. 计算机集成制造系统，2008，14（10）：1934-1938.
[3] 余国鑫. 逆向工程曲面重建技术的研究与应用[D]. 广东工业大学，2008.
[4] 柯映林，等. 反求工程CAD建模理论、方法和系统[M]. 北京：机械工业出版社，2005.
[5] 金涛，童水光，等. 逆向工程技术[M]. 北京：机械工业出版社，2003.
[6] 余国鑫，成思源，张湘伟. 典型逆向工程CAD建模系统的比较[J]. 机械设计，2006，23(12)：1-3，10.
[7] 杨红娟. 基于变量化设计的逆向工程CAD建模技术研究[D]. 山东大学，2007.
[8] 成思源，张湘伟，张洪，等. 反求工程中的数字化方法及其集成化研究[J]. 机械设计，2005,22(12):1-3.
[9] 张湘伟，成思源，熊汉伟. 基于照片的实体建模方法的现状及展望[J]. 机械工程学报，2003，39(11)：23-27.
[10] 成思源，张湘伟，张洪，等. 基于视觉的三维数字化测量技术与系统[J]. 机床与液压，2006,(5): 125-127.
[11] 杨雪荣，张湘伟，成思源，等. CMM与线结构光传感器集成系统的测量模型[J]. 中国机械工程，2009，20（9）：1020-102.
[12] 王霄，等著. 逆向工程技术及其应用[M]. 北京：化学工业出版社，2004.
[13] 机械设计手册编委会. 机械设计手册. 第六卷[M]. 北京：机械工业出版社，2007.
[14] http://www.hexagonmetrology.com.cn/
[15] http://www.c-cnc.com
[16] 意大利METROSTAFF公司. ARCO CAD用户手册[R]. 2006.
[17] 邓劲莲. 机械CAD/CAM综合实训教程[M]. 北京：机械工业出版社，2008.
[18] 黄诚驹. 逆向工程综合技能实训教程[M]. 北京：高等教育出版社，2004.
[19] 杨雪荣，张湘伟，成思源，等. 基于CAD数模的零件自动检测[J]. 工具技术，2009，43（7）：115-117.
[20] 杨雪荣，张湘伟，成思源，等. 基于三坐标测量机的曲面数字化方法研究[J]. 工具技术，2009，43（6）：109-111.

参考文献

[21] 金观昌．计算机辅助光学测量（第二版）[M]．北京：清华大学出版社，2007．

[22] 张义力，吴家升，王军杰．结合 COMET 与 AICON3DStudio 的数据获取方法在逆向工程中的应用研究[J]．机械设计与研究，2005, 32(6): 10-12.

[23] 殷金祥，陈关龙．Comet 系统的特点分析及其测量研究[J]．计量技术，2003，(12):22-24．

[24] 余国鑫，成思源，张湘伟，等．COMET 系统及其数字化测量策略[J]．机械设计与制造，2008,(8):177-179.

[25] Steinbichler Inc..Comet．Ⅳ测量系统说明书[R]，2007．

[26] http://www.creaform3d.com.

[27] Creaform Inc．REVscan 手持式激光扫描仪用户手册[R]．2009．

[28] 吴问霆，成思源，张湘伟，等．手持式激光扫描系统及其应用[J]．机械设计与制造.2009，11：78-80．

[29] 海克斯康公司．海克斯康三坐标测量机使用手册[R]，2009．

[30] 姜元庆，刘佩军．Ug/Imageware 逆向工程培训教程[M]．北京：清华大学出版社，2003．

[31] 单岩，谢斌飞．Imageware 逆向造型技术基础[M]．北京：清华大学出版社，2006．

[32] 余国鑫、成思源、张湘伟，等．Imageware 逆向建模中特征边界曲线的构建方法．机床与液压，2007，35（9）：24-27．

[33] http://www.geomagic.com.

[34] Geomagic Inc. Geomagic Studio 10 用户手册[R]，2008．

[35] 吴问霆，成思源，张湘伟．基于 Geomagic Studio 的曲面重建与实例应用[J]．中国科技论文在线，A200812-342, 2008,12．

[36] 孙江宏，等．Pro/ENGINEER2001 中文版[M]．北京：清华大学出版社，2003．

[37] 吴永强．精通 UG NX5+Imagewear 逆向工程设计[M]．北京：电子工业出版社，2008．

[38] 韩玉龙．Pro/ENGINEER 玩具造型设计专业教程[M]．北京：清华大学出版社，2004．

[39] 杭媛．逆向工程方法及其在轿车门板检测中的应用研究[D]．燕山大学，2004．

[40] Alberto F．Griffa. A paradigm shift for inspection: complementing traditional CMM with DSSP innovation[J]. Sensor Review , 2008,28(4): 334-341.

[41] 钟春华．基于 3D 扫描的质量检测与应用[D]．南昌大学，2006．

[42] 陈焱．逆向工程在曲面零件设计与检测中的应用研究[D]．燕山大学，2007．

[43] 简正伟．逆向工程在车身覆盖件造型方法与检测中的应用研究[D]．燕山大学．2005．

[44] 塑料模具网．http://cn.plasticmould.net/

[45] 邹付群，成思源，李苏洋，等．基于 Geomagic Qualify 软件的冲压件回弹检测[J]．机械设计与研究，2010（2），79-81．

[46] 李洋. 基于力反馈技术的虚拟产品开发研究[D]. 昆明理工大学，2006.

[47] 梁仕权，成思源，张湘伟，等. 结合触觉交互的 CAD 反求建模与再设计[J]. 现在制造工程，2010(2):1-3.

[48] 梁仕权，成思源，张湘伟，等. 基于 Freeform 的逆向工程数据修复[J]. 工具技术，2009(11),84-86.

[49] 马路科技顾问股份有限公司. 整合产品开发新创举——FreeForm 触觉式设计系统[J]. CAD/CAM 与制造业信息化，2006(1)：44～46.

[50] 吴艳奇，成思源，张湘伟，等. 基于 FreeForm 的 CAD 模型细节添加与修改[J]. 机械设计与制造，2010(5)：

[51] 刘伟军等. 逆向工程原理·方法及应用[M]. 北京：机械工业出版社，2009.

[52] 詹建新. 浅谈结合 Cimatron 与 MasterCAM 编程[J]. 模具制造，2007（12）：13-15.

[53] 王卫兵. UG NX5 中文版数控加工案例导航视频教程[M]. 北京：清华大学出版社，2007.

[54] 肖高棉，等. 精通 MasterCAM 9.X[M]. 北京：清华大学出版社，2006.

[55] 魏斯亮，等. 机床数控技术[M]. 大连：大连理工大学出版社，2006.

[56] 于万成. 数控加工工艺与编程基础[M]. 北京：人民邮电出版社，2007.

[57] Kunwoo Lee. CAD/CAM/CAE 系统原理[M]. 袁清珂，张湘伟，等译. 北京：电子工业出版社，2006.

[58] Stratasys Inc. CatalystEX 软件帮助文件[R]. 2009.

[59] Stratasys Inc. Dimension SST 使用者手册[R]. 2006.

[60] 赵萍，蒋华，周芝庭，熔融沉积快速成型工艺的原理及过程[J]. 机械制造与自动化，2003，（5）：17-18.

[61] http://www.roland.com.cn

[62] Roland Inc. Roland MDX-40 用户手册[R]. 2008.

[63] Matthew C.Frank. Subtractive Rapid Prototyping: Creating a Completely Automated Process for Rapid Machining.Rapid [C]. Ali Kamrani, Emad Abouel Nasr Eds. Prototyping: Theory and Practice[M], Springer,2006,166-168.

[64] 孔德顺，等. 数控加工工艺与编程基础[M]. 北京：电子工业出版社，2007.

[65] 邱建忠，等. CAXA 线切割 XP 实例教程[M]. 北京：北京航空航天大学出版社，2005.

[66] 张卫民，等. 模具钳工技能训练[M]. 北京：电子工业出版社，2008.

[67] 胡如祥，等. 数控加工编程与操作[M]. 大连：大连理工大学出版社，2006.